黄金のテレビデイズ
2004
2017
さいでっか
野ブタパワー注入☆
はな!っ

黄金のテレビデイズ2004−2017●目次

001

細木数子

やたらとエバる占い師よりもタフなのは誰だ

細木数子はなぜ、ああも偉そうにエバるのか。私にはそれがずっと謎だった。

『いつもよりズバリ言うわよ！』は、煽《あお》りの文句からしてすごい。〝細木がテレビ初!!素人親子をメッタ斬り!!〟だ。息子の肥満を心配する母親は、いきなり「地獄絵巻なんて家の中で作るのか！」と意味不明のオカルト小説のような罵声《ばせい》を浴びる。再婚問題で悩む母親も頭ごなしに「子どもたちに謝りなさい」だ。

細木の高圧的な説教に、泣きながら「はい」と素直にうなずく女性たちを見ているうちに気がついた。この人たちは、誰かに理不尽に叱られるのが大好きなのだ。

昔、新宿あたりの文壇バーには、客に悪態をつくので有名なママがいた。

「オマエ、直木賞とって、天狗《てんぐ》になってるな」「書いてるものが最近ちっとも面白くないよ。オマエも堕落したもんだ」。散々なことをいわれ、客が怒って帰るかといえば、逆である。みんな怒られて嬉しそうなのだ。あそこのママに怒鳴られちゃったよ、と

	⑩テレビ朝日	⑫テレビ東京
9	7.00今夜!! 緊急３時間放送〝ニッポンが危ない〟爆笑問題＆日本国民のセンセイ教えて下さい政治家・医師・教師!!ハマコー殴り込みＳＰ	8.00Ⓢ開運なんでも鑑定団 秋の衝撃２本立てＳＰ ①大金持ちが泣き笑い運命の大鑑定…ヤバイ１億5000万円で買った国宝級ツボがニセ物？
10	9.54Ⓢ報道ステーション イチロー大記録秒読みヒットの常識を壊した男…その内野安打量産のメカニズムを探る▽地方競馬	00Ⓢガイアの夜明け 自分の足で立ちたい…奇跡のロボットが夢をかなえる▽がれきの下で人命救助 54Ⓢ新健康女神 ビタミン

自慢する奴まで現れる始末だ。

暴言を浴びせられ、涙を流すことの快感。テレビに映るシロート親子を見ていると、最初っからそれを期待している節がうかがえる。有名タレントの泣いたシーンが焼きついているから、彼女たちは一言、説教をくらっただけで、目に涙を溜《た》める。収録後の控え室で、晴れやかな表情の母親たちを見ると、細木の罵倒（と、とってつけたような直後の笑み）が、解決不能の悩みを瞬間的に忘れさせる、またとないカタルシスであり娯楽なのだ、と確信できた。

親子面談の合間の細木は、お気に入りの滝沢秀明を隣にはべらせ、終始上機嫌だ。スタジオは一見ホストクラブのような雰囲気がただよう。といって、美形だけが売りのタッキーではとても座がもたない。容姿は見劣りしても、喋《しゃべ》りだけは達者で、ときにはタメグチをきいて、強面の姐さんを懐柔する「くりぃむしちゅー」有田の辣腕《らつわん》ホストぶりが印象に残った。

むやみやたらとエバッている占い師よりも、ずっとタフなのは……と私は思った。

彼女を手玉にとる芸人であり、彼女に恫喝《どうかつ》されて泣くことで、一時の憂さを晴らす女性たちだ。さらに強靭《きょうじん》な神経の持ち主は、それを見ている視聴者だ。何かキナ臭い事件が浮上すれば、彼女たちの細木数子へのバッシングは、野村沙知代《さちよ》に向けられたそれより何倍も容赦ないものになるだろう。

2004年9月28日㈫

	④日本テレビ	⑥TBS	⑧フジテレビ
9 10	00㊂火曜サスペンスクイズ 03㊫㊂火曜サスペンス劇場 秋の特別企画第1弾！「旅行添乗員・椿晴子 伊豆～湯ケ島殺人バス 乗客9名全員動機あり 牡丹鍋に狂う不倫男女と復讐鬼」雨宮望演出 浅野ゆう子 森公美子 坂口良子 深浦加奈子 萩原流行 10.54🅽出来事	00 いつもよりズバリ言うわよ！細木数子の特別プライベートレッスンスペシャル!! 細木がテレビ初・素人親子をメッタ斬り・肥満児の母へ喝・アンタ家庭を地獄絵巻にするのか・離婚母号泣息子に謝り真実を話せ？▽離婚直前マルシア 10.54筑紫哲也NEWS23	7.00爆笑そっくりものまね紅白歌合戦スペシャル 9.24㊫🅽レインボー発・㊝ 30㊫🆂アットホームダッド SP「あの逆転夫婦が帰って来た!! 妻の出世で離婚危機!? 自宅出産カリスマ主夫大慌て」阿部寛 宮迫博之 篠原涼子 中島知子 永井大 滝沢沙織 中村繁之 川島なお美

002 ロンドンハーツ

▼PTAイチ押しの俗悪番組、パワーの源泉を見た▲

俗悪番組のパワーとセンスを考える。

ＰＴＡが選ぶワースト番組の頂点に君臨する『ロンドンハーツ』の名物企画が〈格付けバトル〉だ。〝実はキレイなお尻をしてそうな女〟がテーマになったとき。まずスタジオで女性タレント十人が、お互いを格付けする。

初登場の眞鍋かをりは〝ワースト尻〟に、元カリスマモデルの梨花《りんか》を選んだ。なんでだよォ、と叫ぶ梨花。「だってヤセ過ぎて、銭湯のオバアチャンみたい」と、眞鍋はクールに告げる。光浦靖子が全員のお尻を触って作成した順位でも、梨花は最下位だった。「営業妨害だよ！」と梨花が喚く。「女性誌で〝梨花ちゃんみたいなスタイルになりたい〟って企画あるんだから」

もっとヤセたい。スリムな女性が、過度のダイエットに励む例は多い。ポッチャリした方がセクシーなのに。男たちの感想は、彼女たちに通じない。しかし男女の間に

	⑩テレビ朝日	⑫テレビ東京
9	00 ロンドンハーツ史上初格付けバトル乱闘ＳＰ〝今に血を見るぞッ〟杉田かおるVS18歳少女 飯島 VS 珠緒	8.54Ⓢ開運なんでも鑑定団 お隣さんは大芸術家…残された作品を買って大もうけ？▽漁師の網にかかった謎とっくり 高値アトム
10	54Ⓢ報道ステーション 発生から76時間…なお続く不安な夜…新潟県中越地震被災地の今▽でもブッシュが強い理由▽メジャーで大暴れ高津生出演	00Ⓢガイアの夜明け ハイテク景気で急騰・地下資源の争奪戦▽宝の山求め4000キロ▽中国ヤミ鉱山に潜入 54Ⓢ新健康女神 健康な歯

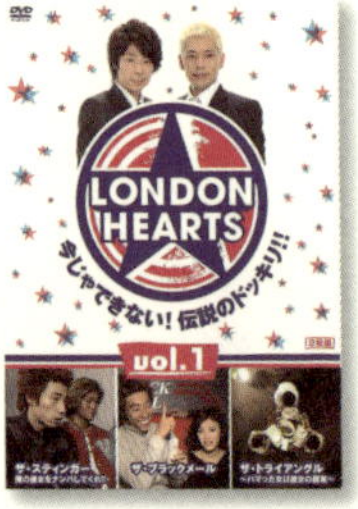

販売元：よしもとアール・アンド・シー

あったセクシー観の差違は、いま急速に消えつつある。

一般男性によるランキングでも九位の梨花は「お尻に覇気がない」「ザラザラしてそう」と、散々な評価だった。眞鍋や光浦の格付け基準は、男たちとほぼ大差ない。

女たちに進行するドラスティックな価値観の変化に、ひとり気づかない梨花の痛々しい超絶リアクションが哄笑を誘うのだ。

似たような変化を〝部屋のセンスが悪そうな女〟でも感じた。光浦に、色使いの趣味が悪そうとワースト3に選ばれた、元ＣＣガールズの青田典子が反論する。「ベッドは白いシーツだし、観葉植物やラッセンの絵があってェ」

その瞬間だ。ロンブーの淳や光浦が「ラッセンの絵！」と大笑いした。「え、ダメ？」と不安な表情になる青田。ひと昔前、気どってみせても所詮は安っぽい店や住居に、クリスチャン・ラッセンやヒロ・ヤマガタの絵があふれていた。あんなもの飾るのは、趣味の悪い文化志向のマダムか芸能人というのが通り相場だった。

それがいまでは、芸人までが小馬鹿にする。一般視聴者もタレントも『ブルータス』や『ペン』など、読む雑誌は一緒だ。趣味やセンスに大きな違いはない。

キッチュな芸能人の匂いをとどめつつ、いまの空気も読める飯島愛も渋いが、時代の流れに取り残された梨花の悲鳴が、やはり〈格付けバトル〉のキモだ。この企画力とキャスティング。並の俗悪番組が及ぶところでは到底ない。

2004年10月26日(火)

	④日本テレビ	⑥TBS	⑧フジテレビ
9	00 字 多 文化庁芸術祭参加・秋のドラマスペシャル たったひとつのたからもの「待望の我が子に余命１年と涙の宣告！奇跡を信じて懸命に走り続けた親子の６年間 人の幸せは人生の長さではないのです…あなたに会えてよかった…ありがとう、秋雪」松田聖子 船越英一郎	00 ズバリ言うわよ！細木大絶賛・黒沢○○大バカ人生▽電車＆車にひかれ無傷の生還・母の遺言… / 54 Ⓢ プレジャー	00 字 Ⓢ めだか「恋の力」ミムラ 原田泰造 瑛太 須藤理彩 泉谷しげる 小日向文世 浅野ゆう子 / 54 Ⓢ 旅美人
10		00 Ⓢ 世界バリバリバリュー▽ニュージーランドで豪邸楽園生活・プール庭球コート付き3000坪激安大邸宅 / 54 筑紫哲也ＮＥＷＳ23	00 字 Ⓢ マザー＆ラヴァー「母の嫉妬」坂口憲二 篠原涼子 水川あさみ 金子貴俊 蛍原徹 松坂慶子 / 54 Ⓢ オナジソラ

003

愛のエプロン

料理を酷評されてもデヴィ夫人が怒らなかった理由

見るからに不味そうな料理に「おいしいでしょ？」と平然とした顔で感想を求める女性タレントたち。それとは対照的に、恐る恐る料理に口をつけたあげく、凡庸《ぼんよう》なコメントしか返せない男性タレント。これが『愛のエプロン』の見どころだ。

その『愛エプ』がゴールデンに進出した初回ＳＰの目玉は、料理を作るのは半世紀ぶりというデヴィ夫人だった。

彼女の料理に審査員が箸《はし》をつけようとしたとき、デヴィ夫人が恥ずかしそうに両手で顔を覆《おお》った。「無理して、食べなくていいのよ」

さとう珠緒がギャグでやる、カメラ目線の「ウフ、恥ずかしいな」ではなく、本気で困惑しているようなのでおどろいた。

誰もが恐れた、あのデヴィ夫人はどこに消えたのか。彼女の変貌は、もちろん細木数子のテレビ界制圧と無縁ではないだろう。邪悪なオーラを放ちまくる細木数子と、

	⑩テレビ朝日	⑫テレビ東京
7	00字 愛のエプロン祝開幕!! 芸能人㊙料理女王決戦 世界初!! デビ夫人が！キッチンに立ったＳＰ 50年ぶりに包丁を握る〝恥かくのイヤだわ〟赤面㊙料理で…残念？杉田かおるVS熟女女優 毒舌攻撃▽レシピなし〝芸能界㊙料理番付〟今夜決定…	00字S テニスの王子様 走れ、桃！ 27字S ＮＡＲＵＴＯ「音の誘い」声竹内順子 55S すなっぷ　角乗り少女
8	8.54S モダン◇都のかほり	00字S いい旅３Ｈ秋のＳＰ 第２弾…紅葉の名湯へ 家族で巡る感動の旅路 ①箱根…林家こぶ平が 父三平の愛した老舗へ 女将一門総勢16人の旅

同じ土俵の上で闘っても勝ち目はない。意図的に差別化をはかったにちがいない。

彼女の作ったクリームシチューを口にした勝俣州和《かつまたくにかず》が叫んだ。「親父がベロベロに呑《の》んで帰ってきたときの、口の臭い！」。うまい。ブランデーを大量に入れたためだ。局アナの武内絵美も、眉間にシワを寄せて「鮭の味もへったくれもない」と、いい放つ。ここまで酷評されても、デヴィ夫人は怒るどころか、笑みを浮かべ恐縮してみせる。

「世界3大夫人って、知ってますか？」。あるテレビ関係者が呆れ顔で話しかけてきた。首を傾げていると「キューリー夫人、蝶々夫人」といって一拍おいてから「もう一人がデヴィ夫人」と告げた。野村沙知代をめぐる熟女バトルが白熱していたころだ。

お茶の間に支持される、愛らしいデヴィ夫人。このキャラ設定の塩加減が正解なのかどうか。私はまるで梨花や坂下千里子の料理を口にして、しばしコメントに窮している城島茂の心境である。

いや、なにも心配することはないのだろう。一時はタレント生命も危ぶまれたさとう珠緒も、笑われてなんぼと開き直ることで定位置を得た。この日、出演したマルシアの肩書きは「元主婦」だ。女たちは逞《たくま》しい。イメージや肩書きをその都度、変えながら、彼女たちは元気にブラウン管に身を晒《さら》している。

肩をすぼめて、女たちの作ったシチューを、ズルズルッと啜《すす》る加藤茶の哀しげな姿との対比に、いまの男と女の勢いの差がハッキリ出ていた。

2004年11月17日㈬

	④日本テレビ	⑥TBS	⑧フジテレビ
7 8	00字 笑ってコラえて「女の秋…熱い秋ＳＰ」青森の甲子園で女子高生涙＆28歳で6人目肝っ玉㊙美人ママ 58Ⓢ 速報！歌の大辞テン!!「伝説の超名曲が続々Ｈ８年冬」スマップ・今井美樹・ポケビ㊙話グローブ事件VSタキ翼とマツケン 8.54字N◇天	6.55 Ⓢ2006ＦＩＦＡワールドカップサッカーアジア地区第１次予選「日本×シンガポール」水沼貴史 柱谷哲二 白石美帆～埼玉スタジアム2002 代表功労者か新戦力か世論を二分したジーコ日本だが忘れちゃ困る現有最強メンバーが有終の美を飾る	00Ⓢ クイズ！ヘキサゴン・緊急生放送スペシャル▽電話で投票するだけ視聴者参加ヘキサゴンで賞品総額100万円▽アスリートの妻が集合あなたお嫁に来ない？野村家・嫁姑バトルが巨人選手の妻に飛び火アイドルとメダリストの衝撃告白 8.54字Nレインボー発・天

004 杉本彩

「ベッドの中は勝負」って、かっこいいよな、杉本彩

杉本彩《あや》って、こんなにさわやかな人だったの？

〝自分探しバラエティ〟と銘うった『グータン』の見せ場は、会議室で視聴者が、当日のゲストの印象をあげつらう場面だ。リサーチ会社の意識調査という触れこみで招集されたシロート軍団は、隣室でゲストが一部始終をみているとはむろん知らない。

「怖そうとか、すごいプレーしてそうとか、みんな絶対そう思ってるんだよ。男をたくさん騙《だま》してそうとか。外見的なイメージでね」

私の印象も五十歩百歩だった。過剰な性格の、ヤバい勘違い系と思っていた。しかし収録前のこの言葉を聞くと、世間が自分に対して抱くイメージを、彼女が（ま、仕方ないか）とクールに受けとめているのがわかった。

同じセクシー系でも、インリンと杉本彩を比べると、どうか。話題がそれに及ぶと、若い女のコが「全然違う。軽さが違う。インリンの方が軽い」。それを聞いた杉本彩は、

	⑩テレビ朝日	⑫テレビ東京
10	9.00Ⓢ土曜ワイド劇場特別企画「家政婦は見た！正義派弁護士おしどり夫婦に衝撃の秘密が…正当防衛、時効、指紋二人の会話は謎だらけ…」柴英三郎脚本	00字Ⓢ美の巨人たち　馬の画家ジェリコーのエプソムの競馬 30Ⓢ未来モデル　残り１週最後の撮影 54Ⓢ天職の扉　熊本浩志
11	11.24裏Ｓｍａ４　香取慎吾 30Ⓢスマステ４　全米注目世界一おもしろいTV番組は何だ？エミー賞を日本人女性が受賞…	00　ⓃＷＢＳ　中国産どこまで？ニッポン食事情▽最新道路 45　スポーツ魂　大橋直撃クレメンス▽スペイン大久保の夢

間髪入れずに「私は重すぎるけどね」。このユーモア感覚が絶妙だ。

ほぼ全員が彼女に好感を抱いていたが、「スゴそうじゃん、夜の生活とか」といった失礼な発言も飛びだす。「確かに夜の生活はね、スゴイのしたいよ、私だって。でも、それは願望なんだよ！」。この切り返しも鮮かだ。

さらに司会陣（篠原涼子がすごくいい）に「男をその気にさせるポーズは？」と訊かれたときが本領発揮だ。「ふだんの生活は、きわめて計算がないの」。だけどベッドの中は、これはもう計算ずくよ、と明言する。

「ベッドの中は、自分をいかにセクシーに見せて、相手にいかに興奮してもらうかっていうことが、やっぱり女の勝負だったりするわけだから」

かっこいいよな、杉本彩。さらっとしていて、媚《こ》びずに自然体。それに加えて、文章も巧い。『小説新潮』の山口瞳特集号に寄せた文章。

「私は体力もあり、情も深いので、愛する男に求められて、『今日はダメ』などと断ったことはない。どんなに眠くて疲れていようとも、相手の欲情が嬉しくて、愛されている、という実感を味わいたくなる。愛に貪欲なのだ」

思わずパチパチパチと拍手である。文章もセクシー系だけど、さわやかで味がある。04年度のエッセイ・ベスト3に迷わず選びたい。

女優、バラエティ、執筆。またひとり、ジャンル横断的な才能が現れた。

2004年11月13日㊏

	④日本テレビ	⑥TBS	⑧フジテレビ
10	00㊐エンタの神様「今夜は刺激の強い笑いです」インパ&チャブル&いつここ&㊙激辛コンビ&ギター侍 54Ⓢ京都心の都	00 ブロードキャスター めぐみさんの夫と面会 日朝協議新情報▽不死鳥死す…和平と5000億遺産の行方▽もう一皿は魔法の力…回転ずし心理学実験▽芸能情報 福留功男ほか	9.00Ⓢプレミアムステージ ２夜連続ドラマＳＰ「Dr コトー診療所・2004 ～後編～愛する人を襲う突然の病魔 その時…家族愛・夫婦愛・親子の絆・切なく優しい涙の別れ！」
11	00㊐恋のから騒ぎ　美人No.1&不幸女No.1&厚化粧No.1は誰 30Ⓢ99サイズ　禁断アソコじっと見て 54Ⓢうるぐす　歓迎生出演	11.24 ドリームズ 30㊐チューボー　家庭の味 肉じゃが… 0.00 スーパーサッカーＰＳ	11.24Ⓢ ＨＩＮＴ 30Ⓢグータン　杉本彩36歳 離婚全真相 0.00Ⓢ僕らの音楽

005

姜尚中

朝生に久々現れた、ケレン味たっぷりのスター

『冬のソナタ』のペ・ヨンジュンはすごいが、姜尚中（カン・サンジュン）だって、負けてない。元旦の早朝にオンエアされた『朝まで生テレビ！』は、姜尚中の独り舞台だった。かつての西部邁《すすむ》、舛添要一のようなスター性のある論客も姿を消し、とうの昔に賞味期限が切れた『朝生』が、なんとか延命できているのは、姜尚中の存在あってこそだ。

端正な容貌は出演者の中でも際だっている。甘い二枚目ではなく、暗さと厳しさのただよう、いまの日本では稀少種となった顔。さらに、その顔とマッチした低い、艶《つや》のある声で、彼は論敵を周到に追いつめ、威圧していく。

せめて一時間に一度くらいは発言しなきゃ。気分を奮いたたせて議論の輪に飛びこむパネリストもいるが、一分かそこら自説を開陳すると息切れする。その瞬間を狙いすましたように「ちょっといいですか？」と片手を上げ、姜尚中が静かに、しかし有無

	⑩テレビ朝日	⑫テレビ東京
11 深夜	11.30 鶴瓶＆ロンブーの復活お笑い！ゆく年くる年さまぁ～ず＆雨上がりくりぃむ＆青木さやかテレ朝っ子が総出演で爆笑反省会 1.30 朝まで生テレビ！〝恒例！元旦スペシャル・ドーなる日本 2005!?〟猪瀬直樹　勝谷誠彦　姜尚中　小林よしのり　宮崎哲弥　村田晃嗣	5.00 年越し！12時間生放送 ▽11.30生中継ジルベスター年越しコンサート「ボレロで華麗にカウントダウン」大野和士 ▽0.50 こっちも生だよ芸人集合！今年最も売れる吉本No.1大決定戦 今田VS東野VS藤井隆VS雨上がりVSガレッジVSロンブーVSドンドコVS友近VS陣内VS品川庄司

をいわせぬ迫力で話に割って入るのだ。喋りたがり屋の論客たちも次第に黙りこくる。

このままでは場がダレる。その寸前にドラマが起きた。保守もリベラルも、北朝鮮への経済制裁は慎重にという意見でまとまりかけたとき、小林よしのりが「じゃ、結局、日本は何にもできないの?」と異論を唱えたのだ。

「ワシ、論理のベースには感情があると思う。その感情がワシと全然違う」。小林ならではの絶妙な挑発に、姜尚中がすぐさま反応した。「あのね、あのね」と冷静に呼びかけながら、次に口にする決めゼリフを探している。「情と理があるとするならば、情を貫くためにも理が必要なんだよ」。どうやら、ここが今夜最大の見せ場だと、見きわめをつけたようだ。

「情だけの世界だったら、国際政治はどうやって動く!」クールな表情が一変して、激しい感情がほとばしる。一気にたたみこむように攻勢をかける。「情を大切にするからこそ、理が必要なんだよ!!」。往年の大島渚を彷彿させる、それは見事な、ケレン味たっぷりの喧嘩芸だった。左翼やリベラルな知識人が力を失い、姿を消しつつある時代に、深夜とはいえテレビの討論番組で、ひとり気を吐くのが反体制の知識人であるという皮肉に、私の想像力は刺激される。

論壇ジャーナリズムでの、カン様の圧勝。その要因となったのは、彼の思想か、それとも顔と声か。はたまた「在日」という存在から放たれるパワーか、興味は尽きない。

2004年12月31日㊎

11 深夜	④日本テレビ	⑥TBS	⑧フジテレビ
	11.15Ⓢナイナイ年越最終章 炎の巨大ダルマに突入せよ!! 日本の夜明け裸ＳＰ祈願 1.00 Ｇ—１グランプリ０５ ネタではない真剣勝負 グラビア美女㊙女祭りで極リコ涙 2.30 高校蹴球魂 2.50 蹴球魂関東 3.15Ⓢ朝までジェネジャン 学歴…超能力…いじめ	11.24㊫風になる 30 🄽 45ⓈＣＤＴＶスペシャル 年越しプレミアライブ 2004—2005…年越しの瞬間…ふじいあきら&視聴者&アーティスト参加イリュージョン▽冬ソナ出演者あけおめ 浜崎あゆみ&アイコ&オレンジＲ&松浦亜弥 大塚愛&平原綾香ほか	11.40Ⓢジャニーズ全員集合 カウントダウンライブ 30年の歴史を飾る名曲 完全生中継 0.40Ⓢ登龍門Ｆ 若手芸人ネタ祭り!! 〜元旦生ライブＳＰ〜 2005年のネタ番組はフジテレビから始まる・超人気・51組総出演 ㊙大物ゲストも登場… 波田陽区 青木さやか

006

ごくせん

▼仲間由紀恵はジャージ着用が義務づけられているのだ▲

あんな教師がいたら、オレの高校生活も、もう少し明るくなっていただろうな。不良の吹きだまり、黒銀学院3年D組の担任、ヤンクミ先生を演じる『ごくせん』の仲間由紀恵を見るたびに、そんなことを考える。ヤンクミの大立ち回りと威勢のいいタンカに溜飲を下げたあと、何十年も昔のことを恨みがましく思いだすとは、私もかなり根に持つタイプだ。

仲間由紀恵は『東京湾景』のような、妙にシリアスめかした恋愛ドラマより、『トリック』や『ごくせん』のように、テンポのある笑いを演じた方が断然いい。

大江戸一家三代目の孫娘が教師になって、札つきの悪ガキを「アイツらは、アタシの大事な生徒なんだ！」といって、体を張って守り抜く。そんな荒唐無稽な物語は、並みの可愛さでは支えきれない。いまや数少ない正統派の〝美人女優〟仲間由紀恵を配して初めてサマになるのが『ごくせん』で、彼女を起用した制作サイドのキャステ

	⑩テレビ朝日	⑫テレビ東京
9	9.18Ⓢ今夜の土曜ワイド 20㊫Ⓢ土曜ワイド劇場特別企画・森村誠一作家40周年記念「棟居刑事の捜査ファイル～ガラスの恋人～刑事が殺された！疑惑の花嫁が小樽に遺した点と線」坂田義和脚本　岡本弘監督　東山紀之　内山理名　森本レオ　遠藤章造◇ 11.11㊫車窓	00㊫Ⓢ出没アド街ック天国「冬こそ…温泉＆絶景箱根芦ノ湖」穴場ソバ極上湯豆腐▽エステ＆おこもり宿 54Ⓢぴかマン　ヨン様巻き
10		00㊫Ⓢ美の巨人たち　天才佐藤哲三が愛した新潟美しき山河 30Ⓢ未来モデル「誰が一番キレイ？」 54Ⓢ天職の扉「上田壮一」

販売元：バップ

イングが冴えている。

眼鏡にジャージ。これがヤンクミのユニフォームだ。垢抜《あかぬ》けない子が、眼鏡を外すとじつは美人、というパターンは昔からある。『ごくせん』でも、ワルの群れに単身乗りこむとき、束ねた髪をほどいてから眼鏡を外し、サッと髪を振り払うのが決めのポーズで、ここでも眼鏡はヒロインの必須アイテムだ。

しかし彼女の個性をさらに際だたせているのは、そのジャージ姿だ。ジーンズにはまだ〝カジュアル〟の形容詞が付くが、ジャージは普段着と呼ぶことさえ、はばかられる。ジャージを着ていれば、ファッションに関して怠惰な人という烙印《らくいん》が押されてしまう。すなわち、性愛の現場からリタイアした人の制服がジャージなのだ。

もちろんジャージを着ていても、ヤンクミは可愛いしセクシーだ。しかし恋愛やセックスを持ちこんだら、元からリアルさを欠いた世界は、テーマが拡散し、一気に収拾のつかないものになる。

このドラマでは色恋沙汰はなし。視聴者の邪念をあらかじめ封印し、決められた約束事の中で物語を楽しむよう示唆するために、仲間由紀恵はジャージの着用を常に義務づけられているのだ。

当代きっての美人女優が、恋愛フェロモンを一切排し、熱血と派手な立ち回りと笑いに徹する。こんな贅沢《ぜいたく》な仕掛けがあるのだから、ブッチギリの視聴率独走も納得だ。

2005年1月29日㈯

	④日本テレビ	⑥TBS	⑧フジテレビ
9	00[字][S]ごくせん「お前らは私の大事な生徒だ!!」仲間由紀恵　亀梨和也　赤西仁　生瀬勝久　宇津井健ほか 54[S]音ソノ	00[字]世界・ふしぎ発見!「アレキサンダー大王栄光と孤独の32年」アジア遠征3万5千㌔…王の夢とは 54　名作の風景	00[字][S]プレミアムステージ　世界の絶景100選Ⅲ〝うわっ鳥肌立った〟神が残した奇跡の絶景▽世界一の氷河大崩落に船越英一郎も絶句▽女性を魅了…街全体が美術館の都にマチャミ感激▽石原良純今世紀最高のオーロラに絶叫　内藤剛志ほか
10	00[字]エンタの神様「今夜は強烈な個性を大連発」アンジャ&いつここ&だいた&インパルス&波田&長井 54[S]京都心の都	00　ブロードキャスター　小泉流〝男子の本懐〟あきれ果てた失笑国会▽妻に捨てられないための熟年離婚予防法▽芸能情報　福留功男	10.54[S]ＨＩＮＴ

007

ボビー・オロゴン

妙な日本語で粗野にふるまう、アンチ知性派

姜尚中の人気も依然として高値安定だが、ボビーには負ける。『さんまのスーパーからくりTV』出演中に格闘センスが注目され、十か月の短期トレーニングで大晦日のイベントに参戦。このときは〝史上最強の初心者〟と呼ばれたナイジェリア人、ボビー・オロゴンはいま、テレビで一番勢いがある外国人タレントだ。

大阪ドームのデビュー戦に向かう車中で「怖くない?」とスタッフが訊く。「ゼンゼン怖クナイヨ」とクレヨンしんちゃんをダミ声にしたようなボビーが答える。「本当に?」「当タリ前ジャン。オ、俺ガ怖ガッテ、ドースンノヨ。怖イモノトイエバァ、同ジアパートニ住ンデルあだちサンガ、オ酒飲ムト一番怖イデス」。

放送作家が考えるのかな。ま、それでもいい。これだけ自然に、妙な日本語が出るのがすごい。

東京のナイジェリア人に気づいたのは十年近く前だ。六本木の交差点周辺で客引き

	⑩テレビ朝日	⑫テレビ東京
7 8	6.56 全国一斉！今さら人には聞けない常識テスト芸能人世代対抗戦ＳＰアダルトVSヤング対決常識力No.１の世代は？▽鳥越64歳VS東大菊川26歳…キャスター対決新婚40歳勝ち組杉田は冠婚葬祭・食事マナー税金・ことわざ・漢字財テク・料理術・風俗…知って得する知識	00 字Ⓢ田舎に泊まろう！生稲晃子が薩摩の不思議な部屋で民泊▽福岡老舗爆笑母と高樹沙耶が意気投合 54 字Ⓢ日曜ビッグ「全国…これが自慢の大御殿」海越しに絶景の富士山葉山豪邸で第二の人生▽細腕一代…肝っ玉母涙の〝きもの〟大屋敷▽逗子の美人妻大御殿

2004 2005 2006 2007 2008 2009 2010 2011 2012 2013 2014 2015 2016 2017

する黒い肌の男たちが、アメリカ人でなくナイジェリア人だという記事を読んだ。日本の女は、同じ黒い肌でもアメリカ人だとOKだがアフリカ人は差別して相手にしない。だからニューヨークからきたサムとかマイクといって、彼らは日本人に接しているという記事は記憶に残った。

フランス料理の修業をする回で、ボビーは料理人に「普段はどんなもの食べてますか？」と訊かれた。「ウーン…オ金アルトキハ、牛丼の汁ダクデス」

隣にいたセイン・カミュが「ウワァ、ヤダナ」と顔をしかめる。「オントデスヨ、美味いデスヨ」「ヤメテクレヨ、ツユダクダロ！」「ソウ、ソウ」。洗練と野卑がわかりやすく対置される。

サッカーで好プレーを演じても、アフリカ選手は「さすが身体能力の高さ！」と形容され、欧州の選手は「頭脳プレーの勝利」と評価されるのに、この構図は似ている。

プロレスラーの中西学が、ボビーの祝勝会を開いた。俺も頑張るよ、と中西がチケットを差しだす。「ドコマデ？」とトボけるボビー。両国国技館で試合があるから見にこいよ、と中西がマジに応じたら「エヘヘヘヘ、営業カヨ」。

自分を見る日本人の目を充分に意識して、日本語に不自由で粗野な外国人を演じて笑いをとり、後でアカンベエと舌をだす。知性が売りのピーター・バラカンやその亜種のデーブ・スペクターの対極をいくキャラで、私はそんな「ボビーに首ったけ」だ。

2005年2月13日㈰

	④日本テレビ	⑥TBS	⑧フジテレビ
7	6.55 ザ！鉄腕！DASH!! ソーラー九州で大寒波 名物㊙ちゃんぽん料理 ▽感動の大雪原対決…犬ゾリ達也VS電車バス ▽節約家族	00 ⓈさんまのスーパーからくりTV さんまア然 ボビーがカリスマ料理人転身宣言▽安住大好きお父さん熱唱…切ない㊙替え歌	00 字Ⓢワンピース 笛を抱いた少年！ 28 Ⓢジャンクスポーツ 超ハッピー90分SP！ ▽球界のキムタクこと五十嵐ご本人対面事件 ▽体操金メダル・富田栄光のかけ橋その裏側 ▽アスリート美人奥様愛の挙式＆Jリーガー六本木豪遊
8	7.58 ワールドレコーズ!! びっくりアニマル集合 超デブ猫＆190種類の芸持ち犬＆巨大怪魚▽スケートで高速スピン紙巻き取り	00 字どうぶつ奇想天外！ 絶壁5㍍バナナVS忍者サル大決戦▽手術直前 夢よ奇跡よ…かなえ…知夏と愛犬アンナ最後の戦い◇N	8.54 字Nレインボー発・天

008

みのもんたの朝ズバッ！

銀座のノリで、朝番組を喋り倒すみのもんた

あー、おどろいた。TBS早朝の新番組『みのもんたの朝ズバッ！』での出来事だ。芸能コーナーで、森進一、昌子夫婦の離婚危機を報じるスポーツ紙を女子アナウンサーが紹介していた。芸能事務所から届いたファクスの文面を「なお、シタキのとおり」と読んだときには、聞いている私も一瞬、凍りついた。

記事紹介が終わったところで「あのさぁ、いまシタキっていった？」と、みのもんたが〝下記の通り〟を読めない竹内香苗にツッこむ。「ハァ？」「カキだろ、カキ。ビックリさせないでよ、もぉ」と次のネタに移る身のこなしが軽やかで、さすがだ。

というわけで、みのもんたは朝から元気だ。いくらタフが売り物でも、朝の五時半ではテンションが低いかと思ったら、初日からエンジン全開で、昼より飛ばしている。

初日は七時台後半から、ライブドア堀江社長と美人広報がご祝儀で出演した。みのもんたは、ときおりスタジオの隅にいる広報の女性に声をかける。「乙部《おとべ》さん！　堀

	⑧フジテレビ	⑩テレビ朝日
6	4.00 めざにゅ～ 5.25 めざましテレビ N天 ▽愛・地球博初の週末 ▽楽天歴史開幕に密着	4.55 朝やじうま 6.00 やじうまプラス N天 ▽孫氏フジ提携に意欲 ▽堀江氏包囲網の戦略
7	▽リング2凱旋を直撃 ▽カトゥーン横浜公演 ▽お花見最適メニュー ▽巨大大根	▽小6女児バス転落死 ▽港で救助の男性変死 ▽楽天26失点非情大敗 ▽藍ちゃん
8	00 とくダネ！　①高速道走行バスから小6女児消えた…窓から転落死 ②イラン戦なぜ負けた	00 モーニング　小6女児バス窓から転落死の謎卒業直後悲劇に母悲痛 ▽フジ白馬の騎士検証

江さんは、朝は弱いの？」。ハイとうなずく乙部さん。「夜は？」。「強いと思いますよ」。するとと「私は朝も夜も、強いんですよ！」といって大笑いしている。まるで銀座で飲んでいるのと変わらないペースで（といっても、銀座で飲む姿を見てはいないが）番組を進行させていく。

　ちょっと前まで〈朝の顔〉という言葉があった。さわやかなキャラでなくては、朝の茶の間には受け入れられないという神話だ。日に焼けた顔で三時間ノンストップで広いスタジオを動きまわり、喋り倒すみのもんたを見ていると、いまの世の中、朝も夜も関係ないことがよくわかる。

　三十分間だけ放映時間が重なる『とくダネ！』の小倉智昭あたりが、意外と影響を受けそうな気がする。みのもんたを見た後では、濃い目のキャラがダブる小倉智昭はなんだか胃にもたれそうだ。

　ゲストとの掛け合いで、自分の知らないことが話題になっても「へぇ、そうですか」とかわす軽さが、みのもんたにはある。そこへいくと小倉智昭の場合は、政治、経済、何も知らぬことはない、と知識、情報をひけらかしたがる傾向があり、その粘っこさがそろそろ飽きられているのではないか。

　酒場で「郵政改革は」といっても煙たがられるだけだ。銀座のノリで、明るくドーンと軽快に。朝もこれでないと、モテない時代になったのかもしれない。

2005年3月28日㊊

	①NHK	④日本テレビ	⑥TBS
6	4.30おはよう日本 N天 ▽どう出るライブドア ▽愛・地球博にぎわう ▽ヘリ中継お花見間近	4.30 N天朝いち 5.30ズームインＳＵＰＥＲ ▽万博人気パビリオン ▽楽天劇的一勝と大敗	5.10ゴルフ◇N 5.30㊗みのもんた朝ズバッ いよいよ本日スタート ▽堀江社長が生出演…みのが本音をズバッ…
7	▽急増する防犯カメラ 個人情報の保護対策は ▽渡り鳥の営巣地再生 東京大田区	▽上戸彩パ開幕始球式 ▽W杯イラン戦旅密着 ▽野田稔の新聞新解説 ▽花粉避難	▽バスの窓から転落…小６死亡の原因を検証 ▽ゴジラ松井最新情報
8	8.15字多デ新ファイト 本仮屋ユイカ 30 N◇35Ⓢ生活ほっと ちゃんと知りたい脂肪	00 情報ツウ800 白馬の騎士？北尾氏の㊙素顔 今日堀江氏と直接対決 ウッチャンが結婚会見	▽愛知万博に魔法の水 驚異の効果 8.30はなまるマーケット 家庭で簡単手作りパン

009 君島十和子

意外や、セレブ感が稀薄な〝美のカリスマ〟

君島《きみじま》十和子《とわこ》をテレビで久しぶりに見た。

テレビ東京『ソロモンの王宮』で、日常生活が一時間たっぷり公開されたとき、彼女は〝美のカリスマ〟と紹介されていた。トワラーと呼ばれる熱烈な信奉者も多くいるというから、知らないのは私だけで、あちこちの番組に出ていたのかもしれない。

君島ブティックのスーパーバイザーである彼女は、現在三十九歳。君島一族の騒動から、約十年か。なんだか、とても懐かしかったな。

彼女を指して〝美の賢人〟や〝ビューティ・セレブ〟という言葉も使われた。ナレーターが、日テレを退社して現在は女優を目指す魚住りえなのが、ちょっと痛い。おまけに君島十和子自身、タレントのときから、薄幸そうな気配があったから、セレブやカリスマといった言葉とはどうしてもギャップが生じる。

もちろん、青山には君島一郎のブティックを継いだ店があり、二十畳のリビングルー

	⑩テレビ朝日	⑫テレビ東京
9	00 字 二 日曜洋画劇場「ホーンティング」(1999年アメリカ)ヤン・デボン監督・製作総指揮　リーアム・ニーソン　キャサリン・ゼタ・ジョーンズ　リリ・テーラー他 声青森伸他▽家族で仰天らせん階段…キャサリン大絶叫	8.00 字 S 日曜ビッグ「手作りあったか…家族の愛情弁当物語」渓谷鉄道の名物おばちゃん小さな駅の人情弁当▽12歳118キロ巨大弁当
10	10.54 字 S 車窓	00 字 S ソロモン　カリスマセレブ・君島十和子の美容レシピを教えます夫・子…プライベート完全大公開 54 S ミューズの楽譜

ムがあるマンションも、私たちには手が届かないものだ。

なのに、セレブ感が稀薄なのだ。翌週に放映された〝美の伝道師〟たかの友梨とは大違い。良くも悪くも、あちらはゴージャスなセレブと形容するしかないが、君島十和子にはつつましい生活感がつきまとう。それはマウイ島や軽井沢にまるでプチ・ホテルのような豪華な別荘を持つ、たかの友梨との資産の違いだけではない気がする。

若いときよりキレイな私。そのPRのため、君島十和子は自社の服を着て店頭に立つだけでなく、自分のメイク術やライフスタイルまでも公開する。彼女自身がキミジマの唯一無二の歩く広告塔なのだ。この家内工業的ともいえる、町工場のお母チャン的たたずまいに、私の感情がビビッと反応したようだ。

彼女が夕食にシンプルな中華風マリネを作ったころに、夫の誉幸氏が帰宅した。以前よりアクが抜けた、かつての君島ジュニアは「ほのかな酸っぱ味がね、やっぱり一日の疲れを取るっていうかね」と妻の料理を評した。

番組では、むろんあの騒ぎには一言も触れない。

あんなドロドロの骨肉の争いがあった家じゃ、長くはもたないだろう。そんな私たちの意地の悪い先入観を覆《くつがえ》し、ひっそり寄り添うように生きる君島一家。それを見ると、私も彼らの善き隣人になったような錯覚にとらわれ、ついヨカッタヨカッタ、お幸せになどと余計な感想を抱いてしまう。

2005年5月8日㊐

	④日本テレビ	⑥TBS	⑧フジテレビ
9	00字 行列のできる法律相談所 芸能界の美女7人集合で身軽な石田純一も大興奮…結婚したい弁護士は？ 54S エンゼル	00字S あいくるしい「家族最期の思い出～僕達は母さんから生まれた」市原隼人 綾瀬はるか 原田美枝子 54字S 風になる	00字 あるあるⅡ 脳卒中&心筋梗塞の原因・血管危険度チェック…20代にも血栓予備軍急増▽野菜で快眠 54字S アナザー・ヒーロー
10	00字 おしゃれイズム 岸谷五朗…渋谷の裏路地で不良と格闘 30字 黒バラ 中居VS嶋大輔 ㊙不良伝説 56 ガキの使い	00字S 世界ウルルン滞在記 10年大感謝スペシャル 必見・世界中に飛び出していった人気者たち 永久保存版 54字S いのち 四国遍路道	00S 情報ライブEZ！TV 自分もミス隠すかも…ＪＲ西日本現役運転士緊急アンケート▽年に1700種類…コンビニ弁当戦争

010 情熱大陸

売れっ子カメラマンに河馬も流し目を向ける

すごいなあ。カメラを向けられた動物園の河馬《かば》が、なまめかしい仕草になったかと思うと、色っぽい視線で一瞬レンズを見つめ返したのだ。

さすが、タレントのセクシー写真を撮らせたら、当代きっての売れっ子カメラマン、藤代冥砂《ふじしろめいさ》だ。彼の被写体になると、水着モデルだけでなく、河馬までが発情する。

旧山古志《やまこし》村の村長やチーズづくりに全エネルギーをそそぐ酪農家の日常生活も見ごたえあったが、そうしたストレートな人選とはひと味異なるゲストの姿を追いかけたとき、『情熱大陸』からは人物ドキュメントの微妙な色合いがじんわり浮かびあがる。

藤代冥砂しかり、男性誌『ＬＥＯＮ』の編集長しかりだ。どこか胡散臭そうな男たち（これは当然ホメ言葉）を取りあげると、この番組は感動や情熱だけでなく、ペーソスや笑いも帯びてくる。

雨の香港。週刊誌のグラビア撮影が下町の路地ではじまる。モデルは松坂慶子だ。

	⑩テレビ朝日	⑫テレビ東京
10	9.00 字 二 日曜洋画劇場「スピーシーズ・種の起源」（1995年アメリカ）▽最も危険で美しい宇宙生命体…恐怖の合体	00 字 S ソロモン　世界No.１中華料理人は日本人…こだわりの１キロ80万中国茶＆雌雄にこだわるフカヒレ 54 S ミューズの楽譜　郷愁小椋佳と振り返る昭和〝愛燦燦〟
11	00 字 S 宇宙船　タスマニアを襲う星形エイリアンは日本原産 30 S やべっちＦＣ　ジーコ日本Ｗ杯出場記念ＳＰ俊輔が大黒が代表戦士	11.24 スポーツ魂　巨一西…▽藍10代ラストＶへ…▽光プレー

「はーい、キレイ」。早速、カメラマンの常套句《じょうとうく》が飛びだす。「いまの、いい笑顔でしたね」。撮りたてのポラロイドを見た松坂が嬌声《きょうせい》をあげる。顔が上気している。

夜の撮影は、藤代以外は男子禁制となり、現場からの音声だけが流れる。「はい、キレイです、キレイです、キレイです」。カシャッ。「はい、これはキレイだ」。こんなミエミエの誉め言葉が、まだ女性に有効なのだろうか。

ポラを見る。「おー、ステキだ、カッコイイ～。ヤダー、ステキ」。もう、松坂慶子さん大興奮状態である。

場面は変わり、藤代は旭山動物園で河馬を撮る。大きな口で威嚇する河馬のゴン。「怒ってます？ 怒ってるんですかぁ」。「すごいなあ。その横顔、いいんじゃない」。もしかして、と思った瞬間「キレイだね」の決めゼリフが。「キレイだね、その正面顔」。そのとき撮ったフィルムが大写しになる。飼葉《かいば》を食べながら河馬のゴンは、ちょっと媚《こび》さえ浮かべた表情で、カメラに流し目を向けている。

いいなあ、こういう性格。東海林さだおさんのマンガの登場人物の心境である。どうやったら、こんな言葉が口からスラスラ出てくるのか。

頭の中でやっかみが渦巻いているとき、藤代が小さな公園の前で立ち止まった。

「何でも撮りたい」。そういうと、藤代は雪の中のブランコにカメラを向けた。その瞬間、ブランコが身をよじる気配をたしかに感じた。

2005年6月12日㊐

	④日本テレビ	⑥TBS	⑧フジテレビ
10	00㊫おしゃれ　主婦のNo.1アイドル弘道お兄さん妻も登場？ 30㊫黒バラ　中島ハイレグに中居撃沈 56 ガキの使い　レッサーパンダ見学	00㊫Ⓢ世界ウルルン滞在記　ペットは珍獣・大自然中米コスタリカ▽最後は密林へ帰す▽サルの運命に号泣 54㊫Ⓢいのち響　中田大輔	00Ⓢ情報ライブＥＺ！ＴＶ　W杯決めた…ジーコ流人心掌握術▽若貴確執▽実録・パチスロにはまる20代女性達▽67年前全米パニック…宇宙人映画㊙史
11	11.26Ⓢ縁人 30Ⓢうるぐす　野村監督が清原の〝頭〟を語る▽ダービー馬とプロレス意外な関係	00Ⓢ情熱大陸　藤代冥砂が撮る写真はヌードよりエロチック 30㊫Ⓢ世界遺産　フィレンツェ・巨大ドームの謎に挑む	11.15㊫Ⓢ堂本兄弟　恋激白朝香秘密器具で…最新ＮＧ大公開 45 Ⓝ◇55Ⓢすぽると！日本代表

011

オーラの泉

霊も前世もOKと思わせるオカルト・バラエティ

霊とか憑依《ひょうい》とか前世とか。私はその手のまがまがしいオカルトや心霊ものが苦手だ。苦手というより、嫌悪しているといったほうが正確か。

ところが『オーラの泉』を見ているうちに、案外そうでもないのかなと思うようになった。『オーラの泉』のスタジオには〝愛の伝導師〟美輪明宏と、ナビゲーター役の国分太一、そこにスピリチュアル・カウンセラーの肩書きをもつ江原啓之《ひろゆき》が加わる。

オカルト系トークショー番組といったらいいか。あるいはかつての『おしゃれカンケイ』の精神世界版だろうか。

オープニングで「きょうも濃いお客さんを呼んじゃいました」と国分くんが口火を切る。美輪明宏と江原啓之だけでも、むせかえるほどなのに、さらに濃いゲストがくるのだから、中和剤として国分くんは恰好のキャラだ。

この日のゲストは山咲トオル。早速、江原啓之によるカルテ作成が始まり、オーラ

	⑩テレビ朝日	⑫テレビ東京
11 深夜	11.45 内村P ㊙史上最長戦 全員ボケ記憶リレー!! 人の技覚えてつなげろ ゴール無し!?ボケ地獄 芸人の限界 0.40 Ⓢあしたまにあ～な 0.46 雨上がり メガネ芸人 歴史的後編 1.16 Ⓢオーラの泉 山咲に宿る念力 1.51 Ⓢ石原さとみ㊙女優塾 アキバ乱入	11.58 スポパラ スポ魂Ⓝ▽ 0.12 Ⓢ きらきらアフロ 〝グレイ＆鶴瓶〟世紀のコラボ？ 0.53 Ⓢ娘ドキュ 1.00 Ⓢ創聖のアクエリオン 声寺島拓篤 1.30 Ⓢガンソード「復讐するは我にあり」声星野貴紀ほか 2.00 Ⓢウルトラ H 桜木睦子がヌレて

の色はブルー、守護霊は「昔の役者さん」と診断される。

友達だと男でも女でも、服を洗ってアイロンがけをしたり、靴を磨いてあげるのが好きなんです。そんなトオルくんを、江原カウンセラーは早速「前世はヨーロッパのお小姓」と見立てる。殿様の身の回りをあれこれ世話した前世の記憶が、現世での友人の衣服の洗たくとアイロンがけに投影されているらしい。

この調子で番組はテンポよく進む。そ、それって変じゃないですか？ そうした疑問は一切なし。霊も前世も疑う余地なく存在する。これが『オーラの泉』の大前提だ。

山咲トオルは夕方にお墓に行くという妙な習慣があるらしい。だから「余計なものをつれてくる」と注意される。「余計なもの」は、どうやら悪い霊を指すようだ。

「霊なんて、どこにでもいるんですよ」といって、ニヤリと笑う美輪さんと江原。芝居っ気たっぷりにスタジオを見回して「六、七人はいますからね」と事もなげに呟く江原啓之。いいでしょう、このオカルト・バラエティ感覚。「エーッ本当ですか？」という国分くんの空気清浄機のようなリアクションで、スタジオは未浄化霊（といっていた）の集う、オカルト・パークのような印象さえただよい始める。

ひょっとしたら、私はオカルト番組すべてが嫌いではないのかもしれないと、こんなとき思う。私が嫌悪していたのは、細木数子というアクの強いオーラを放つキャラクターだったのかもしれない。

2005年8月15日(月)

	④日本テレビ	⑥TBS	⑧フジテレビ
11 深夜	11.25[S]ＭＡＸ　W杯予選 １位通過の鍵 40[S]サルヂエ　浜崎２深田 ５小泉６松浦は？美男 軍団珍解答 0.20[デ]歌スタ　千葉デパガ VS練馬バーテンVS美声 ケンカ番長 0.50[S]サンクチュアリ ▽二宮清純 1.20エンパラ 1.29先端研　アンガ	10.54筑紫哲也ＮＥＷＳ23 ８月15日スペシャル!! 〝断絶から和解へ…〟 0.25[S]しゃちっ娘 0.30[S]月光音楽団　超貴重 石川亜沙美ナース姿で 晩酌を…安田美沙子も コスプレで 0.55[S]ＭＬＢ主義　解説者 は名監督というメジャ ーの常識▽現役・牛島 監督登場!!	11.30ニュースＪＡＰＡＮ 滝川が迫る戦争の記憶 ▽55[S]すぽると！中田 ・稲本・俊輔・松井！ マンフト！ 0.35映画王ナビ 0.50登龍門　お台場明石城 ▽1.19[S]お笑い登龍門 冒険王爆笑ライブＳＰ ▽46[S]音箱登龍門　お 台場冒険王爆裂ライブ 及川奈央ほか

012

女王の教室

▼全能者の美しい託宣「いい加減、目覚めなさい」▲

ラストシーン。天海祐希が演じる小学校教師、阿《あ》久《く》津《つ》真《ま》矢《や》は教え子の和美（志田未来）に「先生、アロハ！」と別れ際、声をかけられると、ゆっくり、少しずつ表情をゆるめて、最後にニッコリ笑みを浮かべた。

一瞬、とろけるようなニコリに騙されそうになったが、すぐ我に返った。この終わらせ方はないだろう。これではただの〝泣かせる話〟〝感動ドラマ〟じゃないか。

それにしても、視聴率25・3％（関東地区、ビデオリサーチ調べ）である。『女王の教室』最終回は『電車男』も抜き、9月第3週の視聴率トップとなった。ふだん、みんなが話題にするようなドラマをあまり見る習慣がないから、小泉自民党に間違えて一票入れたような妙な気分だ。

スタート直後から、天海が扮する冷酷な教師の言動に対して、番組に電話、メールが殺到し、当初は九割が批判の声だったという。ドラマと現実の区別もできない視聴

販売元：バップ

	⑩テレビ朝日	⑫テレビ東京
9	00字S土曜ワイド劇場「はみだし弁護士・巽志郎⑨元妻セレブは殺人犯？年下ホストと危険な情事、美人記者とみちのく二人旅」田上	00字S出没アド街ック天国「街全部が秋のセール横浜元町」ハマトラも仰天激安・買い物裏技伝説の洋食 54Sぴかマン　ベッド掃除
10	雄脚本　小谷承靖監督　三浦友和　涼風真世　益岡徹　遠藤久美子　坂下千里子　あき竹城 ◇10.51車窓 10.57ドランク㊙裏ビデオ!?	00字S美の巨人たち　心の目で見よ・禅僧白隠の達磨図の謎 30S君に会いたくて　福岡　鳥越俊太郎 54S天職「土よ水よ甦れ」

者の多さにおどろいた。エンターテインメント全盛というが、日本人の虚構を楽しむ能力は明らかに低下している。

テストの成績が悪かった生徒に掃除当番をさせ、夏休みも登校を強制する。そんな「ありえない」設定でも、初期のS・キングを彷彿させるスピードでドラマが展開すると、小学生の子を持つ親も、当の子供もリアルな恐怖を覚えたのかもしれない。

さらに、その恐怖を増幅させる背景がある。四年前、NYテロがおきた年、池田小学校で八人の児童が殺害された。セキュリティへの関心は一気に高まった。外部からの侵入者には、不充分だが、どうにか打つ手はある。しかし教室の中に、邪悪な人間がまぎれこみ、子供たちを人質にとったら。そんな潜在的な恐怖が、テレビ局に寄せられた四十万件の反響の背後にあったのではないか。

そして戦慄がピークに達したとき、天海祐希の決めゼリフが発せられる。「いい加減、目覚めなさい。まだ、そんなこともわからないの?」。クールな声は、怯えきった者には、まるで全能者の美しい託宣のように聞こえる。

鬼教師が生徒を守る〈善〉だとわかった終盤に至っても視聴者が急増したのは、天海祐希の「いい加減、目覚めなさい」の声に魅せられたからではないか。

黒ずくめの服に身を包んだ、無表情で美しい人に「いい加減、目覚めなさい」と、誰もが声を掛けられることを欲している、そんな時代なのかもしれない。

2005年9月17日(土)

	④日本テレビ	⑥TBS	⑧フジテレビ
9	00[字][S]女王の教室・最終回 90分スペシャル「真矢のいない卒業式」 天海祐希 羽田美智子 原沙知絵 泉谷しげる 尾美としのり 夏帆 内藤剛志	00[字]世界・ふしぎ発見!「神秘の楽園コスタリカ大紀行」初公開・月夜に生命の奇跡▽密着ナマケモノ 54[字]チャイナビ	7.57[S]学問の秋スペシャル 日本の歴史 草彅剛と巡る日本史2000年の旅 ①アンガールズの古代史②インパルスの鎖国③波田陽区が平安貴族を斬る④レギュラー江戸グルメ史▽豪華ドラマで見せる歴史的瞬間 ①信長最期の日②関ケ原の戦い③大化の改新④龍馬暗殺
10	10.24[S]音ソノ 30[字]エンタの神様「今夜は超強力ラインアップで新ネタお届けします」陣内&青木&ドランク	00 ブロードキャスター 除名?自民に恋する女 野田聖子議員の苦悩▽驚異の腰痛治療・最新内視鏡手術でヘルニア摘出▽不倫で殺害依頼	

013 美輪明宏

日本人に一時の慰安を与える、ペニスのある母親

美輪明宏が淡々と「私、見たことあるの、神様」というのを聞いて、参ったね、こりゃかなわないなと思う。

〝霊魂と死についてマジメに語ろう〟がテーマの、改編期によくある二時間特番でのことだ。「神様のイメージを描いて下さい」と進行役の爆笑問題にいわれ、森本毅郎や渡辺満里奈などゲストが、様々な神様のイラストを描く。

ところが美輪明宏の絵だけが真っ白で、何も描かれていない。「これは……?」と訊かれた美輪が、冒頭の言葉をサラッと口にしたのだ。「金と銀と白とね、一緒に混ぜたような光なのよ」。人間は勝手に形や名前をつけたりするが「そんなものを超越した、エネルギー体で、光なんだというのがわかったの」。

神様を見ちゃった人なんだから、もう誰にも負けない。いまテレビに出ている芸能人や文化人の中で、最強かつ無敵のポジションにいるのが美輪明宏だろう。つい先日、

	⑩テレビ朝日	⑫テレビ東京
9	7.00 ロンドンハーツ2005秋 青木さやかパリコレへ 驚異のウエスト○ｾﾝﾁ減 60日間耐えたのよＳＰ ①淳㊙プロデュースで モデルデビュー挑戦…	8.54 字Ｓ開運なんでも鑑定団　お宝か邪魔物か？ 大衝撃…重さ１トンの 超巨大な木彫りクマ▽ 幻の傑作をついに発見 室町の名刀
10	9.54 Ｓ報道ステーション どうしたんだ？日本中 でヘビ騒動が同時多発 ▽パキスタン大地震… 被害の全ぼうと救援の 実態▽不安だぞジーコ	00 字Ｓガイアの夜明け 駅の改札口を入ると… そこはデパ地下だった 〝ＪＲの駅改造計画〟 出発進行中 54 Ｓ太陽の王国

何かのCMでキムタクとのツーショットを見たが、明らかに美輪の方に勢いがある。和田アキ子も、細木数子に文句はいえても、美輪が相手だとさすがに怯《ひる》むだろう。

神の存在を信じる日本人は少数派なのに、困ったときは神仏にすがる。そんな国民性が話題になったとき、美輪は優しく肯定する。「信仰とか宗教は、生活をしていくための方便でもあるのよ。キリストやおシャカ様も、神秘的でも何でもなく、身の上相談のオジさんなのよ」。爆笑・太田が「みのもんたのようなものですか?」と茶化すと「グレードが違う」と軽く笑う。

迷信はよくないが、生活を活性化するための、ロマンや方便として宗教を取り入れるのは必要だと思いますよ。これが美輪のスタンスだ。そんな美輪の講演会は、中年層がメインの女性の観客で満員だという。精神科医の斎藤環《たまき》がクイーンのフレディ・マーキュリーを論じた文章に「美輪明宏という最大のファリック・マザー（ペニスのある母親）を戴《いただ》く私たち日本人」という一節があった。不安とストレスを抱えた現実の母親は、美輪明宏の包容力あるトークで、一時の慰安を得る。

オカルトや精神世界もピンからキリまで。いつまでも細木数子ではないだろう。美輪がメインの霊感バラエティ番組『オーラの泉』（テレ朝）は、この秋、深夜枠から夜十一時台に昇格した。中年の主婦層だけでなく、若い視聴者もまた、このペニスのある母親に慰撫《いぶ》される快感に気がつき始めたようだ。

2005年10月10日(月)

	④日本テレビ	⑥TBS	⑧フジテレビ
9	00字S終戦60年ドラマSP 日本のシンドラー杉原千畝物語・六千人の命のビザ「世界が涙した愛と感動のストーリー 大戦下のヨーロッパで6000人ものユダヤ人を救った日本人がいた」反町隆史 飯島直子 吹石一恵 勝村政信 生瀬勝久 伊武雅刀 伊東四朗ほか	00字爆笑問題の！ニッポン㊙民俗学～霊魂と死についてマジメに語ろうスペシャル 美輪明宏 霊感的中に森本毅郎が〝正直言うと不気味〟▽霊魂はある？神様はいる？たたりは？謎の秘祭・奇祭に隠された〝八百万の神の国〟のメッセージ	00字S新1リットルの涙「ある青春の始まり」沢尻エリカ 薬師丸ひろ子 錦戸亮 成海璃子 藤木直人 陣内孝則ほか
10		10.54筑紫哲也NEWS23	10.04S旅美人 10字S新鬼嫁日記「家庭内焼肉地獄」観月ありさ ゴリ 永井大 滝沢沙織 小池徹平 井上和香 東幹久

014

相棒　シーズン4

水谷豊は額の後退までをも個性に昇華させた

録画してまでは見ない。「絶対に見なくちゃ。大傑作」と知り合いに勧めもしない。しかし家にいた日に放映されれば、最後まで見る。

『相棒』とは、いつのまにかそんな間柄になっている。水谷豊が演じる、切れ者でダンディな警部の右京と、寺脇康文の熱血刑事、亀山。静と動。クールとホット。この手の刑事ドラマの常道をいく組合わせだが、『相棒』の場合、まずハズレがない。一件落着して、動機やトリックに不満を覚えても、右京さんの名推理と亀山のオッチョコチョイな正義感の後味がよいので、さほど気にならない。

百点満点で九十点はあげられないが、常に八十点はキープ。『相棒』は地味だが、じつに手固いドラマだ。演出スタッフの手腕。土曜日の『王様のブランチ』よりいい味が出ている寺脇康文の個性。それらも無視できないが、やはり『相棒』は水谷豊だ。

初めて『相棒』を見たとき思ったものだ。（水谷豊って、いつから、こんないい味

	⑩テレビ朝日	⑫テレビ東京
9	00字S相棒「波紋」 水谷豊　寺脇康文 鈴木砂羽　高樹沙耶 中村友也　音尾琢真 絵沢萠子	00字S水曜ミステリー9 指紋捜査官・塚原宇平 1億2千万人の真実！ 「〝人はウソをつくが 指紋は嘘をつかない〟 密室の極小証拠が解く 5年前消えた嫁の謎」 橋爪功　中田喜子 夏八木勲　渡辺典子 山田スミ子
10	54S報道ステーション 段ボールに小1女児…いったい何が？▽国境に謎の死体が…北朝鮮最新映像の秘密▽女子フィギュア浅田真央に直撃取材だ	10.48S輝くとき 54S商品降臨

販売元：ワーナー・ホーム・ビデオ

を出せるようになったの）。昔、青春ドラマで人気スターになって、その後はどこか〝あの人は今〟感がただよっていた水谷豊だが、きっちり演技のフォームが身についた、存在感のある役者になっていた。

若いときと比べれば顔の張りは失せ、額が後退しているのは一目瞭然だ。それを水谷豊は上手に個性にまで昇華させた。これは現代では、そう簡単にマネできない。

ふた昔前は「男の人は、いいわね。老けてシワが増えても、それが味になるもの」といってくれる酒場のママがいたが、いま、そんな優しい女はどこにもいない。女性たちは、若さこそ美徳であり価値であると信じて疑わない。

俳優も物書きも、中年を過ぎて華やかになるのは、女ばかり。男は若いうちが花だ。水谷豊のように一度ピークを極めた役者が、下降線を経たのちにまた上昇に転じたケースは稀れだ。どうやったら私も水谷豊にあやかれるか。

ゴールデン＆プライム枠ではあるが、決して話題作でも衝撃作でもなく、といって深夜や昼のチープなドラマでもない。いつも手固く八十点。そこが役者のフォームを作り上げる最善の場所だった。

負け越しはできないが、勝ち過ぎても駄目。急に昇進して強い連中を相手に相撲をとったら、自分のフォームがズタズタにされる。だから理想は九勝六敗。色川武大さんの〈人生九勝六敗〉のセオリーを思いださせる水谷豊だ。

2005年11月23日㊌

	④日本テレビ	⑥TBS	⑧フジテレビ
9	9.24字N◇天 30字ザ！世界仰天ニュース「大クレーマーＳＰ」スープに人の指が混入殺人事件か？極悪主婦㊙トリック	8.00二秋の映画スペシャル「ハリー・ポッターと賢者の石」（2001年アメリカ）Ｊ・Ｋ・ローリング原作　クリス・コロンバス監督　ダニエル・ラドクリフ　ルパート・グリント　エマ・ワトソン　ロビー・コルトレーン　リチャード・ハリス	00字トリビアの泉　衝撃の㊙ハト映像に女王天海20へぇ号泣▽美食家が選ぶご飯に合うカップラーメン汁 54字今宵ひと皿
10	10.24字心残る家 30字Ｓあいのうた「嫌だ…彼を失いたくない！」菅野美穂　玉置浩二　成宮寛貴　小日向文世　和久井映見		00Ｓ水10！　もんじゃろ学園一中1で同棲？吉川ひなの他▽ミラクルは鬼嫁ＳＰ小川菜摘暴露浜田家伝説 54Ｓ灯り物語　パティシエ

015

野ブタ。をプロデュース

▼〈恋愛〉を排して生まれた〈友情〉のドラマ▲

あーあ『野ブタ。をプロデュース』が、とうとう終わってしまった。前回までに謎や葛藤はあらかた解決ずみなので、最終回は淡々と進んだ。

修二（亀梨和也）と彰（山下智久）、そして野ブタ（堀北真希）の三人が、いつものように屋上でミーティングする場面。彰が不満をいう。

「なんで、俺のこと、名前で呼ばないの?」。俺はオマエらのこと、修二とか野ブタって呼んでるのに、「俺だけ、それは、ねえダッチャ」。草野って呼んでんじゃん、と修二。すると彰が「下の名前で呼んで」と（このへん照れ隠しか鼻歌ふうに）注文する。野ブタが「ア、キラ!」と呼ぶ。力が入り過ぎてギコチない。

二日後に仕事で都心に出かけた。下校途中の小学生たちがキャッキャッ笑いながら前を歩いていた。一人が「ア、キラ」と野太い声を発すると、他の女の子がドッと受ける。五、六年生かな。明朗活発な印象の子たちだった。

	⑩テレビ朝日	⑫テレビ東京
9	00字S土曜ワイド劇場「京都殺人案内㉘涙そうそう沖縄・音川刑事の一番長い日!」和久峻三原作　佐藤茂脚本　岡屋龍一監督　藤田まこと　萬田久子　遠藤太津朗　田中健　平淑恵　松沢一之　猪野学　キムラ緑子◇字車窓	00字S出没アド街ック天国「秋葉原で電車男発見アキバ」潜入…メードの館&電気の激安巨塔㊙ロボ決闘 54Sぴかマン　換気扇掃除
10	10.57裏Sma5　香取慎吾	00字S美の巨人たち　豪州の人気画家ノーラン描く英雄伝説 30S音遊人　パパイヤ鈴木　小野リサ 54S天職　こだわり宿泊料

販売元：バップ

何秒かたって気づいた。これって、すごいな。まだ小学生の女の子と、五十過ぎた俺が、『野ブタ。』最終回の同じシーンに反応している。

原作本では野ブタは男だ。彰はいない。これをドラマでは、少年二人と少女一人の設定にした。このドラマの重要なポイントは、〈恋愛〉モードを注意ぶかく排除したことだ。男二人と女一人。安易に恋愛モードを注入しないことで、涙や感動の強制とは無縁の、さわやかな〈友情〉のドラマが成立した。

原作では〈友情〉のかけらもない。修二は自分の力量を験《ため》すために野ブタをプロデュースするとことん嫌な奴だ。そして恋愛を極度に怖れている。自意識過剰な、童貞少年の恋愛恐怖が全編にただよう。女たちとの距離の取り方を、テレビドラマもうっすら踏襲している。しかしソフトな亀梨君が演じると、さわやかさは損われない。

でも、一番の儲け役は、やはり彰を演じた山下君だ。ハンサムだけど神経質な修二と比べると、どこか抜けてて、「俺たち、ずっと一緒だっちゃ」の馬鹿っぽいセリフは、私がみても可愛い。彰が下宿する豆腐屋のオヤジ、高橋克実も良かった。巧すぎて嫌味に映ることも多い役者だが、このドラマでは渋かった。

豆腐屋の下宿に、女っ気はない。修二の家も、母親は海外に行ったきりだ。恋愛が排除され、母親たちも姿を隠した空間で、湿度の低い、押しつけがましくない〈友情〉のドラマが奇跡的に生まれた。

2005年12月17日㈯

	④日本テレビ	⑥TBS	⑧フジテレビ
9	00㋖Ⓢ野ブタ。をプロデュース最終回拡大スペシャル「青春アミーゴ」亀梨和也　山下智久　堀北真希　高橋克実　夏木マリほか	00㋖世界・ふしぎ発見！「天才アインシュタイン熱狂の43日間」謎の訪日▽今夜、相対性理論がわかる 54㋖チャイナビ	00㋖Ⓢ㋢プレミアムステージ・パラリンピック委員会推薦ヒューマンドラマ「スタートライン〜涙のスプリンター〜余命僅かの青年と盲目の少女は障害を越え…走り抜くことができるのか…？」山田孝之　鈴木杏　大竹しのぶ　時任三郎ほか
10	10.09Ⓢ音ソノ 15㋖エンタの神様「今夜は話題の芸人を大連発」小梅&摩邪&インパ&やっくん&オリラジ&いつここほか	00　ブロードキャスター　総研メモ鉄筋減量指示　一級建築士が実検証▽邪念が消えた…カツラとれたボクサーの勝利衝撃試合映像	10.54一葉の想い

芸能界麻雀最強位決定戦 THE われめ DE ポン

芸能界をしぶとく生き抜いた猛者たちの麻雀対決

さすがに正月は華やかなメンバーが揃った。

堺正章、加賀まりこ、萩原聖人《まさと》、坂上忍。『芸能界麻雀最強位決定戦　THE われめDEポン』、略して『われポン』の顔ぶれをみると、誰が勝ってもおかしくはない。しかし心情的には深夜アニメ『闘牌《とうはい》伝説アカギ』で、昭和の天才アウトロー雀士の吹き替えをみごとに演じた萩原聖人を応援したいところだ。

番組開始すぐ、その萩原がいきなり役満を上がりそうな手で、思わず画面に見入る。配牌で🀆🀅🀄が二枚ずつ。🀄をすぐポン。「ドラが🀆なので、大変ですが」と解説者がいった直後に、その🀆もツモり🀆🀆🀆🀅🀅🀕🀕🀘🀗🀃の形に。さらに何巡もしないうち🀖を引いてくるのだから、アカギが乗り移ったような強運ぶりだ。

これでテンパイ。🀅がくれば大三元だ。二巡後に🀅を加賀まりこがツモ切り。役満手をみて「ステキィ」と反応する加賀さんも素敵だ。

11 深夜	⑩テレビ朝日	⑫テレビ東京
	11.15 爆笑問題の検索ちゃん 芸人㊙カキコミSP!! ㊙私生活＆㊙目撃情報 芸人S…変態尻フェチ 女芸人T…㊙写真流出 赤恥全暴露 1.10 Ⓢ中居正広プロ野球！タブーに挑戦！朝まで徹底討論会　巨人時代は終わった？現役選手衝撃激論…一茂の秘策に騒然？	11.58 スポパラ　スポ魂Ⓝ▽ 0.12 Ⓢ㊪シンデレラ男 妄想デート 1.23 Ⓢ娘ドキュ 1.30 Ⓢ牙狼ガロ 2.00 Ⓢ流派―R 2.30 ぷっち新春 2.45 Ⓢ東京爆旅「松崎しげるの青春」 3.15 デザインC 3.45 Ⓢシナモン 4.45 Ⓢ音楽

劇的な展開にワクワクするが、このまま萩原が独走したら、昨年のセ・リーグのペナント争いと同じになる。

だが、さすがに芸能界きっての麻雀好きは、誰もがタフだ。次局、加賀まりこは勝負強さを発揮してトップに。リーチをかけると萩原に追撃され、何度も苦杯をなめた坂上もシブトイ反撃を試みる。やはりこの面子（と風間杜夫）の麻雀には味がある。

麻雀漬けの毎日を送るという萩原聖人は絵になって当然だが、ふだんは役者と私生活、ともにハンパに映る坂上忍さえも、雀卓に向かっていると、堅気じゃない芸人の匂いがただよう。この日のサングラスとシャツのボタンの外し方など、香港映画に出てくる裏町の遊び人のようだ。

昨年は、風間も含めたこの最強の五人が出ずに、若手のお笑いタレントなどでお茶を濁した回があって、その退屈さは特筆ものだった。

香港で思いだした。ペニンシュラ・ホテルからも近い公園でのことだ。人だかりがする一隅を何かと覗くと、ボール紙を小さく切った紙製の牌で麻雀を打つ老人たちがいた。アンモニア臭がただよう香港の公園でみた麻雀が、ときおり蘇る。

麻雀がブームでも、そうでなくても。この夜の『われポン』出場者たちは、紙の牌でゲームする老人たちのように、死ぬまで牌を手離さないだろう。思えば四人とも、小さい頃から芸能界を生き抜いてきた、生粋の役者ばかり。さすがだ。

2006年1月6日㊎

11 深夜

④日本テレビ	⑥TBS	⑧フジテレビ
11.45 N出来事　記録的豪雪被害拡大か	11.30 筑紫哲也ＮＥＷＳ23 注目アスリート大集合 今年はスポーツが世の中を元気にするスペシャル▽影絵作家・藤城清治の世界	11.30 字メントレＧ
0.14 Ｓ大スポ人　オリラジ第２の人生	0.35 細木数子六星ＳＰナビ	0.00 Ｓ僕らの音楽　シホとスクープが
0.45 Ｓ音楽戦士　キンキ他 ◇エンタル	0.40 全国高校ラグビー大会ハイライト　いよいよあす決勝ほか	0.28 ニュースＪＡＰＡＮ 新春特別企画…量子▽ Ｓすぽると
1.45 Ｓ爆笑問題	2.04 三ＣＢＳ	1.35 少年頭脳カトリ1999 再
2.15 いまあま	2.59 Ｓ買物図鑑	1.55 芸能界麻雀最強決定戦 ＴＨＥわれめＤＥポン 堺正章VS加賀まりこVS坂上忍VS萩原聖人激突（5.00 終）
2.30 ＳＮＦＬ		
3.00 通販初売り		
4.30 伝説の秋田犬〝ハチ〟◇35 N		

017

ニューイヤーロックフェスティバル

▼ロックはヤバイ。内田裕也が発散する不穏な気配▲

大晦日に紅白歌合戦を見ていると、浅草のニューイヤーロックフェスティバルのことが一瞬、頭をよぎる。今年もいま内田裕也とその仲間が、年越しライブで汗を流している。久しぶりに帰った実家のコタツで紅白を見ながら、浅草に思いを馳せる。

年が明けて数日後、もう去年の暮れのことなどすっかり忘れたころ、深夜のテレビにいきなり浅草ロックフェスの録画が放映されてドキリとする。これも毎年のことだ。

なぜドキリとするか。

テレビになじまないからだ。オープニング、戦国時代の武術家のような長い髪を金色に染めた内田裕也をカメラがアップでとらえる。これだけで、危険で不穏な気配がただよう。

「ジョン・レノンがニューヨークで射殺されて二十五年がたった」

「ニューイヤーロックフェスティバルがスタートして三十三年がたった」

	⑩テレビ朝日	⑫テレビ東京
11 深夜	11.30Ⓢ宇宙船　絶景雲南省 0.00ⓈやべっちＦＣ　高原登場…爆笑㊙鍋トークＷ杯へロナウジーニョ大黒ら始動 0.30ⓈＧｅｔＳｐｏｒｔｓ🅽　今夜・堂々の発表スポーツ界激動の１年名作が復活 2.25Ⓢ朝まで赤丸GP2006大注目Ｇアイドル集合（4.55終）	11.24スポーツ魂　Ｗ杯へ・宮本密着 0.00ⓈＳＨＯＷＢＩＺ 2005全米映画年間トップ10発表◇🅽 0.35Ⓢ給与明細 1.00ⓈアウトＰ 1.30Ⓢ🆕よみがえる空　初めての仕事 2.00Ⓢ🆕恋する!?キャバ嬢長谷部優ほか 2.30Ⓢしずちゃんの日常

ロックに関するメッセージが、次々と彼の口から飛びだす。言葉も挑発的だが、それより強烈なのは、剣呑《けんのん》な顔つきと口調の、この男の存在そのものだ。

ステージが始まる。シルバーの柄のステッキを持ち、裕也さんが登場する。ＢＧＭの郷ひろみ「男の子女の子」を、ロックに聴かせちゃうところがさすがだ。そして「コミック雑誌なんかいらない」の演奏が始まった。すげえ。〝俺のまわりはピエロばかり〟。ヤバイという言葉は、こういうときに使ってくれ。

今回のニューイヤーロックフェスは、ソウル、上海、浅草の三都市同時開催だった。ソウルには白竜、上海にはＪＯＥ山中が飛んだ。ロックに国境はない。上品にまとめれば、そんな言葉になるのかな。でも、私にとっては、浅草ロックフェスは、金髪の内田裕也から発散されるヤバイ匂い、これに尽きる。

放送コードぎりぎりの存在を見る喜び。内田裕也をテレビの画面で目にしたとき覚える興奮の肝は、これだ。愛と平和なんて糞くらえ。ロックはつまるところ〝セックス、ドラッグ&ロックンロール〟だとステージから伝わってくる。

ロックはヤバイよ。健全な青少年の音楽なんかじゃないぜという危険なアピールが、アジアの大都市にも伝播すれば、ロックフェスは成功だ。義理の息子であるモックンや孫、そして（安岡）力也たちに囲まれた裕也さんは、ときおり嬉しそうな表情を浮かべる。戦士に与えられた束の間の安息は、見ている者も幸福な感情で包みこんだ。

2006年1月8日㊐

	④日本テレビ	⑥TBS	⑧フジテレビ
11 深夜	11.26 ガキの使い　初笑い・㊙大喜利戦 0.00 Ⓢうるぐす　箱根駅伝テレビ中継の㊙舞台裏▽高校サッカー頂点に立つのは？ 0.40 Ⓝ出来事 0.55 ドキュメント'06　出産を禁じた島…小学生が伝える差別 1.25 Ⓢノア中継　有明即日 （1.55 終）	11.15 Ⓢ情熱大陸 45 ㊫Ⓢ世界遺産　白神山地　水が支えた絶景…ブナ林の四季 0.15 Ⓝ◇25 Ｊスポーツ　安藤美姫の理想と現実　直前のプログラム変更　蝶々夫人を演じたい…18歳の決断 1.05 ＢＯＤＹ 1.35 デジ屋台　水着クイズ （2.05 終）	11.15 ㊫Ⓢ堂本兄弟 45 Ⓝ◇55 Ⓢすぽると！最後の挑戦 0.15 ⓈさんまのフットボールＣＸ　ロナウジーニョ豪華お宅拝見ほかブラジル特集 1.15 Ⓢ中央競馬 1.25 Ⓢニューイヤーロック　日中韓三カ国で史上初の同時開催▽内田裕也 （4.25 終）

時効警察

▼このノリを楽しめるかどうか、見る側も試される▲

時効を迎えた事件を趣味で捜査する。この笑えるアイデアが冴えて、まずは技あり一本だ。『時効警察』というストレートなタイトルも悪くない。ＳＦで使われる〈時間《タイム・》警察《パトロール》〉に語呂が似てるけど。

時間警察は、歴史を改変しようとする時間犯罪者を取り締まるが、時効警察の場合は事件がすでに時効だから、たとえ犯人がわかっても逮捕できない。所詮は趣味の捜査だから、仕方ないのだ。

犯人がわかると、総武警察署の時効管理課に勤務する霧山修一朗（オダギリジョー）は「この件は誰にも言いません」と書かれた紙に押印して渡す。人よんで〈誰にも言いませんよカード〉だ。こんなカード一枚で落着するくらいだから、どれもチープな殺人事件ばかりだ。男っぽさを売りにした、カリスマ的な人気フォーク歌手が謎の死をとげた一件なぞ、なにしろ〝殺しのキス事件〟と名称からして、安っぽい。

	⑩テレビ朝日	⑫テレビ東京
11 深夜	11.10字Ｓ車窓 15字Ｓ時効警察「キスで殺すトリック!!女医の㊙犯罪」オダギリジョー 奥菜恵ほか 0.10Ｓ音魂　加藤ミリヤ 0.15タモリ倶楽部　祝五輪パスタ競技 0.45検索ちゃん　芸人暴露㊙裏話公開 1.15Ｓ金髪モデル殺人事件 1.20虎の門	00　ＮＷＢＳ　写真フィルム撤退の余波▽新コンパクトカー 58　スポパラ　スポ魂Ｎ▽ 0.12Ｓ２ndハウス甘ぁ〜い夜 0.53Ｓ娘ドキュ 1.00Ｓシンデレ 1.30Ｓ牙狼ガロ 2.00Ｓ流派―Ｒ 2.30ぷっち韓流 2.45Ｓ東京爆旅

販売元：角川エンタテインメント

カリスマ歌手の風体は、歌い方は長渕で、下駄は拓郎、肩のタオルは永ちゃんと、悪フザケの限りだから、オダギリジョーが休日返上で捜査をしても、ピリッとした真相が出てくるわけもない。

その代わり、死後も伝説に包まれた（これは尾崎豊か）ミュージシャンの、現在も売れる人気グッズが紹介される。タオルに墨書された「男十四匹」の文字。この「男十四匹タオル」には、泣かせる話があって、と元付き人の東幹久が語る。「男一匹」の「匹」を、「四」と書き誤まったので、「男十四」の後に「匹」を付け「男十四匹タオル」にしたと熱っぽく語り継がれる間抜けなエピソード。

こうしたコントや笑いを楽しめるかどうかで、『時効警察』の評価もガラリ変わることだろう。ふざけた設定と、仕様もないギャグ。それをキッチリ計算ずくで、緻密にドラマ化する演出サイドの力量はあなどれない。さらに、ある意味そんな〈高級〉というか、じつは複雑なドラマを楽しみながら演じるオダギリジョー、恐るべしだ。

番組紹介には〝テレ朝深夜ドラマ〟の形容が必ず付くが、いまどき十一時台を深夜と呼ぶ人も少ないはずだ。制約の多い九時、十時台から、新しいタイプのドラマが生まれる可能性はあまりないだろう。

『時効警察』のような、軽さとリアリティを備えた、いまを感じさせるドラマは、夜の十一時以降の、視聴者を選択できる時間帯からしか生まれないのかもしれない。

2006年2月10日金

11 深夜	④日本テレビ	⑥TBS	⑧フジテレビ
	00字ガレッジ　イケメン団女優に求愛 30 N出来事　独占入手…野口氏肉声 59S大スポ人　掛布清原に愛のムチ？ 0.30S音楽戦士　HG登場　松浦亜弥も 1.25S記憶の力&猫ひろし 1.30エンタルジ 1.35S爆笑問題 2.05Sいまあま	00字Sハニカミ　バレンタインデート 30 筑紫哲也NEWS23　さあトリノ開幕だぁ▽街が変わる…表参道ヒルズと再開発▽子供ボクサー▽かぐや姫再び名曲ライブ 0.35S R30　横峯パパ…さくら育て方 1.25所萬遊記「究極のダシ今夜決定」	00字メントレG　永作博美　㊙独身生活 30S僕らの音楽　近藤真彦　気志団翔と 58 ニュースJAPAN　ナチスに挑んだ女性▽Sすぽると 1.05Sデザイン 1.35Sチョナン 1.50字さんま 2.20笑う！通販 2.25S Pの巣窟

019

高田純次、みのもんた

上昇志向ゼロ。下らない。でも面白い高田純次

みのもんたは偉いな。正月に腰の手術で入院したばかりなのに、月曜の夜十一時台に、また新番組を始めた。ゲストを招いて、酒を飲みながらのトーク番組だから、タイトルもそのまんま『みのもんたの「さしのみ」』。料亭の座敷みたいな広い部屋で、ゲストと一対一の酒飲みトークだ。この人の最大の売りである〝調子の良さ〟がいつも以上に前面に出て、私はけっこう楽しんでいる。

最後に、ゲストが番組特製のコースターに、自分の気に入った言葉を書く。朝青龍は〈心〉で、安藤忠雄は〈礼儀〉だって。つまらないよな。

そこへいくと高田純次はさすがだ。〈股に一物　手に荷物〉。駆けだしの若手芸人なら、ともかく。この一月で五十九歳になった男が、書く言葉ではない。

馬鹿である。みのもんたは腹を抱え、大受け。「さぞかし立派な物でしょうね」「いや、それが意外とカワイイ物で」。オヤジ二人が下ネタでウッヒッヒと笑い転げる。

	⑩テレビ朝日	⑫テレビ東京
11 深夜	11.10字Ｓ車窓 15字くりぃむ　高級グルメカロリー並べ㊙クイズ最悪新ルールで次課長井上＆アイドルが水没▽Ｒ１王者 0.10Ｓ音魂　ソエル㊙私録 0.15雨トーク　まちゃまちゃ＆Ｍ―１ 0.45ガチバト!! 1.15全力坂◇21Ｄボーイズ◇ロンハー	00　ＮＷＢＳ　技あり日本薄型パネルで勝負するベンチャー 58　スポパラ　スポ魂Ｎ▽ 0.12Ｓきらきらアフロ　１万人の大会場で松嶋が歌姫に？ 0.53Ｓ娘ドキュ 1.00Ｓフジヤマ 1.30Ｓシムーン 2.00Ｓ心霊探偵 2.30ぷっちぬき

下らない。でも面白い。

いつからだろう、お笑いタレントを「あの人って、じつは頭いいから」と視聴者がいうようになったのは。たぶん、ビートたけしとタモリがテレビに登場した直後だ。これまでの芸人とは違う、知的なギャグが売りのタレントの、その笑いがわかるワタシ。それをアピールするために、芸人をただ「面白い！」と誉めるのでなく、「頭がいいから」と形容する倒錯は、気色が悪い。

その点、誰がみても高田純次とみのもんたは、下品で適当、調子がいいだけ。「頭がいい」とは決していわれない。

高田純次のクルマ道楽が話題になった。「純ちゃん、あのアストンマーティンはいくら？」「最初に買ったときは三億五千万で」「エー!?」とのけぞる、みの。「それじゃ払えないんで、一千万ちょっとにしてもらって」。みのもんたはまたまた大笑いだ。

立派なメロンがテーブルに置かれた。最高級メロンだといわれて「二百万円ぐらい？」。いやぁ美味いといってメロンを食べた後に高田は「これ、皮もガンガンいけるんでしょ」と固い皮を齧《かじ》ってみせる。

以前に夜中の番組で共演していた恵俊彰《めぐみとしあき》や大竹まことは、いまやいっぱしのキャスター然とした顔と喋りになっている。彼らと比べたとき、高田純次の上昇志向ゼロの姿勢はすばらしい。それに調子を合わせて爆笑してみせる、みのもんたも立派だけど。

2006年5月8日㊊

11 深夜	④日本テレビ	⑥TBS	⑧フジテレビ
	10.54 N出来事　若者を狙う不審はがき…被害急増会員権商法 11.25 Ⓢさしのみ　大爆笑・話芸の天才高田純次の超適当人生 55 Ⓢスポんちゅ　代表争い小野ピンチ 0.20 字歌スタ　ドリカム妻美脚㊙熟女 0.50 Ⓢ浜ちゃんと　超緊張連帯ゲーム	10.54 筑紫哲也ＮＥＷＳ23　日産ゴーン社長が語る業界再々編と日本経済▽11.55マンデープラス　作家・高樹のぶ子がアジアに浸る 0.25 Ⓢ月光音楽団　第２弾オリラジ㊙ 0.55 ⓈＭＬＢ主義　石橋貴明＆大魔神 1.25 ＤＮ　競馬予想師・師匠と女弟子	00 字あいのり　ホスト寝言本物の銃だ 30 ニュースＪＡＰＡＮ　首相外遊に秘めた思い▽55Ⓢすぽると！妙技華麗ロナウジーニョ…ＣＬ決勝へ 0.35 チンパン N 0.45 登龍門　インパクト！衝撃の芸人▽1.08 お笑い圧力団体 1.59 孝太郎＋　チャー告白

020

探偵！ナイトスクープ

東京では不遇の、関西カルト番組は今も健在だった

レンタルＤＶＤの週間ランキング、第一位は『探偵！ナイトスクープ』でした。早朝のお天気&ニュース番組の情報コーナーで知らされたときは、しばし耳を疑った。どうしてるだろう『探偵！ナイトスクープ』と、頭の隅で気にはなっていた。大阪の朝日放送（ＡＢＣ）制作の人気番組だが、キー局のテレ朝の対応は冷たく、金曜深夜の二時台を皮切りに、辺境の時間帯をタライ回しにされたあげく、昨春で打ち切られた。

ＤＶＤ発売と同時に、大手レンタル店で首位になったことからも、東京での根強い支持が改めて裏づけられた。

あちらでは、どうなっているか？　最近の回を入手してチェックする。視聴者の依頼を受ける「局長」が西田敏行、葉書きを読む「秘書」が岡部まりの布陣はそのまま。

二十年前、産気づいた妻を西宮の自宅から神戸の助産院にタクシーで送る途中に、車内で女の子を出産、泣き声をたてない赤ん坊を気づかってくれた親切な運転手さん

	⑩よみうりテレビ	⑲テレビ大阪
11 深夜	9.00 字Sデ2006ＦＩＦＡワールドカップ 0.10 SN&スポ 0.40 字Sデ2006ＦＩＦＡワールドカップ・C組「オランダ×コートジボワール」奥寺康彦 藤田俊哉▽オランダの超高速ドリブラー登場 ロッベンVSドログバの異次元対決 3.10 S ぷぷ10	00 N ＷＢＳ　小泉改革が残したもの 58 スポパラ　スポ魂N▽ 0.12 S アフロ・乳ドルの悩みズバリ言うわよ〝貧乳〟松嶋が㊙暴露◇ＮＵＤＥ 1.00 S メッセ弾　板前黒田の絶品料理 1.30 S ＮＥＯ 2.00 S ナイトＣ 2.30 S シムーン

販売元：ワーナー・ホーム・ビデオ

にお礼がいいたい。

こんな文面が紹介されると、涙もろい西田敏行は早速ハンカチを用意、というお約束も以前と変わらない。探偵役の北野誠と依頼人夫婦が、地元の阪急、阪神の両タクシー会社を回る。何人かの運転手に当たっても該当者はいない。しかし関西のオッチャンのトークは自然体で、ときにレポーターを食うほどだから、回り道も気にならない。笑いの基礎体力の違いが、一般人でわかる。

最後には、この出産の件を誰にも他言しなかった運転手が名乗りでて、涙の対面となる。「乗務員はみんなお喋り好きで、話したがり屋なのに」と、タクシー会社の担当者が首をヒネる反応もよい。

北海道にオモシロナイ川という川があります。どんな所か調べて下さい。

そんな頼みを受け、厳寒の荒野に出向き、面白内川のほとりで途方に暮れる桂小枝《かつらこえだ》の回も嫌いじゃない。第二弾がオレウケナイ川。農家のオバちゃんにつまらないギャグを飛ばして、無視される。俺、受けない。オレウケナイ川だ。

残念だったのは、レギュラー探偵の立原啓裕《たちはらけいすけ》が辞めていたことだ。東京ではまったく見ないタレントだが、顔と声、そして体の動き、どれもアクが強く、ああいう芸人が見られるのも、お値打ち感を増していた。大昔に村上龍のトーク番組で隣に座っていた岡部まりの存在も、この番組のカルト化に大いに寄与している。

2006年6月16日㊎

11 深夜	④毎日テレビ	⑥ABCテレビ	⑧関西テレビ
	00字Sハニカミ　キンコン梶原＆青田 30 筑紫哲也ＮＥＷＳ 23 辞任否定の日銀総裁▽池田小事件 0.25新喜劇ボンバー!! ▽ヒロイン衝撃の整形▽千鳥VS小籔じいさん▽インドから来た最強刺客・チュート徳井VS金髪の須知 1.55所萬遊記	11.10字S車窓 17字探偵！ナイトスクープ▽タクシーで生まれた女の子▽90歳と友達になりたい▽フラミンゴが来る家… 0.12N◇Sぷる 0.24字Sてるてるあした　黒川智花 1.19公造◇イベ 1.29ますだおかだ角パァ！全身激痛価値アリ㊙話	00字メントレG　㊙歌舞伎中村家の謎 30S僕らの音楽　スマップ ジローラモ 58 ニュースＪＡＰＡＮ 隣国に潜むテロの芽▽Sすぽると 1.05南パラ！　しずも上等 嶋大輔兄貴が気合十分 爆笑武勇伝 2.00Sカンテレ 2.10Sハイヒールの真夜中

021

明石家さんま

白洲次郎ブームにツッコミ入れるさんまの底力

夜の十二時すぎ、各局をザッピングしていると、不思議な画面が目に飛びこんできた。どうやらテーマは、いまブームの白洲次郎《しらすじろう》物語のようだ。おなじみのTシャツにジーンズ姿でくつろぐ格好や、ブガッティやベントレーを乗り回すセピア色の写真が紹介されていく。

生前、白洲と親交があったと称する人物たちが、彼がどれほどジェントルマンで品格があり、プリンシプルに厳しかったかを力説する。そんなエスタブリッシュたちの、大して面白くもない話を、ヘラヘラ笑いながら、ときおりツッコミを入れているのが明石家さんまなのだ。

白洲が暮した武相荘《ぶあいそう》で、辻井喬と白洲の娘ムコを相手のシーンだった。二人から「白洲さんは、ともかく欲のない人だった」という類の、白洲伝説をそのままなぞった礼讃が競うように発せられる。すると、さんまは「でも、みんな欲は、あるでっしゃろ」

	⑩テレビ朝日	⑫テレビ東京
11 深夜	11.10[字][S]車窓 15[字][S]オーラの泉　女性を泣かす宿命？山本耕史▽演じた人物が35歳で皆命尽きる…不可解な縁と役者魂 0.10[S]音魂　ブライアン語 0.15堂本剛　若槻と深夜の六本木で… 0.45[S]三竹占い 1.21ＰＵＦＦＹ 1.51上戸◇買物	11.18輝きの法則 24[S]商品降臨 30　[N]ＷＢＳ　ＩＣタグで商品選び丸見え新店舗▽新型携帯 0.28スポパラ　スポ魂[N]▽42[S]心配さん・ヨガでセクシー 1.23[S]娘ドキュ 1.30いぬかみっ 2.00[S]ｈａｃｋ 2.30買物タウン

と、身をよじって笑いながら、まぜっかえす。さすが、さんちゃん。

辻井喬が「彼は品性の卑しい人間が嫌いだった」みたいなことをいうと、「ワシは卑しい人間ですから」と応じる。「アナタはちゃんとしているから」とかなんとか適当なことをいう現・作家の元セゾングループ総帥。

技あり。明石家さんまの方が、財界の二世、三世の爺さんたちより、断然、品性高潔である。権力者を前にしていささかも臆することなく、テレビでいつもオネーチャンにツッコミを入れるように、政財界の爺さんの語る、俗っぽく聖化された白洲神話に茶々をいれる。大竹まことや恵俊彰なら思わず「かっこいい日本人がいたんですね」と感心してみせそうだ。昨今の白洲次郎ブームにおもねることのなかったのも立派だ。

ところが、さんまのその芸風に立ち向かったすごい奴が一人いた。宮澤喜一である。

さんまが「白洲さんはどんな人でした」と尋ねても、のらりくらり。喋ってくれないんですね、といわれると「それを聞きだすのが、アナタのお仕事でしょ」と突き放す。この間合いが絶妙で、総理在任中にこの話芸が披露できていたら、もっと人気は上がっていただろうに。

白洲次郎ブームの空疎さと、神話作りに加担する人間の権力志向を、笑いでサラッと白日の下に晒した、さんまの力に改めて感嘆する。そのさんまと互角にやり合った宮澤喜一も大した役者だけど。

2006年7月19日㈬

11 深夜	④日本テレビ	⑥TBS	⑧フジテレビ
	10.54 N出来事　驚きのワザ〝神の手〟心臓外科医 血管を縫う 11.25 S NANA「ブラスト初ライブ」 55 S スポんちゅ　オシムの長男初戦は 0.20 S ハウルの城まで2日 0.29 S MusiG 鈴木亜美 0.59 Gの嵐！　脳トレ萌え ◇1／3娘	10.54 筑紫哲也NEWS23 患者になれない？遂に命の格差が…皆保険の制度が危機に▽戦火が拡大の中東 11.50 字S 明石家さんま特番 白洲次郎に会いに行く 日本一かっこいい男の武士道精神 1.25 S 恋愛脳度　小林恵美 欲求不満度 1.55 週刊アサ㊙	00 字S グータン　離婚独白 神の子登場 30 ニュースJAPAN 脱デフレと悪夢の亡霊 ▽55 S すぽると！再開 Jリーグ… 0.35 冒険王 0.45 字S ダンドリ娘　デートの段取り 1.08 志村けんのだいじょうぶだぁⅡ 1.38 S 音楽番付

022

マイ☆ボス　マイ☆ヒーロー

▼ポップな笑いと初々しい叙情。ヒットは当然だろ▲

俺はツルゲーネフの代表作の翻訳タイトルが『はつ恋』という表記だと、この夏『マイ☆ボス　マイ☆ヒーロー』を見るまで知らなかった。プールサイドでデッキチェアに横になった榊真喜男《さかきまきお》（長瀬智也）が、神西清《じんざいきよし》訳の新潮文庫版『はつ恋』を朗読するシーンは、飛びっきり印象的だった。

「その頃わたしは十六歳だった。一八三三年の夏のことである」。小さなビキニを着たキャバクラ風のオネーチャン何人もに囲まれて、真喜男は地味な表紙の文庫本を繰っていく。

「いま思い返してみると、女の姿とか、女の愛の面影とかいうものは、ほとんど一度も、はっきりした形をとって心に浮かんだことはなかった」。読みながら、二十七歳の真喜男は黒いシャツの上から胸にそっと手をやる。女に不自由しないヤクザの若頭が、同じクラスの女子（新垣結衣）の面影をダブらせる。こんなときに、『初恋』じゃ

	⑩テレビ朝日	⑫テレビ東京
9 10	00字Ⓢ土曜ワイド劇場 「タクシードライバーの推理日誌スペシャル会津若松～殺人無罪の乗客・チップでもらった野口英世の謎!? 女三人の愛憎が仕組む二つのえん罪!!」坂田義和脚本　吉田啓一郎監督 渡瀬恒彦　賀来千香子 ◇10.51 車窓 10.57裏Ｓｍａ５　香取慎吾	00Ⓢ輝け！オールスター!!〝合唱コンクール〟 各界代表122人大集合 江守俳優団のスマップVS吉本芸人もののけ姫 ▽小朝＆落語家合唱団 ▽羽田＆鳩山の国会団 美空ひばり、ユーミン 坂本九、サザン、倖田 名曲を合唱 10.48Ⓢぴかマン　夏の家具 54Ⓢ匠の肖像　ブナに命を

販売元：バップ

当たり前すぎるだろ、『はつ恋』じゃないと気分が出ねんだよ、このヤロー。

ドラマの大ヒットをバカな芸能マスコミは、長瀬の好演のみに結びつける。逆に大コケした『サプリ』は、亀梨和也の熱愛報道や伊東美咲の演技力不足が理由だといわれる。大笑いだ。伊東美咲の芝居が下手なのは昔からだ。それでも『タイガー&ドラゴン』の彼女は魅力的だった。

役者も大事だ。しかしそれ以上に重要なのは、作り手のセンスだ。とうに飽きられた業界ドラマを焼き直して、紋切り型のセリフを出演者に喋らせる『サプリ』は、どんなスターが演じたところでヒットするわけもない。

その点『マイ☆ボス――』はポップな演出とシナリオが断然光る。いまどき流行《はや》らないロシアの古典小説を、二十七歳の偽高校生が読む。クールだろ。真喜男に付きあって小林多喜二『蟹工船』を手にするヤクザ。組幹部の大杉漣《れん》はなんとレールモントフ『現代の英雄』だ。このアンバランスさから生まれるポップな笑いが肝だ。

文庫本を閉じた真喜男が切なそうに、舎弟の田中聖《こうき》に訴える。「こないだからよ、胸の内側を、こびとがトントン叩いてやがんだよ」。ゴダール『気狂いピエロ』を彷《ほう》彿《ふつ》させる朗読シーンの直後のセリフがみずみずしく俺の耳に響く。

テンポの良い笑いと、初々しい『はつ恋』の叙情。これがうまくミックスされたんだ。ヒットするのは当然だろ、このヤロー、と俺は思う。

2006年9月16日㈯

	④日本テレビ	⑥ TBS	⑧フジテレビ
9	00字Sデ マイボス・マイヒーロー㊚「10歳下の同級生と過ごした高校生活！本当に楽しかったぜコノヤロウ!! みんなと卒業したかった…」長瀬智也ほか	00字 世界・ふしぎ発見！「涙そうそうの故郷へオキナワ離島大冒険」巨大生物続々▽最西端で幻の絶景 54S チャイナビ	00字Sデ 土曜プレミアム 映画「電車男」（2005年〝電車男〟製作委員会）村上正典監督 山田孝之　中谷美紀 国仲涼子　瑛太 伊東美咲　伊藤淳史 大杉漣　▽笑いと涙の超特急・大ヒットラブコメ初放送 10.54 一葉の想い
10	10.24S 音ソノ 30字 エンタの神様「今夜は話題の芸人続々登場」オリラジ&Hケンジ&ネゴ&インパ&桜塚	00 ブロードキャスター 対決舞台裏…堀江被告主任弁護人が独占告白▽パリとＮＹで大爆笑映画ＳＵＳＨＩのネタ▽松井復活密着秘話	

023

安藤優子

▼二流キャスターが政界入りする中、あなたは偉い!!▲

鳴り物入りでスタートした日テレ、夜十一時台の『NEWS　ZERO』だが、どうにもいいところがない。

日テレの夜ニュース刷新が成功すれば、ドヨーンと淀んだこの時間帯の他局のニュース番組、とりわけとうの昔に死に体となっている『筑紫哲也NEWS23』への波及効果は必至だっただけに、なんとも歯がゆい。

キャスターの村尾信尚《のぶたか》に華がない。シャープな切れがない。ジャーナリスティックな視点もない。このないないづくしが致命的で、スタジオも人は大勢いるが、気の利いたコメントひとつ出せないゲストではどうにもならない。

さらにオヤジ必殺・最終兵器の触れこみだった小林麻央《まお》の表情にもハツラツさがない。一番マトモに見えるのが、嵐の櫻井翔だから、番組の前途は厳しい。いっそ櫻井クンをメインに据える手もありか。これが奇策に思えないところが哀しい。

	⑩テレビ朝日	⑫テレビ東京
11 深夜	11.10 字S 車窓 15 字 いいヤツちょーだい!! アンタッチャブルSP あの大物＆萌えドル＆50億セレブの自宅潜入 ㊙ブラ戦争 0.10 S 音魂　徳永英明㊙事 0.15 新 快感MAP　㊙診察 訳あり美女 0.45 新 青木ナウ 1.15 全力坂◇21 恋愛バトル◇ロンハー	00 N WBS　最新家電・神業の舞台裏▽修学旅行を狙え… 58 スポパラ　スポ魂N▽ 0.12 S きらきらアフロ 贈り物は自販機？松嶋爆笑親孝行 0.53 S 新 歌ドキ 1.00 S フジヤマ 1.30 新 ときメモ 2.00 新 半分の月 2.30 ぷっちぬき

話は突然に変わるが、夕方の『スーパーニュース』、安藤優子を見直した。安倍内閣の閣僚名簿に高市早苗の名を見つけて、おどろいた人は多いだろう。エッ、あんなんで大臣になれちゃうの。小泉内閣のときの小池百合子にもびっくりしたが、そうか大臣のポストなんてそこまで値崩れしているということか。

キャスターとしては二流の域を出なかった小池だが、テレ東とはいえ帯の番組でメインを張っていた。高市って何に出ていたっけ。いまや政治家のハードルは相当低い。

女性キャスターのトップに君臨し、フジの報道の顔でもある安藤優子だ。これまでにも政界入りの誘いがあったことは想像に難くない。そこで妙な野心を抱かなかった安藤優子は偉い。

以前は肩肘を張った、上昇志向丸出しの顔が私には苦手だったが、最近はずいぶんと角がとれた。隣に座る木村太郎の嫌味なコメントもサラッと受け流す。

ひょっとして、と思う。これは単に金持ち喧嘩せずというだけのことかも。破格の待遇を受けている安藤にとって、意地悪爺サンの太郎とまともに喧嘩するのと同じくらい、チミモーリョウが蠢《うごめ》く政界への転身は馬鹿げた選択なのだ。

政界入りを出世双六《すごろく》の上がりに選んだ元・キャスターたちの顔を思い浮かべると、どれもテレビでは成功しなかった人物ばかり。政界はいまや彼らの敗者復活戦の場になっていたのだ。村尾信尚も国会ならOKかもしれない。早々に転職を勧めたい。

2006年10月2日㊊

	④日本テレビ	⑥ TBS	⑧フジテレビ
11	10.54㊍🅽ＺＥＲＯ 52年ぶり新番組始まる 村尾＆星野仙一＆麻央 桜井翔登場	10.54筑紫哲也ＮＥＷＳ 23 〝安倍政権解体新書〟 与野党論戦が始まった ▽11.55マンデープラス 話題の〝もったいない 食堂〟とは	11.18くいしん坊　そうめん 24Ⓢスイーツ 30　ニュースＪＡＰＡＮ 特集・脱少子化の道① ▽55Ⓢすぽると！新装 開店…欧州サッカー・ ６大リーグ
深夜	11.55字新嵐の宿題くん 小倉智昭とスゴイ実験 飯島直子 0.26デ歌スタ　ナースな㊙ ミーシャ？ 0.56Ⓢ浜ちゃんと　キム兄 オリラジ涙 1.26㊙１／３娘	0.25字世界バレーあと29日 0.30Ⓢ月光音楽団　未公開 妻夫木上戸 0.55字新オビラジＲ「今夜 スタート」 1.25字ＤＮ	0.35チンパン🅽 0.45字二新２４Ⅳ「午前７ 時・全米を襲う新たな テロ！不眠不休の２４ 時間始まる」

024

鳥越俊太郎

かつての硬派ジャーナリストに、往時の面影なし

鳥越俊太郎といえば〈ジャーナリスト〉である。しかも〈社会派〉や〈硬派〉といった冠もしばしばつく。

自身がキャスターをつとめる番組で、桶川《おけがわ》の女子大生ストーカー殺人事件を再三とりあげたことでそのイメージが確立した。番組が打ち切りだか縮小だかになって、鳥越は朝の『スーパーモーニング』に唐突な感じで移籍した。

朝のワイドショーでの彼は、シャツの胸元のボタンを開けた『LEON』風の親父だった。野暮ったかった服はずいぶん垢抜けたし、暑苦しい長髪も以前よりはスッキリした。熟年女性の間で、ちょっとした鳥越ブームもおきた。確かに六十六歳とは思えない、ギトギトした雄のフェロモンがただよっている。

先日、久しぶりに『スパモニ』を見た。画家をしているという都知事の四男が、公費でスイスに行った是非が話題になっていた。VTRの中で石原慎太郎は記者たちに

	⑩テレビ朝日	⑫テレビ東京
7	7.30 スーパーモーニング　独占・石原真理子激白90分間…あれから20年壮絶〟不倫愛〟の真相〝死んじゃおうか…〟２人で書いた〝遺書〟▽石原知事四男がまた海外に公費同行…でも問題ナシ？	6.45 Ⓢ おはスタ　ぶらり駄菓子屋さん 7.30 Ⓢ のりスタは〜い！▽ハム太郎
8		00 Ⓢ 朝はビタミン！　激戦スイーツ王国自由が丘世界No.１パティシエの限定冬のパイ 368 円▽ 8.45 N 株ＯＢ・暖冬の影響で売り上げが伸び悩む衣料品小売業で着実に業績を伸ばす秘訣
9	9.55 字 ちい散歩　地井武男東京駅で昭和を探す▽快適な浴室	

「違法性があるんですか?」と何度も苛立ちをみせた。司会の渡辺宜嗣《のりつぐ》が、どこか小泉さんの言い方に通じますね、と鳥越に振った。鳥越のニヤニヤした笑い顔が映った。「ちょっとアレですね……」と意味不明の言葉を呟く。

この間の悪さを見かねたのか、コメンテーターの山崎洋子が「そんなに立派な画家の方なら、他にお仕事もあるでしょうから、石原さんが気をつかうべきでしょうね」とピシャリ。再び鳥越に話が振られる。「ま、そこがね、一番の問題で。確かに違法性はないでしょうし、芸術家としてちゃんと仕事をしてくれるんだったら、それはそれでね、ボクは問題ないと思うんだけど……」。顔は薄笑いを浮かべているが、喋りはどんどんテンションが下がり、内容も曖昧になっていく。

そこには硬派のジャーナリストの面影はない。妙に若作りした初老の男が、どこの地方のナマリかわからないが、口をモゴモゴさせている。このとき「あ、ナマリか」と閃《ひらめ》いた。テレビでの鳥越俊太郎は、文化人タレントのナマリ枠の一人だったのだ。無着成恭の昔から、寺山修司、立松和平に至るまで、フラットな標準語ではなく、お国訛《なま》りをあえて強調する文化人キャラが、つねに何人か求められている。言葉にナマリのある人は純朴な人。こんな視聴者の思いこみもある。

硬派のジャーナリストから、胸ボタンを開けたフェロモン系を経て、ナマリが売りの好々爺と、鳥越のテレビ流浪記はまだまだ続く。

2006年12月6日㈬

	④日本テレビ	⑥TBS	⑧フジテレビ
7	5.20ズームインＳＵＰＥＲ ▽ＨＰ教師に保護者は ▽今夜出産へ14才の母 …志田未来が生出演…	5.30みのもんた朝ズバッ！ 事故死児童の問題ＨＰ ナゾ残る写真入手法… 遺族がみのに語る心境 ▽〝前知事を逮捕へ〟 宮崎談合・捜査大詰め ▽生後22日の乳児投げ つけ父親逮捕▽甲子園 に巨大鉄箱	5.25㋢めざましテレビ🅽㊝ 乳児投げつけ…父逮捕 ▽銃撃で日本人死亡▽ バルサピンチＣＬ速報
8	00 スッキリ!! 野田聖子 結婚５年で夫と破局… おしどり夫婦がなぜ？ ▽空箱見せて〝詐欺〟 近未来通信社長の素顔 ▽初公開・2007福袋の 驚きの中身		00 とくダネ！ ①上半身 焼却…山林で発見遺体 は24歳女性・惨殺の謎 ②なぜ次々逮捕？現職 知事明かす談合と収賄 構図③スタローン60歳 新ロッキー
9	9.55Ⓢラジかるッ	8.30はなまるマーケット 〝やべぇヤッくんだ〟 桜塚やっくんが初登場	9.55Ⓢこたえてちょーだい

025

半井小絵

一世風靡したＮＨＫのお天気キャスター人気を考える

なぜ、いつもテレビをつけっぱなしにしているんですか？　そう訊かれて吉本隆明は、いろいろ考えたんですけど「さみしい」からじゃないですかと答えた。音がないと「さみしい」んですよ、と。

　平日の早い夜、『ＮＨＫニュース７』を見ていると、ふと吉本隆明の言葉がよみがえる。ニュースが流れているうちは、そんなことに思いは向かわない。番組の残り時間もあと僅かになった七時二十八分。男性アナウンサーが「では、気象情報です。明日から週末の天気はどうでしょう、半井《なからい》さん？」と呼びかける。画面に気象予報士の半井小絵《さえ》さんの姿がアップになる。「ハイ、きょうより広い範囲で青空が見られそうです。では、天気図からごらんください」。こうやって始まる半井さんの天気予報を見ていると、「俺はさみしいのかな？」と、深刻にではないが、すこし考える。

　いや、以前はそんなことは露ほども思わずに、ヘラヘラ見ていた。きっかけは本誌

	⑧フジテレビ	⑩テレビ朝日
7	00字 Dのゲキジョー　石原真理子緊急出演▽壮絶不倫・飛び降り心中…失踪の果て16歳下と結婚…全告白 57 幸せって何だっけ　悪の根源は１つ上の先輩…職場の陰湿いじめに悩むOLに細木流対処法伝授▽細木爆笑・ギャグ対決	00字S ドラえもん　感動のペットとの再会▽道具コンテスト 30字S クレヨンしんちゃん　ゴミ！だゾ 54S Mステーション　豪華カトゥーン＆福山雅治　陽水民生が久々コラボ　椎名林檎＆エグザイル　ジェームズ・モリソン　伊藤由奈も
8	8.54字N レインボー発・天	8.54S モダン◇都のかほり

12月14日号にのったワイド特集の一本〝辞退者続出NHK紅白　目玉は半井さんの天気予報〟の記事だった。意中の歌手や審査員に軒並み断られた紅白が〝苦肉の策〟として半井さんの出演を決めた。「オジサマ達の人気者である彼女が会場から〝紅白スペシャル気象コーナー〟を担当するとか」。ふーん、半井さんは〈オジサマ達の人気者〉なんだ。そう思った後で、オジサマ達の正体が気になった。

彼女が画面に登場する七時半すこし前は、なかなか微妙な時間帯である。首都圏のサラリーマンなら、仕事を定時に終えて寄り道もせず帰路についたとして、果たしてこの時間までに郊外の自宅にたどり着けるかどうか。

俺みたいに一日中、家にべったりいる職住一緒の人間なら、いつでもOKだけど。そのとき、アッそうかとわかった。一日中、テレビをつけっぱなしの〈オジサマ達〉の姿が目に浮かんだ。二〇〇七年問題に先がけて、すでにリタイア人生に入った男たちの、テレビをじっと見つめる後ろ姿が。たぶん記者は〈ジイサマ達〉と書きたいところを配慮したのかもしれない。

盛り場のデパートや巣鴨のとげぬき地蔵は、元気いっぱいの〈オバサマ達〉であふれている。街に繰りだす気力もない男たちが、ぼんやりテレビを見ている。

そう、『NHKニュース7』の気象コーナーは、さみしい爺さんたちの巣鴨・地蔵通りだったのだ。

2006年12月8日㊎

	①NHK	④日本テレビ	⑥TBS
7	00 字 二 ニュース7　ホテル合宿で教育再生会議が集中議論 30 特報首都圏　フリーター脱出支援▽職業訓練の現場◇天	00 字 S ぐるナイ　欧米かッ空腹タカトシSP乱舞グルメ楽園で秘脳トレ身体ホットに幸せ火鍋注文同じなら美食没収忘年会ゴチ	6.55 字 S ランキンの楽園　パリで大人気・日本のアニメソング1位は？▽100円ショップ社長涙の原価告白▽我が家の風呂自慢
8	00 字 S 迷宮美術館　怒りの美術展▽金剛力士像に秘められた運慶のテクニック　高橋英樹　ヨネスケほか 45 首都圏 N 天	00 字 デ 太田総理…秘書田中〝参議院を廃止せよ〟議員軍団＆石破相手に政界のタブーに挑む…▽怒り・マグロ＆復党◇54 字 N 天	7.54 ドリーム・プレス社　大竹まこと＆安住アナがMrマリックを極上接待…超魔術であわびフカヒレ・15万円ステーキが次々と胃袋に

026

デーモン小暮

悪魔を善良な小市民に変える、ＮＨＫ大相撲の呪縛

大相撲初場所の中日、八日目。ＮＨＫの番組ゲストは一年ぶり、二度目の登場となるデーモン小暮だった。一年前の出演を、私もたまたま見ていたのだが、喋りの達者さに加えて、年季の入ったマニアならではのウンチクと好奇心を、嫌味に映らない程度にアピールして、大相撲中継ゲストとしては順調なデビュー戦となった。

その直後から相撲に関連したオファーが一気に増えた、と本人も語る。これまで相撲のことなら何をおいても最優先でやっていたのだが、殺到する依頼をさばき切れず、昨年は初めて相撲の仕事を断る羽目に、とデーモン閣下はいたく満足そうな様子だ。そう、この日の画面にはデーモン小暮閣下とテロップが出ていた。ウチも、これで案外シャレがわかるんですよというＮＨＫのメッセージか。

実力派の若手、豊真将《ほうましょう》が惜敗した後、深々と一礼して花道を帰った。「勝っても負けても、礼をキチッとしていくのが、非常に気持ちいいですね」とデーモン閣下。か

	⑧フジテレビ	⑩テレビ朝日
3	00Ⓢスーパー競馬「日経新春杯」７冠馬ディープ新たな勲章	2.00関根勤＆麻里も大感激厳冬の旭山動物園日記 3.30㊫Ⓢ徳光＆史朗の暴走おやじアナ⑤　大塚＆木佐乱入▽ちょい不良服で爆笑女子アナ合コン◇モット
4	4.05㊫芸能人プライベート㊙旅　くりぃむ上田＆柴田理恵ハワイ初体験黒田知永子	
5	5.25㊫ⓈＭＯＯＮ＆ＳＵＮ 30　スーパーⓃ　正月太り振動で解消	5.30ⓃＪチャン　公衆電話災害時に頼りになる？◇ほっと食

すかな違和感を覚えたのはこのときだ。毎日ほぼ直角にお辞儀する笑顔がさわやかな豊真将は、私も好きだ。しかしまともな礼をしようともしない露鵬のような悪役力士がいるからこそ、土俵にバラエティも生まれるのではないか。

負けた豊真将の談話が紹介され、アナウンサーも「ひたむきさ、一途さが胸を打ちますね」と称讃した。閣下も負けじと応じる。「やっぱり期待されている若手のホープは、みんな真摯《しんし》な姿勢で土俵に上がっているんだな、というのが伝わってきますね」

鬼の目にも涙ではないが、悪魔の口から「真摯」という言葉が洩れようとは。「土俵に打ちこむ姿勢が非常に誠実なんだな、と」。誠実。自分のキャラを否定するようなセリフだ。悪魔の自己否定。

デーモン閣下に改宗を迫るほどの魅力が大相撲には秘められているのか。それとも、悪魔を思わずただの善良な小市民にしてしまうほどの呪縛が、いまなおＮＨＫにはあるということなのか。

デーモン小暮の大相撲という本業以外の営業品目は、ＮＨＫ出演を契機に一挙にメジャー市場にまで進出した。本人も番組ラストで「一年（に一回）といわず、今年中にもう一回呼んで下さいよ」としっかり営業をかけていた。しかし悪魔が日曜ミサの牧師のような、面白みのない説教を売りにしたとき、視聴者はどう反応するだろう。ちょっと興味が湧く。

2007年1月14日㈰

	① NHK	④日本テレビ	⑥ TBS
3	3.10 Ⓝ 15 字Ⓢ大相撲初場所 「８日目」 ▽あの人がふたたび登場・大相撲を熱く語るゲスト・デーモン小暮 正面解説・錦島　高砂 実況・佐藤洋之 岩佐英治～両国国技館	00 Ⓢ㋢ＳＴＶカップジャンプ　原田雅彦▽丸山弁護士も興奮	00 Ⓢ今夜９時スタート!! 華麗なる一族のすべて 木村拓哉
4		4.25 天声慎吾　なぜか真剣爆笑ゴルフ 55 字ロンＱ！　ウザい・㊙芸人No.1VS熊田収録中にマジ号泣	00 米倉涼子も大絶賛！ 祝10周年スペシャル…〝シカゴ〟
5		5.30 字Ⓢ笑点　大喜利㊙代行ビジネス	00 字イブⓃ 25 字Ⓢ今夜！華麗なる一族 30 報道特集　覚せい剤が北朝鮮に大逆流▽大国インドの闇

027

ハケンの品格

▼笑うっきゃない格差社会を痛快な決めゼリフが救う▲

時給三千円、特Aランクのスーパー派遣である大前春子（篠原涼子）は、面談の席で正社員たちに向かってクールに、しかしキッパリと言い切る。

「私を雇って後悔はさせません。三か月間、お時給の分はしっかり働かせていただきます」。すごいね。『ハケンの品格』には毎回こんなシビれる決めゼリフが三分に一度は出てくる。脚本は『ａｎｅｇｏ』の中園ミホだが、キャラの強さ、テンポの良さも特Aランクで絶好調だ。

ちょっと見には、流行語二つをくっつけた安易な番組タイトルの印象もあるが、権威を誇示し異議申し立てを許さぬ気配のただよう「品格」という単語の上に、ハケンという吹けば飛ぶよな片仮名をポンと乗っけて相対化するセンスが非凡だ。シャレがきいていて批評になっている。

春子が派遣されたS&Fの主任、東海林（大泉洋）は二言目には「派遣はな、黙っ

	⑩テレビ朝日	⑫テレビ東京
9 10	00字Sデ相棒 「Wの悲喜劇」 水谷豊　寺脇康文 野村宏伸　鈴木砂羽 高樹沙耶 54Sデ報道ステーション 松坂大輔120億円史上空前の交渉劇のすべて①ヤンキースVSレッドソックス争奪戦②最後５分の逆転劇▽ポスト安倍もう？	00字S水曜ミステリー９ ６周年特別企画 「顔のない女～久留島刑事の報告書・悪女!?聖女!?殺された女の素顔と容疑者５人の嘘！完全犯罪を暴く銃弾」 エド・マクベイン原作 上川隆也　黒谷友香 忍足亜希子　島かおり 小野武彦　甲本雅裕 竜雷太

販売元：バップ

て正社員のいうことを聞いていればいいんだ！」と喚《わめ》く。無神経なくせに上司の顔色を読むのは得意。それでもどこか憎めないオレ様社員を、大泉が悪達者に映る寸前でぴたりと抑える好演で、篠原涼子と五分に渡り合っている。

正社員↓派遣社員↓フリーター。世界に冠たる身分制社会をドラマにしない手はない。といって正面から描いたところで、見ている者の気持ちは荒涼とするばかりだ。ここは目先を変えて超人伝説と笑いで、という制作サイドの判断は正しい。もともと差別と笑いの相性は良い。というより、笑うっきゃないほど苛酷な現実、それが差別だ。

その差別の底辺であえぐ可愛いダメ派遣の加藤あいが弱音をポロリと漏らした後の春子のセリフがまたかっこいい。「不景気が百年続こうと、日本中の会社がつぶれようと、私は大丈夫。ハケンが信じるのは自分と時給だけ」

冷徹さと義理人情、その両方を備えた部長役の松方弘樹の貫禄もさすがだが、意外なめっけものが大泉の同僚のダメ主任役、小泉孝太郎だ。

残業の合間に大泉が孝太郎にしみじみ話しかける。オレたちを可愛がってくれた先輩たち、みんなリストラされていなくなっちゃった。その代わりに赤の他人の派遣が増えるばっかりだ、そんなの許せるか。格差を拡大化し固定化した張本人である前首相の息子に向かって、リストラ社会の不満をぶつけるなんて、毒っ気も特Aだ。格差社会ではハケン社員のその下の最底辺に位置する雑文業者の私はニヤリとした。

2007年1月17日㈬

	④日本テレビ	⑥TBS	⑧フジテレビ
9	00字ザ！世界仰天ニュース「謎…消えた31億円」ＩＱ強盗の完全犯罪…あなたは犯人のミスに気付くか？ 54字Ｓ心風景	00字明石家さんちゃんねる 芸人がニュースぶった斬り…紅白で成人式で焼き肉屋で衝撃大事件 小西真奈美 54字Ｓｅｒｖｅ	00字ベストハウス１２３ 世界の衝撃おデブ登場▽戦争？危険な火祭り▽あいのり特選絶景▽㊙デザート 54字今宵ひと皿
10	00字Ｓデハケンの品格「大戦争！派遣VS正社員」篠原涼子　加藤あい　小泉孝太郎　大泉洋　松方弘樹ほか 54 ＮＺＥＲＯ	00字Ｓ世界バリバリバリュー　超美人・真珠夫人の晩ご飯はコラーゲン刺し身▽大間のマグロを食す一家 54 筑紫哲也ＮＥＷＳ 23	00Ｓ水10！　今夜スタート 新しくなった２本立て ミラクル史上最低恋愛 オリラジ胸キュン番組 素敵なキス 54Ｓ灯り物語　シリコンＶ

028

華麗なる一族

▼キムタクと張り合う鈴木京香が発する、高度成長期の匂い▲

残すところ二話、『華麗なる一族』もいよいよ大詰めをむかえる。放映前から芸能マスコミは豪華キャストと書きたてた。主役級の役者がずらりと脇を固め、並のドラマなら三、四本は作れると。

そんな前評判に反発するかのように、視聴者の関心は番組スタート直後から「ニシキゴイ」と「肖像画」に集中した。阪神銀行オーナーである万俵《まんぴょう》家の池で長年飼われている鯉の名前が「将軍」というのにもおどろいたが、リモコン操作で水面を泳ぐシーンのハリボテ感に視聴者は一斉に反応した。金をかけたというのに、この安っぽい特撮（？）シーンは何なんだ、と。

肖像画の一件も然り。大介（北大路欣也）と鉄平（木村拓哉）の父子の確執を見守る豪邸内に飾られた祖父・敬介を描いた絵はキムタクそっくり。大介がなぜ鉄平を憎むかという、一族の〝血の秘密〟は初回からバレバレだ。

	⑩テレビ朝日	⑫テレビ東京
9	00 字 二 デ 日曜洋画劇場「ドクター・ドリトル」（1998年米）ベティー・トーマス監督 エディ・マーフィ オシー・デービス オリバー・プラット ピーター・ボイルほか	7.00 昭和歌謡大全集第28弾「郷愁と青春なつメロ不滅の名曲」舟木一夫ヒット曲集＆橋・西郷三田が競演▽美空・裕次郎・鶴田甦る歌声
10	画 山寺宏一▽大爆笑・行列のできる動物のお医者さん？ 10.54 字 S 車窓	9.54 字 S ソロモン流 多才 蜷川実花…美と色への執念▽中川翔子も興奮 エロ美しい写真▽父の評価と葛藤 10.48 S 知恵の和

販売元：ビクターエンタテインメント

制作者の思惑をあざ笑うこうしたツッコミは、視聴者の成熟といえなくもない。しかし毎度毎度、ここぞというシーンで老キムタクの肖像がアップになると、さすがに飽きる。豪華キャストも実は演技はいまイチ。特に長谷川京子や山田優など女優陣の大根ぶりはすごい。さらに鯉や肖像画も食傷気味となると、見どころはどこか。

鈴木京香である。大介の愛人で、万俵家の実務をすべて仕切る執事の高須相子を演じる鈴木京香が、なんともいえないダークな存在感によって、実質は壮大なB級作品であるこのドラマに、辛うじて緊張感を生んでいる。阪神銀行の頭取である父・大介の野望が、理想家肌の子・鉄平と衝突するといっても、大介はほとんど相子のカイライ状態。閨閥《けいばつ》づくりの政略結婚など、相子の思うがままだ。

悪のフェロモン全開の京香と、ピュアで一途なキムタクの抗争がドラマの主軸で、弟の銀平（山本耕史）や母の寧子（原田美枝子）など豪華キャスト陣も、この二人に翻弄されるだけの存在に過ぎない。

父と子が激しく口論する場面で、京香が「鉄平さん、お父様に謝りなさい」と迫る。「分をわきまえろ！」と叫び京香を突き飛ばすキムタク。「キャッ！」と床に倒れた京香の深紅のドレスの裾から白いスリップがのぞく。

ゆっくりとドレスの乱れを直す鈴木京香の姿は、巨額を投じたという街や建物のセットよりも、はるかに舞台となる昭和四十二年当時の匂いをリアルに再現していた。

2007年3月4日㈰

	④日本テレビ	⑥TBS	⑧フジテレビ
9	00㊗行列のできる法律相談所　おしゃれイズムの3人が乱入…くりぃむ上田が弁護士に謝罪…続きは10時 54㊗Ⓢエンゼル	00㊗Ⓢ華麗なる一族「鉄平出生の真相」木村拓哉　鈴木京香　長谷川京子　仲村トオル　柳葉敏郎　北大路欣也 54㊗Ⓢモノコト	7.58 K１ワールドＧＰ2007 ｉｎ横浜アリーナ　激突・大巨人ホンマンVSサモアの怪物・モー▽武蔵VS藤本・日本人頂上決戦▽帝王バンナ
10	00㊗おしゃれ　行列弁護士軍団が負けじと乱入…私生活公開 30㊗黒バラ　ニセ良純出現に中居撃沈 56㊢ガキの使い　新西遊記	00㊗Ⓢ世界ウルルン滞在記　極寒モンゴル・今年は暖冬・Ｔシャツで平気▽風間俊介感動・子羊誕生の瞬間 54㊢Ⓢいのち響　甲野善紀	00Ⓢスタメン　突然の発表　宇多田ヒカル離婚真相▽イチローがアガワに語り尽くした…妻・王監督・松坂▽湯巡り4300カ所〝温泉教授〟の実力

029

ハゲタカ

単なる経済ドラマに終わらせない〈アングラ〉の血

うまいのかヘタなのか。地味なのか派手なのか。そこがいまひとつ摑めないのだが、大森南朋《なお》はその不思議なたたずまいで、この何年かずっと気になる役者だった。

ＮＨＫの土曜、夜の六話連続ドラマ『ハゲタカ』は、その大森をいきなり主役に起用した。タイトルは、バブル崩壊後の日本を喰《く》い荒した、あのハゲタカ外資からきている。不良債権を安く買い叩き、高く転売する。そんな冷徹な外資ファンドが日本に送りこんだエースが、以前は三葉銀行のヒラ行員だった鷲津《わしづ》政彦（大森南朋）だ。

当時の上司だった芝野健夫（柴田恭兵）は鷲津のことをこう語る。「昔の彼は……情に厚い、まっすぐな男でした」。気の優しいそんな男が、銀行の非情さに絶望して会社を辞め、渡米する。

そこで〝資本の論理〟を徹底して学んだ鷲津は、日本型経済の破壊者として帰国する。〝まだまだ甘ちゃんのニホン〟を買い叩き、根こそぎ変えるために。そんな屈折

販売元：ポニーキャニオン

	⑧フジテレビ	⑩テレビ朝日
9 10	00 字 サイエンスミステリー それは運命か奇跡か⑤ 肉体年齢 100 歳の少女 アシュリー重病が進行 苦悩の両親ついに決断 ▽突如発見・四足歩行 姉弟〝先祖返り〟の謎 ▽母に会いたい〝無限の食欲〟に苦しむ娘… ▽何も食べたことがない８歳女児 10.54 一葉の想い	00 字 S 土曜ワイド劇場「ぽっかや診療所事件カルテ⑥～望郷の岬・奥松島に立つ女～息子よ帰れ、あの海へ！医療ミスが招いた悲しき親子の別離」坂田義和脚本　畠山典久監督 西郷輝彦　火野正平 河合美智子　長門裕之 ◇10.51車窓 10.57 裏Ｓｍａ!!　香取慎吾

したハゲタカを演じるのに、地味だがどこかヤバイ気配をただよわせる大森南朋は、これ以上ない適役だ。

その鷲津と、やはり銀行を辞め、いまは事業再生請負人として人望を集める芝野との幾度となく繰り返される抗争と確執が、ドラマを貫く太い柱だ。

じつは経済ドラマなんてと思っていた。〝あなたにもわかる最新経済入門〟をドラマ化しただけの、薄っぺらな情報ドラマくらいに考えていた。しかし〈経済〉を下敷にしながら、脚本の林宏司《こうじ》は因果が巡るスケール大きな人間ドラマを描いて成功した。

映像も凝っている。ときおり使われる青や黄のフィルターが映しだす色調が、ノワール（暗黒）映画風のサスペンスと叙情を感じさせる。

一人、強い存在感で目を惹く脇役がいた。家電メーカーの工場で、黙々とレンズを磨く主任技能士だ。ハゲタカが会社を狙っていると知り動揺する部下に「口はいいから、手を動かせ」と言葉少なにいう姿にしびれた。特に鋭い目が印象に残った。

誰だろう。スタッフロールでわかった。暗黒舞踏家、土方巽《ひじかたたつみ》の弟子、田中泯《みん》だった。そうか、『ハゲタカ』を貫く異様なテンションの高さは〈アングラ〉の血だったのか。大森南朋の父はやはり舞踏家の麿赤兒《まろあかじ》だ。

一度は死語にもなったアングラが、そのテイストの濃さを武器に、薄味が重宝されユルくなったいまのテレビドラマ界に揺さぶりをかけている。

2007年2月17日(土)

	① NHK	④日本テレビ	⑥ TBS
9	00[字][S]土曜ドラマ 新ハゲタカ「日本を買い叩け！金に踊らされたのは誰か」大森南朋 松田龍平 栗山千明 柴田恭兵ほか	00[字][S][デ]演歌の女王「初の生熱唱が奇跡を起こした!!」天海祐希 原田泰造 酒井若菜 成海璃子ほか 54[S]音ソノ	00[字][S]世界・ふしぎ発見！「オーストラリア絶景 豪華鉄道で行こう」縦断3000㌔▽感動ウルルの風&温泉 54[字]チャイナビ
10	00[S]@ヒューマン 3万人東京を駆ける・きずな再び…市民マラソンが日本を元気に▽リア・ディゾン▽スポーツ他◇世界遺産	00[字]エンタの神様「今夜は今噂の芸人が大集合」陣内&タカトシ&桜塚&Hケンジ&ラバーG&たいがー 54[字]京都心の都	00 ブロードキャスター 十二ひとえ…藤原紀香花嫁姿で喜び会見速報▽算数を英語で教える小1からの驚異教育法▽芸能情報 福留功男

030

帰ってきた時効警察

▼相変わらずの下らなさとギャグ攻勢はもはや敵なし▲

一年間、待った甲斐があった。オダギリジョーの『帰ってきた時効警察』が絶好調である。どのくらい飛ばしまくっているかというと。

第一話〝代議士殺人事件〟では、直後に逮捕された対立する議員の秘書（温水《ぬくみず》洋一）が、やり手の女性キャスター（麻木久仁子《あさぎくにこ》）のスクープによってエン罪が証明された経緯が、総武警察の時効管理課の署員によって語られる。そのうち誰かが「エン罪って、漢字で書いて」といいだす。指名された三日月《みかづき》しずか（麻生久美子）がそのくらい書けますヨといって黒板に大きく「猿罪」と書く。

下らないでしょ。本当にクッダラない。「猿は罪を犯しますか？」と麻生久美子にツッコミが入るが、これも何だか。でもね、こんな愚にもつかないギャグが、間をおかずに次つぎと乱発される。これはよほどの自信とノリの良さがなくちゃできない。

ギャグの物量攻勢と、あまりといえばあまりなご都合主義的ストーリーが、よりパ

	⑩テレビ朝日	⑫テレビ東京
11 深夜	11.10 字 S 車窓 15 字 S 新 時効警察「女子アナは便秘!? 高原の密室殺人」オダギリジョー 麻木久仁子 0.10 S 音魂　エンドリ本音 0.15 タモリ倶楽部　究極のテツ人登場 0.45 検索ちゃん 1.20 S 悲宝館 1.50 虎の門 2.50 完売	00 N WBS　社員が主役…働きがいのある会社ランキング 58 スポパラ　メガスポ▽ 0.12 S 新 エリートヤンキー三郎 0.53 S 歌ドキッ 1.00 S 新 さまぁ 1.30 うぇぶたま 2.00 S 新 流派—R 2.30 Rあにてれ 2.45 デザインC

販売元：角川エンタテインメント

ワーアップした『時効警察』だが、映像センスも抜群だ。時効管理課の室内セットや場末のスナックなどチープに見えるが、どれも手をかけて作られている。

　オダギリジョーの周到に考え抜かれた演技も、さらに磨きがかかっている。時効になった事件を趣味で捜査するなんてトボケた役は、他の誰にもマネできない。彼に感化されるように、麻生久美子も一年前とは一変したハジケた演技をみせ、意外な怪優ぶりにおどろかされた。

　さらにキャスティングの冴えも見逃せない。第二話〝総武銀座、闇の帝王殺人ナンバーワンホステス逃亡事件〟はメイン・ゲストが市川実和子《みわこ》で、その母親役は銀粉《ぎんぷん》蝶《ちょう》だ。こんなぜいたくな配役はなかなか他では見られない。

　総武銀座の高級クラブに女王様として君臨する市川実和子のポップな脱力感もキュートだが、かつて売れっ子ホステスだった逃亡犯役の銀粉蝶の渋くてかっこいい身のこなしはさすが実力派アングラ女優だ。

　そこへいくと、野心満々で上昇志向の塊のようなキャスター役が麻木久仁子という第一話は、かなり微妙だ。現実の麻木久仁子と役柄がダブッて見えて、戸惑った視聴者も多かったのではないか。でも、そんな配役を思いついた『時効警察』には番組の勢いがあり、リスキーな出演をあえて引き受けた麻木も大したもので、うん、やはり結果オーライのキャストだったようである。

2007年4月13日㈮

	④日本テレビ	⑥TBS	⑧フジテレビ
11 深夜	00 字S未来創造堂　木梨VS東山紀之㊙マイケル愛ダンス対決 30 NZERO　素朴疑問〝国民投票〟って何？▽いよいよ開幕前日・早大斎藤佑 0.25 サッカーアース　城の独占取材メッシ&デコ▽佳境・各大陸の熱戦▽タカトシ 0.50 S音楽戦士	11.09 字らくうま 15 字Sハニカミ　上野樹里の失恋秘話 45 筑紫哲也NEWS 23 財政破たんの夕張市…分かれた職員の選択▽あのグレイも夕張から▽〝氷を溶かす旅〟は今日最終日 0.50 字S冗談じゃない！ 0.55 SR 30　今夜は特別版女の性SP	00 字S新スリルな夜　ゴリと原田泰造 30 字S僕らの音楽　エンドリケリーほか 58 ニュースJAPAN ミサイル防衛の効力▽Sすぽると 1.05 新エコラボ 1.35 Sチョナン 1.50 字さんま 2.20 S SRS　注目…チームドラゴン

031

去年ルノアールで

日曜の夜中二時半、あの星野源が登場していた

いまもルノアールは健在だろうか？　かつて都内の至る場所にチェーン展開していた「喫茶室ルノアール」のことが、頭の片隅で気になっている人は多いはずだ。スターバックスに代表されるカフェの時代に、ルノアールは生き残ることができるのか。「談話室滝沢」の撤退は二年前の春だった。喫茶店からカフェというグローバル化の流れは容赦ない。

しかしルノアールの店内にただよう独得の雰囲気と雑多な客たち、コーヒーの味はいまも変わらないようだ。テレビ東京の深夜に放映中のドラマ『去年ルノアールで』を見るかぎり、二十一世紀になっても店内には何の変化もない。ドラマといっても、一話あたりの正味の放映時間は五分あるかないか。超掌篇《しょうへん》ドラマだ。妙に凝った作りは、ショート・ムービーと呼びたくもなる。

主人公（星野源）は私と同じく、あまり勤勉ではない物書きである。「昼下がりの

	⑩テレビ朝日	⑫テレビ東京
11 深夜	11.30やべっちＦＣ　五輪へ最大の宿敵と大一番…背水の平山ら熱き思い俊輔速報&㊙松井大輔白熱Ｊは巧	11.24メガスポ　遼くん&藍ちゃん&さくら
	0.15Ⓢ Ｇｅｔ Ｓｐｏｒｔｓ Ⓝ　サッカー北京五輪アジア最終予選突破へ松木&中西が大胆発言日本が抱える課題は▽注目の逸材・水野晃樹（1.15 終）	0.00Ⓢ ＳＨＯＷＢＩＺ　キッドマンでＳＦ名著映画化ほか◇Ⓝ
		0.35Ⓢ 給与明細　月収 100 万円ニート
		1.00シンボルず
		1.30Ⓢ エイジ
		2.00瀬戸の花嫁
		2.30Ⓢ 去年ルノアールで（2.40 終）

販売元：ＪＶＣエンタテインメント

●去年ルノアールで

午後三時、私はきょうもここへとやってきた。誰かに呼ばれたわけではない。私はただ毎日ヒマなのだ」。毎回こんなモノローグで幕が開く。

ヒマな文筆家は〝昭和の残り香〟がただようルノアール名物のブレンドコーヒーをすすりながら、店内に集う客たちを観察し、妄想する。あるときは椅子の上におかれた一本のバナナから妄想が生まれる。もしバナナの持ち主がやって来て絡まれたらどうしよう。そのバナナ男がヤクザで銃を突きつけられたら……。妄想は増殖していく。

原作はマガジンハウスのいまはなき雑誌『リラックス』の巻末に載っていた、せきしろのエッセイだ。私も愛読していた。単行本化されたときは〈無気力文学の金字塔〉の帯があった。

深夜ドラマと書いたが、並みの深夜枠ではない。日曜の夜中二時半からオンエア開始という超深夜だ。チープなエンタメ情報やバラエティ、通販番組に占拠された感のある深夜に、一見すると脱力感あふれる、しかしキッチリ作りこまれた番組が放映されていることにおどろかされた。ルノアールの店内の撮《うつ》し方と、客のエキストラに味わいのあるのが、なによりいい。

毎回オヤッというくらいメジャーなタレントが出演しているのも、ディープな深夜ドラマには似合っている。『はねるのトびら』が典型だが、テレビの新しい波は、こういう深夜枠からしか生まれてこないような気がする。

2007年9月2日㊐

11 深夜	④日本テレビ	⑥ TBS	⑧フジテレビ
	11.30 Mラバ　ポルノ名曲集　加藤晴彦ほか 55Ⓢうるぐす　マラソン…Qちゃん&野口に影響　五輪内定か 0.35 NNN🅽 0.50字Ⓢドキュメント'07　夢の町工場 1.20Ⓢノア中継　愛知速報　リーグ決戦 1.50 モトGP 2.50 女子サッカー壮行試合	11.30Ⓢ世界遺産　屋久島①　岩と水の奇跡・聖なる巨木縄文杉 0.00🅽◇ 10ⓈJスポ　密着世陸〝女子マラソン〟日本メダル獲得へ激走▽桑田&岡島NY密会ホンネ暴露 1.00 サスケ 1.30 むちゃぶり 2.00字デジ@缶　マジック（2.30終）	11.15字Ⓢ堂本兄弟　海の男　加山雄三ロマンと半生　キンキ新曲 45 🅽◇ 55Ⓢすぽると！　石川遼は？ 0.15Ⓢベビスマ　スマ映像 0.25Ⓢクロノス～護衛中～超本気護衛 0.55 女優処女　あのドS芸人が人妻に 1.45Ⓢ中央競馬 1.55 ココロ 再

032

モクスペ

UFO撃退を真顔で語るトンデモ政治家・石破茂

そして誰もUFOを見なくなった。番組を見た後で、そんなフレーズが浮かんだ。

久びさのUFO二時間特番である。ちょっと期待していた。今年（二〇〇七年）はアメリカで「空飛ぶ円盤」神話が誕生して六〇周年だ。一九四七年、青年実業家ケネス・アーノルドが奇妙な飛行物体を目撃して、熱狂的なブームがおきた。

番組の冒頭でいきなり茂木健一郎がヘリコプターに乗り、夜の東京上空から視聴者に「あなたはUFOをどう考えますか？」と呼びかける。ぱっとしない演出だ。司会はモギケンで、テーマは〈UFO vs.世界の科学者一〇〇人〉である。有名無名を問わず、あらゆる分野の学者がひっきりなしに出てきて、見ている方はどうにも落ちつかない。

UFOの飛行法やその目撃映像を専門家たちが分析していくのだが、ほとんどの事例はインチキか錯覚とあっさり片づけられていく。かつてのUFO特番のようなテンショ

	⑩テレビ朝日	⑫テレビ東京
7 8	00字いきなり！黄金伝説。「よゐこ＆タカトシ＆チュート衝撃０円生活史上最強サバイバル…２週連続３時間ＳＰ」浜口＆チビ馬の大冒険南の島で捕ったど一…巨大イセエビと大格闘▽島一周89キロ徒歩の旅超過酷48時間…有野もチビ白馬と緊急参戦だ▽魅惑の南国食材続々	00字Ｓポケットモンスター10周年記念２時間ＳＰコンテストヨスガ大会でヒカリに波乱の結末タッグバトル大会ではサトシとシンジが激突▽大型企画クイズレボリューション・決着編真のポケモン王めざす15人の全国代表が集合北海道で10年分クイズバトル◇Ｎ

ンの高さはかけらもない。じつは私はＵＦＯ神話にまったく懐疑的な人間だが、ＵＦＯの存在の有無をめぐる激論いっさいなしに進行する番組には相当がっかりした。

数少ない見せ場は、科学とは無縁な政治家二人の発言だった。二年前に総務相だった麻生太郎が国会でＵＦＯ対策を質問され、「（異星人が）俺たちに危害を与える可能性について」「向こうがこっちを調査している可能性も、そりゃ否定できない」とコミカルに答える姿は笑えた。

しかし防衛相、石破《いしば》茂《しげる》には負ける。ＵＦＯが領空侵犯してきたら撃墜するかどうか役人ともずいぶん議論したと認める男だ。日米安保条約に基づき、ＵＦＯを撃退するためにはアメリカに核兵器を使用してもらうのか。真顔で語るあたり、やはり真性のトンデモ政治家である。

番組のラストで茂木健一郎は「科学的にいうと、ＵＦＯの存在を肯定することも否定することもできない」と語った。これじゃ、スピリチュアルの勢いには絶対勝てないな。霊や前世の存在を当然のように語る、いかがわしい狂熱の前には、こんな半端なスタンスではかないっこない。

かつて不思議な現象が起きれば、人びとはすぐにＵＦＯと結びつけた。しかしいま謎めいた出来事は（さらに心の悩みまでも）、すべてスピリチュアルが片をつける。多くの人が霊を見ることを欲する時代、ＵＦＯは誰の目にも見えなくなったのだ。

2007年10月4日㈭

	④日本テレビ	⑥TBS	⑧フジテレビ
7–8	00[字]モクスペ ＵＦＯ VS世界の科学者100人！ 今夜ついに世界初公開映像＆実験すべてのナゾ解明だ㊙全米露かんＵＦＯ史上No.１ミステリーの真実▽もし襲ってきたら？防衛大臣と麻生太郎㊙衝撃発言▽1000万円でＵＦＯ発売…予約殺到 8.54[N][天]	6.55徳光和夫の感動再会！〝逢いたい〟ＳＰ▽別れた恋人に会いたい…21歳女性に衝撃の新事実▽60年前の初恋〝すずらんの君〟は今どこに？▽一日だけの記憶…やさしかった父に会いたい▽アメリカ大捜索・まだ見ぬ父に会いたい▽武田鉄矢に大竹まこと大激怒◇[N]	00[字][S]ＶＶＶ６秋の京都を食う！セレブVS安ウマ井ノ原おめでとうＳＰ▽石塚30ｷﾝマツタケ＆龍馬が愛した鍋に興奮▽片平涙の極楽エステ＆牛㊙焼き▽チュート元祖お好み焼き▽的場あ然・杉田スイーツ▽紅葉おすすめハモ㊙鍋▽伊勢エビ 8.54[字][N]レインボー発・[天]

033

ショーパン

▼平気で話を折る生野陽子に突っこむ山里亮太のセンス▲

さすが、フジテレビだ。入社一年目の新人アナ、生野陽子を起用した『ショーパン』が始まって少したったとき、その番組編成のセンスに納得してしまったものだ。

いくら深夜の正味十分間もない枠とはいえ、月曜から木曜の帯番組だ。しかも『チノパン』『アヤパン』と続いた〝パン・シリーズ〟は、フジの新人アナにとって注目度ナンバーワンのお墨つきを与えられたハレの舞台である。

五年ぶりの復活となる目玉シリーズの三代目に生野（ショウノと読みます。ナマモノではない）が大バッテキと聞いたときは、なんと無謀な選択かとおどろいた。

初めて彼女を見たのは、早朝の『めざにゅ～』だった。おそろしいくらいニュース原稿が読めない。さらにトチってもまったく悪びれる様子がない。そんな向うっ気の強さだけが印象に残った彼女を、帯番組に起用するとは。

怖いもの見たさで『ショーパン』を見ると、なにひとつ変わっていない生野陽子が

11 深夜	⑩テレビ朝日	⑫テレビ東京
	11.10字S車窓 15字くりぃむ　超豪華ＳＰ芸能界へそくり選手権貴乃花夫妻の㊙大暴露にしおかVS加藤ローサ衝撃ＶＴＲ 0.10S音魂　シーモ㊙恋話 0.15快感ＭＡＰ　美女実験全身タイツ 0.45青木ドナウ 1.15全力坂◇21S恋愛百景◇渡&藤原	11.24家族の時間　記憶の音 30 NＷＢＳ　出店コストどう下げる？▽日本の原発技術… 0.28スポパラ　メガスポ▽42Sきらきらアフロ本番中に脱ぎだし…？生〇〇対決 1.23S歌ドキッ 1.30Sモテケン 2.00Sバンブー 2.30Sスケッチ

いた。ゲストが喋っていても「というわけで」とか「ちなみに」とかいって、平気で話を折ってしまう。トークの成立しないキャバクラ嬢と客の会話を見せられているようだ。

ある夜。南海キャンディーズの山里亮《やまさとりょう》太《た》がゲストに出ていた。「この番組、好きなんですよぉ」という山里。「ありがとうございます」と元気に応じた生野は間髪を入れずに「早速なんですが、お知らせがあるんですよね」と、すでに進行モードだ。ここで「ぼくの会話、すぐ切っちゃうタイプだねえ」と返した山ちゃんはさすが。

ひとしきり番宣があった後で、またマキが入ったのか目をキョロキョロさせながら「みなさん、ぜひ見て下さい」という彼女に「おそろしいくらい目が合わないんですね」と再び突っこむ山里。

この後のコーナーでは、山里の大学時代の話になった。カンペをチラチラ（というか堂々と）見ながら「学部は」と生野が聞く。文学部で心理学をと答える山ちゃん。「ヘエ、すごーい。文学を学んだんですか」。ここでしっかり山ちゃんがキメてみせた。

「こんなに心のこもっていない〝スゴイ〟ってあるんですか」

そうか。この番組では新人アナ、生野陽子の資質と将来性が試されているのではない。心ここにあらず状態で、会話が成立しないホステスとのやりとりから、いかに笑いを引きだすか。ゲストの技量が問われる番組だったのだ。

2007年10月14日㊐

	④日本テレビ	⑥TBS	⑧フジテレビ
11 深夜	11.24 🅽ＺＥＲＯ　独自取材 厚労省に驚きの新事実つかんだ▽テロ特新法どうなる？ 0.28㊫嵐の宿題くん　お宝実験㊙映像初出しＳＰ 相葉ミラー 0.59㋢歌スタ　聴け息子よパパの挑戦 1.29ささるぅ　必勝合コン若槻恋㊙話 1.59Ⓢ音リコ！	10.54 筑紫哲也ＮＥＷＳ23 環境ＳＰ地球破壊３・中国編…〝巨龍発熱〟温暖化の鍵？中国全土縦断取材・アフリカにも巨龍進出 0.30Ⓢ月光音楽団　熊田式美乳への道 0.55㊫オビラジＲ　ガテン系美女集合 1.25㊫ＤＮ　三代の味大衆食堂心意気	11.09㊫スイーツ 15㊫あいのり　ＩＴモテ男小悪魔本音 45　ニュースＪＡＰＡＮ 和解なるか？薬害肝炎▽0.10Ⓢすぽると！平井理央 0.50Ⓢ㊍ショーパン　復活 1.00コンバット　ブブシコブシオバ芸 1.25プロキング　アイドルラーメン店

034

鹿男あをによし

▼玉木宏も綾瀬はるかも引き立て役、多部未華子の目力▲

高視聴率をマークした『SP』の最終回だが、あの終わり方で良かったのだろうか。映像はつねに緊張感がみなぎっているし、SP役の岡田准一と真木よう子がともかくかっこいい。なのに最後にきてタガが緩んだ。明かされる謎もとっくに見当のついていたものばかり。

エッジの利いたドラマだったのに。そうグチっていたら、ラスト何十秒かで衝撃のドンデン返しだ。アレって、ありか？　ちゃんとした伏線も張ってなかったと思うし、あの結末はアンフェアじゃなかろうか。ぐずぐず『SP』にこだわっているうちに、新ドラマが回を重ねていく。

私のお気に入りは『鹿男あをによし』だ。まずキャスティングがよい。

奈良の女子高に赴任してきたダメ教師役の玉木宏もいいが、さらに輪をかけてダメな同僚の女教師を演じる綾瀬はるかがハマリ役だ。お嬢様とか美女の役だと、どうし

	⑩テレビ朝日	⑫テレビ東京
9 10	00字Sデ交渉人「脱ぐ女刑事VS立てこもり犯！」米倉涼子　陣内孝則　高橋克実　寛利夫　城田優ほか 54Sデ報道ステーション　株安で自民党が大揺れ　通常国会前に早くも…▽ドジャース黒田博樹　年俸で松坂を超えた男　移籍後独占取材▽寒さ気になる	00字二 木曜洋画劇場「ブラック・ダイヤモンド」（2003年米）アンジェイ・バートコウィアク監督　ジェット・リー　DMX　マーク・ダカスコス　声 楠大典▽マフィアと全面戦争…秘宝めぐる超級バトル 10.54Sシーン　Fブラッド

販売元：ポニーキャニオン

ようもないデクノボウの綾瀬だが、ダメダメ女をやらせると途端に生彩を放つ。いや生彩じゃなくって、どんより曇った退行モードが画面を覆うあたり、天性の資質だろう。

奈良の鹿は、気の弱い新米教師の玉木宏に話す。「さあ神無月《かんなづき》だ。出番だよ、先生」大昔、ベトナム戦争もマリファナも知らなかったアメリカでは、馬がしゃべる『ミスター・エド』というホームドラマが人気を博していた。

人の言葉を話す馬には、特別の謎も秘密もなかったはずだ。しかし奈良の鹿は、この国の滅亡を阻止するために、玉木宏に話しかける。新米教師がうまく立ち回らないと、富士山大噴火と地震で、日本が滅亡する。

かつて人間と動物が言葉を交わすのは、友情や性愛のためだった。二十一世紀のいま、異類のコミュニケーションの背景には、国の存亡という壮大な物語が存在する。

玉木のクラスの生徒、堀田イト役の多部未華子がすばらしい。美少女っぽくなくて、いつも暗い表情をしている。なのに目力《めぢから》があって、ここ一番という場面で圧倒的な存在感を放つ。剣道大会での堀田の身ごなしの美しさといったら。どうやら日本が滅亡を免れるかどうかは、彼女の活躍にかかっているようだ。

そう、玉木宏と綾瀬はるかの好演は、じつは多部未華子という少女を引きたてるためのものだ。線の細い美少女キャラ的なタレントが氾濫するなか、多部未華子の不機嫌そうな目が、強く印象に残る。

2008年1月17日(木)

	④日本テレビ	⑥TBS	⑧フジテレビ
9	00字 秘密のケンミンショー 愛知県民がコーヒーに入れる衝撃の物▽爆笑大阪園児の愛唱歌&謎のホメ言葉 54字S 東京日和	00字S ３年Ｂ組金八先生「年上の女性のワナ」武田鉄矢 高畑淳子 藤沢恵麻 金田明夫 山崎銀之丞 54字S ｈｉｔｏ 画家	00字 とんねるずのみなさん 食わず嫌い綾瀬はるかVSラモス瑠偉で綾瀬天然発言に困惑▽ムダで伝説息止め 54字S 馬の王子様
10	00字デ ダウンタウンＤＸ 丸山議員全裸酒VS上田桃子トイレ30日我慢？陣内孝則絶句ハリセン本気合コン 54 N ＺＥＲＯ	00字S新 だいすき!!「私お母さんになる」香里奈 平岡祐太 福田沙紀 紺野まひる 中村俊介 余貴美子 岸本加世子	00字Sデ新 鹿男あをによし「しゃべる鹿の秘密！古都を巡る恋と冒険」玉木宏 綾瀬はるか 多部未華子 柴本幸 児玉清ほか

035

古舘伊知郎

▼プロレスの見方を変えた男は、政治の見え方も変えるか▲

なんだかんだいっても、やっぱり古舘《ふるたち》は偉いな。『報道ステーション』と古舘伊知郎をみる私の目が、そんなふうに変化していることに気づいたのは、一年前だろうか。それまでは彼の喋りの暑苦しさに、正直ヘキエキしていた。イラク紛争、日本の政治の混迷。VTR終了後に、スタジオの古舘は事件の背景をひとしきり解説し、さらに自説までとうとうと論じる。

なにもそこまで。以前はそう思った。よく勉強しているのはわかる。しかし能ある鷹《たか》はの諺《ことわざ》もある。ほんの一言、知識をほのめかすくらいが、見る側は楽なんだけど。

しかしやる気のないスタジオトークに終始する他局のキャスターに脱力や苛立ちをつのらせるうち、古舘の過剰なトーク術に少しずつ親近感を覚えていったのだ。

そうだ、この男は昔っからこうだったな。それまでのプロレス中継のスタイルに満足することなく、他ジャンルの表現や言葉をどん欲に実況に取りいれて、リングの上

	⑧フジテレビ	⑩テレビ朝日
9	00 字 S 金曜プレステージ 熱血教師ＳＰ・第１夜「居場所を下さい…」▽殺すぞ…母の顔殴る13歳息子と父壮絶対決▽恋人に走り続けた母ごめんね…初めて抱擁母娘の再会に広末号泣	00 字 S 赤川次郎ミステリー ４姉妹探偵団「愛と欲望のピアニスト殺人!! 呪う女…」夏帆　吉沢悠　室井滋
10	▽キレル少年と格闘…雪山の兄貴先生 360 日 東国原あ然 10.52 S キク！みる！	54 S デ 報道ステーション 日銀総裁人事で大混乱 国会の空転はいつまで ▽北京五輪に出たい・Ｑちゃんの最終挑戦は日曜日…本番直前高地で肉体改造

の見慣れた試合を、まるで誰も見たことのない異星の出来事のように伝えてみせた。

ある日の『報ステ』で、日銀総裁の空白人事が報じられた。「ま、私たちも連日のように、日本は赤っ恥だと伝えているんですが」。おや、いつもの直球勝負と調子が違うぞ。「ブッチャケていうと、世間はこの人事に関してシラッとしてるんじゃないか」。年金や医療はどうなるという不安があるなか「ま、エリートの人事人事っていわれてもね」というわけだ。

へえ、やるじゃないか。政府の無策を怒り、自分の知識を披露してるだけじゃ、視聴者に思いは伝わらない。ここで一度、番組名の〈報道〉自体の意味とスタンスも考えてみよう。そんな余裕もうかがえる、古舘の言葉だった。

格闘技に押され、プロレスは低迷状態がつづいている。しかし古舘や村松友視《ともみ》など、プロレス黄金期に関わった人たちは、いまも息の長い活躍をしている。長州力やアントニオ猪木のモノマネ芸人も次つぎ出てくる。プロレスにはそれと触れた人間に変化をうながし活性化する、触媒にも似た不思議な機能があるらしい。

古舘伊知郎の実況中継によって、私たちはそれまで見ていたプロレスの試合風景が一変したのを知っている。

彼がこの先さらに報道をめぐる言葉に思いもよらぬ新種の技を仕掛けていけば、私たちが見る政治の風景もまた変化していくかもしれない。

2008年3月7日㊎

	① NHK	④日本テレビ	⑥ TBS
9	00 字 二 ニュースウオッチ9 日銀新総裁きょう提示 通貨の番人・求められる役割とは▽今なぜか〝懐かしのゲーム〟が静かな流行	00 爆笑コメディー初登場 03 字 二 デ 金曜ロードショー「デンジャラス・ビューティー2」（2005年アメリカ）ジョン・パスキン監督 サンドラ・ブロック レジーナ・キング 声 松本梨香▽女捜査官セレブに変身・ベガスに㊙潜入中 10.54 字 艶メキッ	00 中居正広のキンスマ 口は悪いが驚異の的中…銀座の母に芸能人が駆け込んだ…西川女医 里田まい・木下優樹菜 たむら◇天
10	00 字 S プレミアム10 チューリップ・青春のラストラン▽最後のツアーに完全密着・メンバーの思い▽青春の影 心の旅ほか		00 字 S エジソンの母「歯にも格差がある！ポークカレーもね」伊東美咲 坂井真紀　谷原章介 松下由樹ほか 54 字 S Ｙｅｌｌ

036

宮根誠司

▼ワイドショー業界の閉塞感を破る異端児誕生の予感▲

あちこちで、その噂だけは見聞きしていた昼の帯番組『情報ライブ　ミヤネ屋』が、やっと東京の視聴者の前に姿をあらわした。

あんまり期待しすぎて、がっかりするのも嫌だしな。やや自制気味にチャンネルを合わせた四月第一週の『ミヤネ屋』だが、これが予想した以上にいい。番組の内容や構成とかいう以前に、司会者の宮根誠司の声の張りと体の動きがハツラツとして、ともかくスタジオに活気がある。すべてが草野仁《ひとし》の『ザ・ワイド』とは大違いだ。日テレは『ザ・ワイド』の打ち切り後も、ドラマの再放送でお茶を濁し、関西で人気の『ミヤネ屋』を全国ネットにしなかった。東京キー局の面子だとしたら、バカな話だ。

まあ、いいや。遅まきながらも、こうして宮根誠司の姿を見せてもらえたのだから。

他のワイドショーや情報番組の司会者と比べて、どこが違うのか。

四月一日だったか、企業の入社式の様子を映した後のスタジオで、八七年に関西の

	⑩テレビ朝日	⑫テレビ東京
1	1.05 字 上沼◇字 S 徹子　大人気の外国人演歌歌手ジェロ登場 55 字 東京S新線開業◇59 字	0.30 字 二 新 冬のソナタ 1.25 S ケータイ 30 字 二 春休みスペシャル映画「アウト・オブ・タイム」（04年米）デビッド・カーソン監督　ウェズリー・スナイプス　ジャクリーン・オブラドーズ
2	S 新・科捜研の女 再「秘密のキスマーク！祇園祭に渦巻く殺意」◇2.55 字 N	
3	00 字 S 7人の女弁護士 再 釈由美子　原沙知絵　井上和香ほか 58 字 S 相棒 再	3.30 ケータイ7 35 N CB　4月政局と株式相場展望

朝日放送に入社した時の宮根の写真がアップになった。「顔が落ちついてませんね、このときから」と、すぐさま反応する宮根。反射神経も早いが、なによりわが身を突き放して見る自己批評性がこの人の身上だろう。

そして北朝鮮への食糧支援が話題になったとき。「これだけ文句いうて、物もらえるって、不思議な国っちゃ、不思議な国ですよね」とコメントして、ゲストに感想を求める。このへんが絶妙だ。小倉智昭や福澤朗《ふくざわあきら》、恵俊彰あたりだと、新聞の論説委員の猿マネのような偉そうな喋りになってテンポが落ちる。そこを、いい意味で床屋政談ふうに転がせるのが強味だ。

こんなとき、関西弁も大いに威力を発揮する。いや、実はこれは大変なことでね。テレビに吉本の芸人があふれた関西弁インフレ状態で、そのトークが新鮮に聞こえるのは、並みの才能ではない。

ワイドショーは朝も昼も長い冬の時代がつづいてきた。特に『ザ・ワイド』のスタジオは風通しが悪かった。酸欠状態で、有田芳生《よしふ》をはじめコメンテーターの顔は、まるでゾンビのようだった。そして、いまでも大半のワイドショーが、ゾンビ化した覇気のない姿をさらし放映されている。

そんな淀みきったワイドショーの世界に、やっと一筋の光明が見えた。『ミヤネ屋』の東京進出は、ワイドショー業界の閉塞感を揺るがすカンフル剤となる予感がした。

2008年3月31日㈪

	④日本テレビ	⑥TBS	⑧フジテレビ
1	11.55 おもいッきりイイＴＶ 有名㊙先生スペシャル マジックを百倍楽しむ	00 字 S スイート10「最初で最後の恋」 30 字 S みこん六姉妹２ はしのえみ	00 字 S ごきげん　俳優の妻トリオＳＰ 30 字 S デ 新 花衣夢衣 尾崎亜衣ほか
2	1.55 新 情報ライブミヤネ屋 どんな番組にすればええねん？東国原＆橋下知事に聞く	00 2時っチャオ！　独占エドはるみ完全密着▽浅田真央凱旋ショー▽羽野晶紀独占生出演▽山Ｐ＆安住が㊙対談▽梅宮パパ孫娘に絶叫▽芋洗坂係長	00 字 S 体操の時間◇ 05 字 N 07 字 S 世にも奇妙傑作選 ユースケサンタマリア 永作博美ほか
3	2.55 S 新 アナパラ　情報系女子アナ５人が最新のエンタ＆生活情報発信▽木村拓哉新 CM 発表▽六本木桜カフェ中継	3.53 N ◇ S 赤坂サカス情報	00 字 S アテンションプリーズ 再「ＣＡ流イイ女への道 !!」「アンタなんて大嫌い !!」上戸彩

037

CHANGE

▼キムタクが総理大臣!?　これが日本政治の反映だ▲

世界中どの国でも為政者への怒りが爆発している。原油や穀物価格の高騰、あるいは米国産牛肉の輸入。理由はさまざまだが、若い連中だけでなくオッサンまでもが、実力行動で不満を訴えている。ニュースで見た、ベルギーでの漁民のデモは迫力あったぞ。ＥＵ各国から集結した逞《たくま》しい漁師のオヤジたちが、警官隊に怯《ひる》むことなくガンガン暴れる。海の男の心意気みたいで、見惚れちまった。

そこへいくとニッポンは、という話になる。怒りを忘れた国民とポピュリズム、そして与野党の馴れ合いによって政治が動くこの国で、いま総理大臣を主人公にしたドラマに、どんなリアリティがある？　スタート当初は、まったく興味が湧かなかった『ＣＨＡＮＧＥ』だが、視聴率はともかくテレビウォッチャーの評判があまりに悪く、どんなものかと見てみたら、なんだ、けっこう面白いじゃないか。

こんな若僧が首相になって何ができる。最初はキムタクを小馬鹿にしていた永田町

販売元：ジェネオン・ユニバーサル

	⑩テレビ朝日	⑫テレビ東京
9	00 たけしのＴＶタックル 自公がまたも再議決へ 医療＆年金より道路？ 特定財源で地方に道を 県知事集結 54 [S][デ] 報道ステーション	00 [字] お茶の間の真実　笑点メンバー乱入暴露ＳＰ 楽太郎セコイ節約術▽絶叫ナベアツ注射秘話 投稿変な夫 54 [S] 聖志のゴルフ 宮里流
10	巨大バンクがまた動く 郵貯が住宅ローン進出 地方銀行は戦々恐々…▽特例法▽女子バレー ひかり攻撃で金メダル 32年前快挙	00 [字][S] カンブリア宮殿 崩壊する〝救急医療〟 たらい回し現場を追跡 救急車で出産する妊婦 医師の悲鳴 54 [S] 家族の時間　花見弁当

の連中が、その誠実さにひかれて、一人また一人と彼をサポートする側に回る。娯楽物ドラマや小説の常道を踏まえた展開は意外や手堅い。

キムタクが総理の役を演じられる器か？　大体そんなクサしかたが多かったが、みんな彼に何を期待していたんだろう。木村拓哉は昔っからあのキャラだった。重厚な政治家を期待する方がおかしい。迫力のない青年が、何かの拍子で総理になる。いつまでも貫禄のつかないキムタクにはぴったりの役なんだけど。

キムタク総理がペライというなら、では実際の政治家はどうなのか。ハッタリと思いつきだけで国民を幻惑した、ペラッペラの小泉純一郎が六年間も総理の座に君臨していたのがこの国の現実だ。『CHANGE』のキムタクからただよう軽さは、だから日本政治のリアルな反映なのだ。

脇役も悪くない。見ていて面白いのは、みんな自分にスポットが当たる準主役級の扱いの回は、にわかに張り切ることだ。老練な総理秘書官役の平泉成《せい》が、首相支持に回ったときは味があった。西村雅彦も底意地が悪い秘書官役を、ただ流してやってるだけと思ったら、ここぞという回では、さすがとうならせた。

周囲がすべて総理シンパになっていくなか、悪辣な陰謀家の官房長官を演じる寺尾聰《あきら》がこの先、徐々に凄味を増して敵役の存在感を発揮できるか。これがドラマの成否を決めそうな予感がする。

2008年5月12日㈪

	④日本テレビ	⑥TBS	⑧フジテレビ
9	00字 1分間の深イイ話SP 今夜は行列のできる法律相談所の最強弁護士軍団&東野&貴理集結 北村VS丸山に紳助爆笑 石坂浩二ドッキリ登場で本村号泣	00字S 月曜ゴールデン 弁護士・高見沢響子⑨ 「家族にあらず!! 夫と娘を殺害した鬼畜女!? もはや家族の絆は崩壊したのか？現代社会の闇に響子が鋭くメスを入れる問題作!!」 市原悦子　洞口依子 あめくみちこ 梅沢富美男	00字Sデ新 CHANGE 「小学校教師が日本を変える!? 政治の素人が最年少総理大臣に!!」 木村拓哉　深津絵里 寺尾聰　加藤ローサ 伊東四朗　富司純子 阿部寛ほか
10	10.24 自転車百景 30字S オジサンズイレブン 前代未聞？徳光・福留小倉〝うそ〟ニュース▽ディカプリオ豪邸	10.54 NEWS 23	10.24字 くいしん坊　牛たん 30字S SMAP×SMAP 井上康生・東原亜希が夫婦で初出演ビストロ

038

笑っていいとも！

西城秀樹のアート談議を、タモリはやんわり拒否する

私はじつはとんでもない女嫌いなのかもしれない。ときどき真剣に思い悩む。

たとえば、いま街なかを闊歩《かっぽ》するレギンス女たち。ぴらぴらした短いスカートの下に黒のレギンスをはいた女たちを見ると、違和感で肌がざわざわする。

レギンスだと生足や下着が見えないからツマラナイといっているのではない。私はレギンスの裾《すそ》のレース模様、あれが怖いのだ。スパッツと呼ばれていたころは、あんな細工はなかったと思う。部屋着まがいの野暮ったいレギンスの裾に、そこだけ妙にファンシーな女性性を強調しているあのレースが不気味だ。

ネイル・ブームにも似たような違和感を覚える。まるで園児のお絵描きのような爪の先を見せ合いながら、女どうし「わぁ、かわいい！」とはしゃぐ姿に鼻白む男たちは多い。いや、あの少女趣味のメルヘンチックな爪先を「かわいい」と感じる男はたぶん百人に一人もいない。

	⑩テレビ朝日	⑫テレビ東京
11 0	11.25スクランブル　車の窓次々破壊…刃物男逮捕全激撮・隣人トラブルの恐怖▽性同一性障害元男性の〝母〟子育て密着▽㊛N	00　Nイレブン 30㊛Ⓢ子育てパラダイス 35㊛Ⓢ韓ドラ　天国の階段「運命の婚約式」クォン・サンウ 0.30㊛Ⓢ逃亡者おりん㊙「おりん誕生～後編」青山倫子
1 2	1.05㊛上沼◇㊛Ⓢ徹子　母・大塚範一 55㊛東京Ｓ道交法！◇59㊛Ⓢ女刑事みずき㊟㊙浅野ゆう子　野村宏伸◇2.55㊛N	1.25Ⓢミリオン 30㊛㊁映画「ロマンシング・ストーン秘宝の谷」マイケル・ダグラス

だから？　彼女たちはそう反応するだろう。女たちはずっと前から、男たちの視線など無視して装うようになった。「かわいい」という自己満足と同性の視線。彼女たちはそれを規範に生きる。

さて、ここで西城秀樹だ。『笑っていいとも！』を見ていたら、冒頭のコーナーで秀樹がタモリと喋っていた。年に一、二度しか見ないのに、よりによって秀樹の日とは。料理やら絵の話になった。ボクはけっこうアート系が好きで。鶴太郎さんに教えてもらおうかな。そんなニュアンスのトークをした後だ。

「夏だったら、まっ黒な器の上に、包丁で切ったトマトを置くだけでいいんですよ。黒い器と赤いトマト。それだけで絵になるじゃないですか」

タモリは黙っていた。彼の知性が薄っぺらなアート談議を拒否したとみるべきだ。

いま市場は女性原理で動いている。美容やファッションだけでない。テレビも女たちの嗜好に合わせて作られる。細木数子に江原啓之、おネエMANS《マンズ》。あんなものを喜ぶ男はいない。さらにいえば、韓流や小泉純一郎のブームも、女たちが支えた。

レギンスやネイルアートの好きな女たちが、この国の文化を支配している。「黒い器と赤いトマト」で和のテイストを語った西城秀樹は、そんな女性主導の風潮に無意識にすり寄ろうとしている。それを受け流し、ふにゃふにゃ次のコーナーに回していくタモリの身のこなしは意外にしぶとい。

2008年6月23日㈪

	④日本テレビ	⑥TBS	⑧フジテレビ
11	11.25はじめて 30字Sニュース 45字３分料理	00Sピンポン！　字N天▽ブランド飛騨牛偽装か社長と従業員が激突…	11.25字Sペット 30字Nスピーク　環境都市独の最先端
0	55SおもいッきりイイTV 生活習慣病予防、美肌ダイエットにも効果…	▽扇風機が突然火噴く梅雨に危ない家電事故▽ちびっ子力士奮闘記	00　笑っていいとも　好きアイドルとの㊙思い出赤面告白戦
1	〝旬のトマト〟㊙料理▽超人気CM一挙公開壮絶舞台裏	00字S再婚一直線！「結婚すべき？」 45字Sママ神様	00字Sごきげん　一人旅は奇跡の連続 30字S花衣夢衣
2	1.55情報ライブミヤネ屋 手口生再現…振り込め詐欺の実態	00　２時っチャオ！　騒然橋下知事〝暗殺企て〟書き込み男逮捕	00字体操の時間◇05字N 07字Sザ・マジックアワー　絶賛公開中

039

山本モナ

▼キャスターめざす女子アナに潜む、安藤優子という幻想▲

山本モナの降板騒動については、じつに多くのことが報じられた。しかし、なぜ彼女があんな行動に及んだのか。核心の部分は謎のままだ。

二週目の『サキヨミ』。冒頭で謝罪する相方の伊藤利尋《としひろ》アナを見るうち、ああ、これも《安藤優子の呪い》だったのか、と思い至った。あのスタジオに三週前まで君臨していたのが、報道キャスターの女王、安藤優子だ。

十年前、私がフジのワイドショーによくゲスト出演していたときの話だ。食べ歩きやヒット商品の紹介コーナーがあって、まだ入社二、三年目の女子アナが担当していた。CMに入ったとき、安藤優子の報道特番を告知する自局のスポットが入った。

隣に座った新人アナが「安藤さんて、ホントかっこいいですよねえ」と呟く。えっ。バラエティ番組でお笑いタレントと絡むのが得意そうなタイプなのに。「いつかは安藤さんのように、報道やるのが夢で、入社したんです」

	⑩テレビ朝日	⑫テレビ東京
9	00 字 二 デ 日曜洋画劇場「ボルケーノ」（1997年アメリカ）ミック・ジャクソン監督 トミー・リー・ジョーンズ アン・ヘッシュ ドン・チードルほか	8.00 S 完成ドリームハウス 貯蓄０円＆たった８坪でも広々リビングの家 床面積をグッと広げる驚き技…予算1149万円 ガケっぷち夫婦を救う職人技＆ローコスト術
10	両 小林清志▽緊急企画 ㊙都市型災害の恐怖…ロス壊滅か 10.54 字 S 車窓	9.54 字 S ソロモン流 年商160億〝大人気美容室カリスマ社長〟格安・豪華サロン＆最新ヘア＆㊙経営術

このとき、私は女子アナたちに深く浸透した《安藤優子という幻想》の存在を初めて知った。安藤優子がまだ野心をギラギラと表に出し、番組を仕切っていたころだ。彼女への憧れを語る女子アナにはその後も多く会った。

何年かして川田亜子《かわだあこ》がTBSを退社した。「報道をやりたいんです」と彼女は抱負を語った。しかしニュース原稿を読むのが苦手で、深夜番組のトークからも、笑われキャラが似合っていることがわかる川田亜子が、よりによって報道とは。安藤優子・幻想はいまも健在だった。しかし適性のない彼女に、情報番組に居場所のあるはずもなかった。資質にはないキャスター志向が悲劇を生んだ。

そして山本モナだ。どうみても、彼女にも報道適性があるとは思えない。もう、お笑いタレントか莫迦《ばか》キャラでいけばいいものを、自分にリベンジとかいって、またキャスター席を目指すとは。あくまで仮説だが——モナの脳裏には颯爽《さっそう》と番組を仕切る安藤優子の姿が浮かんだのではないか。

思えば死屍累々《ししるいるい》だ。かつて好感度トップだった小宮悦子も表情は曇りっぱなしだ。鳴り物入りで『NEWS23』に移籍した膳場貴子《ぜんばたかこ》も、スタジオの停滞感と前任者のやる気のなさでハツラツさは失せ、番組の存続も危ぶまれている。

ライバルも勘違いの後輩アナも次つぎ躓《つまず》くなか、安藤優子ひとりが高笑いしている。改めて安藤優子という存在のハードルの高さを知った。

2008年7月6日(日)

	④日本テレビ	⑥TBS	⑧フジテレビ
9	00字行列のできる法律相談所　世間で話題の人が大集合…オフコースの小田和正に超ソックリ衝撃の歌声 54字夢の通り道	00字S新Tomorrow「医療は人か金か!?」竹野内豊　菅野美穂　緒川たまき　黒川智花　エドはるみ　陣内孝則　岸部一徳ほか	00字メントレG　米倉涼子イケメン俳優の求愛でヤンキー元彼女暴走？▽宮迫芸人引退宣言？トキオ企画 54字S夢街人
10	00字おしゃれトーク初共演親子SP　西村知美・リカコ・梅宮アンナ・つるの剛士・ボビーの子供達が大暴れ&ハプニング続出	10.09字S飛行人 15字二世界ウルルン滞在記　エジプトの砂漠で発見クレオパトラが愛した温泉▽黒いベール姿の女の素顔は	00S新サキヨミ　サミット直前山本モナが厳戒の街をリポート▽お騒がせ仏カーラ夫人は日本通▽食品偽装の一因？日本人のブランド志向

040

ヤスコとケンジ

妹思いの兄貴を演じる、松岡昌宏の熱演に一票だ

なぜ多部未華子はこんなドラマに出演したんだろう。割り切れない気持ちを抱えたまま、『ヤスコとケンジ』を何週か続けて見ていた。

兄の沖ケンジ（松岡昌宏）は元・暴走族の総長だが、いまは売れっ子の少女マンガ家だ。両親が事故死してから、まだ小さなヤスコ（多部未華子）を一人で育ててきた。その妹も高校生になった。悪い虫がつかないか、お兄ちゃんは気が気じゃない。男女交際はもちろん厳禁だし、門限は夕方の四時。あまりの厳しさにヤスコが不満を洩らせば、ケンジは血相を変えてチャブ台をひっくり返す。

そんなケンジに元レディースの総長時代から思いを寄せる花屋のオーナー、椿エリカを広末涼子が演じる。ケンジへの気持ちを素直に表現できず、「この、糞《くそ》アマ！」と罵られれば、ヤンキーの血が騒ぎ「なんだとテメエ」とやり返す。この怒鳴り合いが何度も出てくる。

	⑩テレビ朝日	⑫テレビ東京
9	00[字][S][デ] 開局50周年記念 土曜ワイド劇場「家政婦は見た！ファイナル 華麗な外交官一族の愛と欲、女たちの乱れた関係…秋子、大統領を討つ!?」柴英三郎脚本 岡本弘監督 市原悦子 かたせ梨乃 北村総一朗 佐野史郎 若林豪 田畑智子 野村昭子 音無美紀子 夏木陽介	7.00[デ]出没アド街ック天国 生放送「全国おいしい駅弁の街 BEST50」▽駅弁大会38連勝の味 ▽売り上げ1位釜飯に新ブーム
10		00[字][S]美の巨人 片岡球子 ①富士山…色彩の爆発 落選の神様 30[字][S]地球街道 伝統の味…鯖街道 55[S]ミューズ グッチ裕三

販売元：バップ

もう何から何まで、二昔まえの少女マンガの世界だ。広末が特攻服を着てタンカを切るシーンには、思わず全身が総毛立ってくる。

あーあ。溜め息をつきながら、私は毎週テレビを見る。もちろん多部未華子を見るためだ。安っぽい作りのドラマでも、さすがキラリと光る存在感が彼女にはある。しかしそれだけじゃないと気がついた。松岡くんが、いい味を出しているのだ。妹思いの馬鹿な兄貴という熱血キャラを、回を追うごとに自分のものにして、文句なしの熱演だ。

夜中に木村カエラのラジオ番組を聴いていたら、彼女のバックで弾いているギタリストが「最近『ヤスコとケンジ』にハマッていて」と喋っていた。「毎回、あの兄妹愛に泣かされてます」

うれしかったが、毎回泣くってのはホメ過ぎだろ。でも気になって三日前に録画したままの先週分を見た。ヤスコに好きな男の子ができた。エリカの弟の純だ。純に会えないヤスコが心労で倒れた。

怖い顔をしたケンジが純の家を訪ねる。「小僧、頼みがある。ウチの妹は馬鹿だからな、オマエの顔を見りゃ元気になる。兄貴の俺がどんな顔したって駄目なのに。小僧、ヤスコの病院に見舞いに行ってくれ、この通りだ」。そういって深々と頭を下げる。

アワワ。冷血漢の私も危うく涙腺が緩みそうになった。これが「妹《いも》の力」か。多部未華子もかわいいけど、その妹の力に為す術もない男の純情を演じる松岡くんに一票だ。

2008年7月12日(土)

	④日本テレビ	⑥TBS	⑧フジテレビ
9	00字S字新ヤスコとケンジ「アニキは元暴走族！妹を守る…それが俺の正義だ!!」松岡昌宏 広末涼子 多部未華子 大倉忠義	00字S世界・ふしぎ発見！巨石文明最大の謎が解けた▽イギリスから最新報告▽満月に起きる神秘現象ほか 54字チャイナビ	00字S土曜プレミアム「ホームレス中学生〜あの感動ベストセラー初ドラマ化！麒麟田村の極貧中学時代…公園でダンボールと草を食べて生きた…大阪人情と家族の絆に笑って泣けるホーム〝レス〟ドラマ」黒木辰哉 夏帆 田中圭 高田聖子 渡辺典子 内藤剛志
10	10.09S音ソノ 15字エンタの神様「今夜は今話題の芸人が登場」東京03＆モエヤン＆ロッチ＆我人＆ゆみみ＆山陽Pほか	00 ブロードキャスター 先生になるにはお金が必要？聖職者の汚職▽ネットで探す結婚相手 コンカツはまる男女▽二岡に代走〝山本〟	

041

後藤謙次

政治記者上がりの中で珍しく誠実な男がいる

やっぱりテレビの醍醐味《だいごみ》はこれに尽きるな。急遽《きゅうきょ》始まった福田首相の辞任表明会見を見ながら改めて思う。

ＮＨＫ『ニュースウォッチ９』の途中で首相辞任のテロップが流れたのは、会見の約十五分ほど前だった。

民放はどうか。どこもまだ通常の番組を流すなか、ＴＢＳだけがすでに記者会見場の様子を映している。さすが、報道のＴＢＳというプライドは消えてないようだ。

そのうちフジやテレビ朝日も遅ればせながら、緊急会見に。ぎりぎりまで『１分間の深イイ話』を流し続けた日本テレビが間抜けに見えてしまったのは仕方がない。

この夜、その存在感を一気に高めたのは、ＴＢＳ『ＮＥＷＳ23』の後藤謙次キャスターだった。記者会見を伝える特番のスタジオは膳場貴子と三澤肇《みさわはじめ》の二人だけ。どうやら後藤さんはこの週、夏休みだったようだ。

	⑩テレビ朝日	⑫テレビ東京
10	9.54 Ⓢ デ 報道ステーション▽潜水艦衝突説も浮上 犬吠埼沖〝漁船転覆〟生存者が初めて語った17人死亡行方不明事故の真相	00 字 Ⓢ カンブリア宮殿 社長の失敗スペシャル 昔は、俺も青かった… 成功社長の赤面告白に社員爆笑… 54 Ⓢ 家族の時間　祖母祭り
11	11.10 字 Ⓢ 車窓 15 字 お試しかっ！　超爆笑芸能人アニメ検定ＳＰ▽北斗の拳・タッチ・ガンダム…80～90年代人気作厳選	00 Ⓝ ＷＢＳ　太陽光発電の意外な壁▽新輸出戦略に商機… 58 スポパラ　メガスポ▽ 0.12 Ⓢ きらきらアフロ 松嶋絶叫…鶴瓶が告白

スタジオと電話がつながった後藤キャスターが、突然の辞任の背景を説明する。その内容のクオリティの高さと語り口調は、この日のキャスターやゲスト陣の中では群を抜く説得力があった。

ただただ「無責任」と「放り投げ」といった悪罵で感情的に反発するだけの古舘伊知郎や、新橋駅前でマイクを前に喋るホロ酔いのオッさんと同レベルの感想しか口にできない『ＮＥＷＳ　ＺＥＲＯ』の村尾信尚と比べたら、もう雲泥の差がある。

首相の辞任の意志はいつ芽生えたのか。その経緯をていねいに語っていく。さすが政治記者歴三十年超のキャリアは違う。でもね、政治記者上がりって、みんな威張ってて、悪臭ふんぷんだろ。三宅久之や岩見隆夫とか。権力に密着した取材をしていると、どこかで勘違いしてゴーマンになる。画面を通して、嫌ァな政治の垢が臭ってくる。

後藤謙次はそうした尊大さや権力志向を感じさせない、まれな人物だ。しかしここがテレビでは問題にもなる。

偉そうにしない。誠実である。こうした人柄は押し出しに欠けた印象を与える。後藤キャスターになってからのスタジオは、しばしば地味で華がないとも評されてきた。

秋の改編でも、みのもんたの起用が根強く囁《ささや》かれる。ならば、と私は考える。みのもんたで『夜ズバッ！』も悪くない。しかし隣には経験豊富で温厚誠実な後藤さんをご意見番に。これは強力な布陣だぞ。一気に夜ニュースの勢力図が変わるだろう。

2008年9月1日㊊

	④日本テレビ	⑥TBS	⑧フジテレビ
10	00　エドはるみ24時間マラソン密着！非公開映像すべて入手　何を思い走ったのか？両親・友結婚・離婚・40すぎてなぜ芸人に？号泣の本当の理由が	9.00 Ⓢ月曜ゴールデン2008夏の映画スペシャル⑤「嫌われ松子の一生」（2006年〝嫌われ松子の一生〟製作委員会）中島哲也監督	00 字Ⓢ ＳＭＡＰ×ＳＭＡＰ　ソフトボール日本代表金メダルで緊急来店・そしてシャーリーズ・セロン来店 54 字Ⓢ スイーツ
11	11.24 Ⓝ ＺＥＲＯ　桜井翔の24時間テレビの舞台裏〝魚りんせん〟少年と村尾麻央も 0.28 嵐の宿題くん	10.54 ＮＥＷＳ23　韓国騒然軍の将校と恋に落ちた北朝鮮の女性スパイ▽ポニョの原風景消滅か世界遺産級の文化財が存続の危機	00 字 あいのり　8歳下の男30女の本音 30 Ⓝ ＪＡＰＡＮ　字 太陽と駆け抜けた僕らの夏▽55Ⓢすぽると！欧州サッカー

042

SONGS

還暦の沢田研二が見つけた〝オレ流〟ロックンロール

まさか沢田研二のステージを、二週つづけてテレビで見られるとは思わなかった。往年のファンには懐かしいヒット曲が歌われた。しかし一曲目は最新アルバムのタイトル曲「ROCK'N ROLL MARCH」だ。他にも新曲を次つぎに歌う。そう、これがジュリー流なのだ。

彼の音楽番組への出演は七年ぶりだという。私の推測だが、これまで出演依頼のなかったはずがない。しかし制作サイドとしたら、かつてのヒット曲のメドレー大会の色合いを強くしたい。

しかし、それじゃあ懐メロ番組だ。恐らく数知れないオファーを断ってきたはずだ。ジュリーは、いま自分がやりたい音楽にしか興味がない。それが改めてわかった。

確かに顔も体も、昔と比べればぷっくりした。ときおり途中でインサートされるかつての姿を目にすると、あまりの美しさに陶然となる。だけど、これがオレのいまだ。

	⑧フジテレビ	⑩テレビ朝日
10	00 字 S レッドカーペット 高橋克実衝撃重大発表 どうなる？お笑い革命 アンガジョイマン合体 驚異の新人 54 字 S リボン～絆物語～	9.54 デ 報道ステーション 〝世界同時金融不安〟日本企業は大丈夫か？どこまで広がる連鎖の闇…当局に打つ手は？▽〝さよなら〟水野晴郎さん…
11	00 字 グータン　酒井美紀 石原さとみ 30 N ＪＡＰＡＮ 字 電撃訪朝６年…総書記は今 ▽55 S すぽると！ＣＬ＆美女企画	11.15 ナニコレ珍百景　衝撃面白映像・トラックが突っ込んでくる青果店 VS地上50㍍宙づりイス VS巨大菓子

六十歳のジュリーは、ややふっくらした身体を激しく動かしながらシャウトする。これがいい。ミック・ジャガーも好きだけど、あそこまで肉体を鍛えてライブにのぞむのは、どこか不自然な気がする。三島由紀夫の筋肉を連想したり、どこか歌うビジネスマンみたいだなと感じることがある。そこへいくとジュリーはあくまでも自然体だ。

番組のラストに、タイガースのメンバーだった岸部一徳と森本太郎が登場した。年末のドーム公演のために、岸部と沢田が詞を書いた。ドラムスのピー（瞳みのる）に向けて書かれた曲である。

バンドの解散は七一年の一月。その直前の日劇ウエスタン・カーニバルで岸部《サリー》はピーに舞台の奈落に呼ばれ「京都に帰ろうといわれたんですよ」。しかし岸部には東京でまだやりたいことがあった。二人は中学からの大親友だ。帰ろう、帰らない。ピーは、「帰らないなら、一生会わない」とまでいった。瞳みのるは芸能界を離れ、慶応高校の教師になった。

曲名は「Long Good-by」。そう、探偵マーロウとテリー・レノックスの切ない友情と別れを描いた『長いお別れ』だ。君は東京のどこかにいるんだよね。いつもいつも、君のことを気にかけてるんだ。今度、酒でも飲まないか。

沢田研二がピーに呼びかける曲を繰り返し聴いた。昔の女は思いださなくなっても、会わなくなった親友のことは忘れない。十年以上も会ってない男の顔が浮かんだ。

2008年9月17日㈬

	① NHK	④日本テレビ	⑥ TBS
10	00 字 S その時歴史が動いた 徳川宗春の華麗な反乱 派手好きVS質素倹約・将軍吉宗との景気抗争 衝撃の結末 45 字 S 熱中時間	7.58 緊急！ビートたけしの独裁国家で何が悪い!? …拝啓、〇〇新総理殿 今の日本ヤバイです…いっそ、独裁国家から学んでみませんか…？	6.55 SASUKE 2008 秋 〝世界各国でブレーク 各国予選会を通過した世界最強の猛者が集結 北京五輪メダリストも豪華参戦…日本ピンチ
11	00 字 S SONGS 沢田研二 ①勝手にしやがれ…ロックンロールマーチ 思いを語る 30 N &スポ 変わる対テロ戦争▽天	10.54 N ZERO 体に異変 働く世代襲う現代の病 ストレスによる心身症▽サッカー 11.58 字 S KAT―TUN 爆笑・キャラ芸人SP	10.54 NEWS23 盲導犬の役割終えた犬その余生 最後の誕生パーティー そして別れの時が…▽株安の行方 11.50 字 あらびき団

043

中山秀征

格下にエバる司会者の一皮むけた嫌み芸

この世の中に、中山秀征《ひでゆき》のことが好きでテレビを見ている人間っているのだろうか。『ラジかるッ』をたまたま見てしまったときには、必ずそんな疑問が湧いてくる。

ある日。朝でもないし、昼でもない、そんなハンパな時間にザッピングしていると、速水もこみちが『ラジかるッ』のスタジオにいた。新ドラマの番宣のようだ。

ゲストと中山ヒデのトークの合間に、小島よしおが出てきて一瞬カラむコーナーがある。体をくねらせ登場した小島に「ボクから質問があるんですが」と、もこみちが意外に落ち着いた低い声で声をかける。

「小島さんって、腹筋も割れてるし、とてもキレイな体してますよね。どんな筋トレとかして、キレイな体を作ってるんですか?」

中山ヒデは大受けで「天下のイケメンからキレイな体っていわれちゃったな」と冷やかす。突発事態にうまく反応できない小島は、黒ジャケットの下に着ていた白シャ

	⑩テレビ朝日	⑫テレビ東京
8	00 スーパーモーニング 衝撃続報・三浦元社長自殺の背景は？▽ダム完成も…〝消えた村〟に残る問題▽金総書記動静報道検証・北朝鮮の思惑は？	00 🄽ＴＸニュース 04㊁オンエアー　パク・ヨンハ 56🅂 Ｅモニ　🄽世界同時不況は阻止できるか？Ｇ７受けて世界の市場は
9	9.55㊫ちい散歩　横須賀で本場バーガー＆絶品の海軍カレー	▽快適！ショッピングスタジオ・生放送中！▽モーテレ・健康生活応援！石けん＆中硬水
10	10.30㊫🅂子連れ狼 ㊋ 北大路欣也　小林翼	▽11.00🄽市場の洗礼を浴びる自動車メーカー

ツを少しはだけて「ホラ、腹筋です……」とボソッ。何やってんだヨ、と笑うヒデ。もこみち君が再び穏やかに訊く。「最近どうして服を着てるんですか？」。そうだ、少し前までは、例の海パン姿で登場していたよな。小島は困惑した表情になる。「あの……試行錯誤中なんです」。すかさずヒデは「ホラね、こいつの迷いが全部でてるんですよ」と徹底してイジメにかかる。嫌な奴でしょ。売れない芸人や目下の者には偉そうにエバって、大物にはとことんヘーコラする。

この一年くらいの中山は、抜け目のなさにさらに一段と磨きがかかった。この日も速水と小島の掛け合いに割って入って、小島を笑うタイミングと突っこむポイントの適確なことといったら。

でも結果的には、小島よしおのナイーブで不器用な、好ましいキャラを印象づけることになり、なんだかヒデちゃん嫌な奴だけど、一皮むけたんじゃない。

ケーキを食べながらのトークで、ひとり黙々とケーキを口に運ぶ宮崎宣子《のぶこ》アナに「ここは喫茶室じゃないんだからさ」とチクリ。「キャバクラだったら、そんな仕事しない子には給料払わないよ」と追い打ちをかける。平然とした顔の宮崎もすごいけど。

格下ばかり集まる喫茶室ならぬ教室で、委員長が番長きどりでテンション上がりまくっているうち、ときどきはヒットも出るということなのかな。ともかく、いまのところは要注目の中山秀征だ。

2008年10月13日㊊

	④日本テレビ	⑥TBS	⑧フジテレビ
8–9	00Ⓢスッキリ!! 史上最強レスリング世界選手権 吉田・浜口が金メダルへ激闘▽フィットネスグッズ最新情報▽受賞ラッシュ…ノーベル賞㊙トリビア	5.30みのもんた朝ズバッ！後期高齢者に国保も… 8.30㊫はなまるマーケット 1人前20円なのに絶品節約あったかスープ▽ＴＫＯ笑いと涙…苦節の芸歴17年	00 とくダネ！ 金融危機①株暴落？３連休明け市場は②生出演…金融庁前長官語る公的資金注入の教訓▽韓国現地取材…ネット中傷連続自殺の恐怖
10	9.55Ⓢラジかるッ 生自慢もこみち世界を釣る？史子が顔面老化㊙警告 爆笑ダイゴVS墓場芸人中継噂の新装ホテルで	9.55㊫Ⓢ山田太郎ものがたり ㊞「号泣!!最大の決断」二宮和也 桜井翔 宇津井健ほか 10.50Ⓢもうすぐピンポン！	9.55Ⓢどーも・キニナル！過熱〝お受験〟珍体験 噂の真相①私立小受験1000万は当然？②大根夏に食べるな？

044

ジャッジⅡ～島の裁判官奮闘記

▼今をときめく西島秀俊は「昭和」の顔なんだ▲

佐々木蔵之介（『ギラギラ』で好演）からも目が離せないが、西島秀俊がなぜか気になって仕方ない。

ＮＨＫ土曜の全五話『ジャッジⅡ～島の裁判官奮闘記』は、いつもなら私がまずゼ～～～ッタイに見ない種類のドラマだ。被告と原告のどちらの立場も思いやり、法と正義の執行に苦悩する裁判官なんて、いかにも偽善っぽいし辛気くさいったらない。

主役が西島秀俊で、舞台が奄美大島らしき南の島というので、恐る恐る第一回を見始めたら、意外と面白く最後まで見てしまった。マジメなテーマを描く良心的ドラマという評価もある。それってテーマ主義に毒された硬直した見方だよな。間近に迫った裁判員制度のＰＲが毎回むりやり挿入されるたび、げんなりするし。

私はこのドラマの魅力は、やはり西島秀俊の「顔」と南島の風景だと思う。ロケ地の話は措くとして、西島の顔だけど、なんだろうね、この存在感は。たしかに端整な

	⑧フジテレビ	⑩テレビ朝日
9 10	00字S土曜プレミアム 「我はゴッホになる！天才板画家・棟方志功とその妻の愛の人生を劇団ひとり初主演にて完全ドラマ化！迫力の夫婦愛が今夜爆発！」 五十嵐匠監督・脚本 劇団ひとり　香椎由宇 片岡仁左衛門 藤木直人　鶴田真由 北陽	00字Sデ土曜ワイド劇場 東京駅お忘れ物預り所「寝台特急サンライズ瀬戸～暁の殺人トリック!! 謎を乗せN 700系新幹線が走る!? 二枚の涙の乗車券」寺田敏雄脚本　吉田啓一郎監督 高嶋政伸　桜井淳子 酒井美紀　高橋ひとみ ◇10.51車窓 10.57裏Ｓｍａ!!　香取慎吾

販売元：ポニーキャニオン

顔だけど、地味である。暗いと感じる人もいるだろう。

　万引きを繰り返す少女にどんな処分を下すか。少女の家庭環境を思い悩み、また家でも、来年の転勤で島から離れることを拒否する娘の反抗に心を痛める第三話では、さらに西島の表情は晴れない。途方に暮れた表情が何度もアップになるのだが、これが妙に印象に残るんだな。浴衣《ゆかた》を着て親子三人で、島人の〝八月踊り〟の輪に入るシーンがあって、そのとき西島の顔を見て、（あ、これは）と気づいた。

　昨春BS2で放映された『怪奇大作戦　セカンドファイル』に彼は出演していた。実相寺昭雄さんの遺作『昭和幻燈小路』の回で、昭和に逆行した街のノスタルジックな風景にすんなりなじんでいたその顔を思いだした。

　西島秀俊は「昭和」の顔なのだ。野心を持たず、家族と他人の幸せを願い、人並みで満足する。ほとんど絶滅した昭和の顔がそこにある。

　万引き少女役の柳生みゆにも昭和の面影が宿る。彼女の非行の理由を両親の不和に求めて、少女がコンビニから盗んだオニギリが母親を象徴しているのではという安っぽいストーリーを覆すくらいの存在感が、彼女の顔にもある。

　黒糖焼酎の工場で少年と向き合うシーンなんか、まるでかつてのイタリア映画に通じる暗い叙情が一瞬ただよった。

　暗い顔は、明るくて薄っぺらな顔より、ずっとかっこいいと教える西島秀俊だ。

2008年10月25日㊏

	①NHK	④日本テレビ	⑥TBS
9	00字S新ジャッジⅡ～島の裁判官奮闘記「過信」西島秀俊　戸田菜穂　浅野温子　寺田農　保阪尚希　佐藤藍子　安めぐみ	00字Sデスクラップティーチャー「学校裏サイト涙の書込み」山田涼介　知念侑李　加藤あい　上地雄輔ほか 54S音ソノ	00字世界・ふしぎ発見！世界が注目・大人気リゾートポーランド紀行　地底300㍍絶景＆中世カラクリ城 54字チャイナビ
10	00　スポーツタイム　激突巨人VS中日▽日本シニアオープン 25字Sドキュメント現場　トキが村に帰ってくる　恵みの鳥？	00字エンタの神様「今夜は今話題の芸人が登場」しずる＆ハイキング＆なだぎ＆牙一族＆ＡＴ＆渡辺直美 54字京都心の都	00　ニュースキャスター▽ビートたけし×安住紳一郎が真っ向勝負の生放送▽不況時にナゼ緊急値下げ？スーパーVS漁師の商魂

045

Qさま!!

クイズ番組のインテリ女子軍はなぜセーラー服なのか

漢字の読めない首相が日本中の笑い者になっている。

でも漢字が苦手ということで、あそこまで責められるとはね。漢字なんて多少読めなくてもいい。総理に必要なのは政治的見識であり、公約を実行する決断力と誠実さだ。麻生太郎の致命的欠陥はむしろこちらだと思うのだが。

街のチャラい若者にまで笑われた背景には、クイズ番組の漢字検定ブームがあるのは確かだろう。いまどきのお笑い芸人だって、踏襲や頻繁くらいは読めるよ、と。

それじゃ、一度くらい見ておかないと。人気番組『クイズプレゼンバラエティーQさま!!』にチャンネルを合わせる。以前に『世界・ふしぎ発見!』は見ていたが、最近のブームで大量発生したクイズ番組はどれも未見だ。

まず違和感を覚えたのは、インテリ女子軍vs.インテリ男子軍という呼称だ。昭和三十年代の『ジェスチャー』じゃないんだから。「インテリ」も死語だったんだけどな。

	⑩テレビ朝日	⑫テレビ東京
8	7.54 デ Qさま!! 特別企画 超インテリ芸能人20人 ひらめき漢字バトル… キャスターVS京大芸人 VS天才漫画家VS雑学王 新漢字Qも	7.00 字S 和風総本家SP 密着、東京下町24時間 浅草、築地…情緒残る 街の暮らしを完全追跡 8.48 フィルムファクトリー 54 字S やりすぎコージー 人気芸人の元相方は今 感動の追跡スペシャル 突然再会にブラマヨ涙 元相方・美人OL激白 南海しずの恋▽フット 昔ネタ復活
9	00 たけしのTVタックル ニッポンの医療&介護 が危ない…妊婦たらい 回し&社保庁解体ツケ 病院消滅? 54 Sデ 報道ステーション	

インテリをありがたがる人がまだ多くいることにおどろく。

クイズそのものも、あまりにもヒネリがない。一文字で「ケイ」と読む漢字を三十秒で書けるだけ書け。敬径経啓京形……。すべてこのパターン。部首が禾(のぎへん)の漢字を書けとか。

さらに仰天したのは〝インテリ芸能人〟のコスチュームだ。特に女子軍のセーラー服はすごいぞ。高田万由子《たかたまゆこ》、有賀《ありが》さつき、麻木久仁子、青木さやか。一体どこの熟女系ハプニング・バーや出会い喫茶に行ったら、あんな姿が拝めるのか。テレビ・コードを逸脱した映像に腰を抜かす。日本人は一億総マニアと化したようだ。ああしたコスプレを、平気でできてこそのインテリの称号かなとも思う。

設問がストレート過ぎるから、漢字秀才が順当に勝つ。〝スピード漢字の鉄人〟の異名をとる、やくみつるが五人を相手に圧勝する。珍解答もなければ、気の利いた冗談も出ない。誰もが受験会場でテストに向き合うように、顔をひきつらせて漢字を書いていくだけ。お笑いタレントが、芸じゃ売れないから、漢字を書くことでテレビへの露出をはかるって、本末転倒だよ。

麻生首相も「あれは単なる読み間違い」とか口を歪《ゆが》めてちゃダメだ。

せめて「俺は漢字が読めねえんだ。これからは資料も答弁も、全部ルビふってもらうからよ」とジョークのひとつもいって、お寒い漢字ブームに冷水を浴びせてくれ。

2008年11月24日(月)

	④日本テレビ	⑥TBS	⑧フジテレビ
8	00字 緊急中継！古代ローマ大発掘スペシャル!! 2000年の時を越え謎の地下遺跡を世界初公開▽爆笑問題が仰天目撃 皇帝ネロが建てた幻の黄金宮殿か？今夜歴史を変える世紀の新発見をローマから完全中継▽人類史上最悪の悲劇 古代都市ポンペイから5人家族の遺体を発見	00字S 水戸黄門「沸騰父娘と冷水亭主・道後」里見浩太朗　原田龍二　合田雅吏　由美かおる　内藤剛志　長山洋子　矢崎滋◇N	7.00 ネプリーグ芸能界超常識王決定戦直木賞作家率いる最強インテリ軍VS連覇狙う大塚めざましVS元巨人＆JリーガーVS大御所VSM1王者
9		00字S ～芸術祭参加作品～ドラマスペシャル あるがままの君でいて「愛する妻があなたと子供の記憶をすべて失ったとしたら？」	00字Sデ イノセント・ラヴ「深まる絆」堀北真希　北川悠仁　香椎由宇　成宮寛貴　内田有紀　豊原功補ほか 54字 くいしん坊　黒漬け

046

相棒　シーズン7

▼さらば寺脇!!　制作陣が届けたねぎらいの気持ち▲

まさか寺脇康文が『相棒』を去る日がくるとは。

番組がスタートして、もう九年になるだろうか。特命係の杉下右京（水谷豊）と亀山薫（寺脇康文）は、まだ五年、十年とコンビを組んでいくものと思っていた。クールな右京と熱血派の亀山。その対比があざやかで、絶妙なコンビネーションだったのに。視聴率は年を追うごとに着実に上昇し、昨年はついに映画化もされた。なのになぜ、寺脇は「卒業」しなければならなかったのか。

『相棒』は、いまやテレ朝の看板番組だ。映画も大ヒットし、テレ朝の最強〝お宝ドラマ〟だと実証もされた。それが皮肉にも、コンビ解消を早めた気がする。『相棒』は金のなる樹だ、この先もずっと稼いでもらわなくては。ならばテコ入れやリニューアルは、上昇気流に乗っている、いまのうちに。制作サイドはそう考えたのではないか。

まあ、いいや。裏目読みをしたって、寺脇が戻るわけでもない。それに、彼が出演

	⑩テレビ朝日	⑫テレビ東京
9	00字Sデ相棒「レベル4～後篇・薫最後の事件」水谷豊　寺脇康文　鈴木砂羽　岸部一徳　袴田吉彦 54Sデ報道ステーション〝ドバイ〟バブル崩壊　超豪華ビル価格大暴落　砂漠の中のリゾートはしん気楼だったのか？　マネー経済史上最大級暴走の現実	00字S水曜ミステリー9　内田康夫・信濃のコロンボ最新作「みちのく遠野殺人事件！伝説の里で殺された二人の女　五百羅漢が見た列島縦断殺人トリックの謎」中村梅雀　原日出子　国分佐智子　小野武彦　里見浩太朗
10		10.48輝きの法則 54S商品降臨

販売元：ワーナー・ホーム・ビデオ

したラスト〝薫最後の事件〟では、監督、脚本など制作チームの寺脇に向けたねぎらいの気持ちが、きっちり伝わってきたし。バイオ・テロで殺人ウイルスに汚染されたかもしれない現場に、右京の判断を信じ亀山が乗りこむ。

こんな危険を冒してと心配する鑑識課の米沢（六角精児《ろっかくせいじ》）に、大丈夫ですよ右京さんがそう言うんだから、と笑う亀山。

なぜ、そんなこと言い切れるんですか？「何年あの人と相棒やってると思うんですか」。こんな記憶に残る決めゼリフが用意されていた。警視庁を去っていく日、特命係の小部屋から廊下に出た亀山に、犬猿の仲の伊丹刑事（川原和久《かわはらかずひさ》）が罵声を浴びせ、お約束の怒鳴り合いの応酬になる。これは長年の『相棒』ファンへのサービスでもあるのだが、おい寺脇、キミは本当に幸せ者だな。

他にも名セリフがあった。バイオ・テロには自衛隊が裏で関与していた。防衛省のキャリア官僚に向かって、右京の上司だった警察庁の大物幹部（岸部一徳）が「一言いい？ 省に格上げされたからって、すこし調子に乗ってない？」。いいでしょ。岸部が登場しただけで、画面に奇妙な怖さと笑いがただよう。

右京の元妻を演じるエコ女優の高樹沙耶《たかぎさや》あらため益戸育江《ますどいくえ》だって、このドラマでは着物姿がしっとり似合う。チーム『相棒』、やっぱり役者がそろっている。年が明けての新展開を楽しみに待とう。

2008年12月17日㊌

	④日本テレビ	⑥TBS	⑧フジテレビ
9	9.29 字 世界仰天ニュース〝子供と一緒に感動…超分かる昭和史ＳＰ〟真珠湾攻撃…ハワイの日本人…引き裂かれた悲劇の親子	00 水曜ノンフィクション「鍋、おせちに打撃？年末サカナ異変」国産サケどこへ…タラバ高騰　関口宏 54 字 S エコだね	00 字 S 一瞬で笑えるネタ祭 爆笑レッドカーペット 人気芸人42組が大集結 今年のお笑い総決算！満点大笑い大賞 2008!! 名作傑作ネタ続々登場 伝説コラボも一挙放出 最高視聴率芸人は誰？笑撃顔面＆ハプニング 伝説小笑い芸人暴走？爆笑㊙映像
10	10.29 字 S 心風景 35 字 S ショコラ３豪華女優衝撃告白ドラマ化ＳＰ結婚氷河期女VS占い女㊙恋愛テク 11.59 N ＺＥＲＯ	00 久米宏のテレビってヤツは!? おすピーにタブーなし…ザ・視聴率ベストテン2008禁断のテレビ裏話 54 字 S 風街みなと	10.48 ベイビー◇54 もう一杯

047

ありふれた奇跡

山田太一 12年ぶりの連ドラにただよう、違和感の正体

「このドラマって、やっぱり……」「はい」「山田太一さんのものだなって」「うん」「始まると、いきなり脚本・山田太一って大きなクレジットで」「仲間由紀恵も加瀬《かせ》亮《りょう》も、付けたしではないけど」「あ、そっちも同じことを」「うん、思ってた」「でも」「ええ」「どんな人が」「どうした？」「このドラマ、見るのかなって」「うん」

山田太一が十二年ぶりに書いた連ドラだという。『岸辺のアルバム』や『ふぞろいの林檎たち』を私は見ていない。『飛ぶ夢をしばらく見ない』『異人たちとの夏』といった、傑作だが後味が悪い小説は夢中になって読んだ。

ドラマの冒頭で、電車に飛びこもうとした陣内孝則が、仲間と加瀬に助けられる。ここから〈自殺しようとした人の会〉を構想し、三人を軸に物語を展開させていくのは、いかにも山田太一らしい。

しかしドラマはすんなり動かない。すべてに絶望したやけっぱちの中年男は陣内孝

販売元：ポニーキャニオン

	⑩テレビ朝日	⑫テレビ東京
9 10	00 字 S 新 特命係長・只野仁「人気韓流スター誘拐事件」高橋克典 桜井淳子　永井大 三浦理恵子 54 S デ 報道ステーション 雇用＆天下り＆給付金 日本の未来占う論戦▽久々の大物日本人力士 山本山は体も夢も特大 ▽フィギュア▽北朝鮮利権争奪戦	00 字 二 デ 木曜洋画劇場「奪還　DAKKAN アルカトラズ」（2002 年米）ドン・マイケル・ポール監督 スティーブン・セガール　モーリス・チェスナット他　声 大塚明夫 咲野俊介▽最強オヤジ 極秘潜入…武装集団と監獄バトル 10.54 日曜夜ドリームハウス

則には向いてない。もっと明るいチャラチャラした役なら似合うだろうが。心が壊れた男の孤独や甘えや狡《ずる》さを表現するには適役じゃない。

加瀬亮はいい。山田太一のあの癖のある台詞まわしも、なんとかこなしている。陣内の自殺を助けた直後に、偶然カフェで出会った加瀬と仲間が会話を交わす。「㊎ここにいるなんて……」「㊥そっちもどうして」「バカみたいだけど」「どうした?」。

やっぱり、この会話って変だよな。三十年近く前だとリアルだったかもしれない。でも、いまはこんな喋り方、誰もしない。仲間由紀恵はこの台詞まわしに、かなり戸惑っている。台詞といえば、何かの拍子で紅白の司会進行やヤンクミの喋りを思いださせるときもあるし。でも、がんばってるよ仲間由紀恵。

違和感は他にもあって、たとえばエンヤの同名の主題曲だ。エンヤといえば癒《いや》しがセールス・ポイントである。癒しねえ。こんな薄っぺらな風潮にそっと背を向けるのが、山田太一の真骨頂だったはずなんだけどね。

内気な加瀬と仲間の、メールでの無器用なやりとりで物語は進むが、これもちょっと。メールを小道具にしたい気もわかる。しかし時代の表層をあえて封印し、電話か手紙を使ってこその山田太一だろう。でも物語はゆっくり動き始めた。

二人の父親役の岸部一徳と風間杜夫もこのまま地味には終わらないだろう。じっくり楽しませてもらおう。

2009年1月8日㊍

	④日本テレビ	⑥TBS	⑧フジテレビ
9	8.54[字][デ]ダウンタウンDX 新春芸能ネタ流出SP ▽北島三郎VSウエンツ合コン対決?古田敦也絶句ウッチー夫VS全裸の西川史子▽田中義剛も興奮お忍びグルメ祭 陣内智則〝嫁は最高〟VS国生〝安は最低女〟イッコー絶叫石田純一のアソコ血まみれ事件 スター私服・北島三郎	00[字][S]橋田寿賀子ドラマ 渡る世間は鬼ばかり 新春2時間スペシャル 泉ピン子　長山藍子 中田喜子　野村真美 藤田朋子　前田吟 角野卓造　三田村邦彦 植草克秀　大和田獏 野村昭子　池内淳子 宇津井健	00[字]とんねるずみなさん 新春食わず嫌い瑛太VS井上真央で赤面見合い 石橋VS瑛太のマジ対局 緊急大放送 54[字][S]馬の王子様
10		10.48[字][S]ｈｉｔｏ　姜尚中 54[字][S]メヂカラ	00[字][S][デ][新]開局50周年記念 ありふれた奇跡 山田太一脚本 仲間由紀恵　加瀬亮 陣内孝則　岸部一徳 八千草薫

048

銭ゲバ

▼松ケンよ、これは現代の『罪と罰』なのか⁉▲

銭のためなら何でもするズラ。世の中すべて銭ズラよ。

ジョージ秋山の原作『銭ゲバ』の主人公、蒲郡《がまごおり》風《ふう》太《た》郎《ろう》がここぞというシーンで口にする決めゼリフだ。インパクトあり過ぎのこのフレーズがサマになる若手の俳優といったら、そうはいない。松山ケンイチ、大健闘である。生家は伊豆の極貧家庭、酒乱の父（椎名桔平）は、まだ幼かった風太郎と病弱な母にすさまじい暴力をふるう。左の目には、そのとき受けた酷《ひど》い傷跡がいまも残る。

銭がないのは惨《みじ》めズラ。銭さえあれば、幸せになれるズラ。行動原理はその一点。番組第一回で、まだ小学生の風太郎は、新聞販売店の優しいお兄さんを撲殺《ぼくさつ》する。これを皮切りに、ほぼ毎回のように殺人を犯し、人を騙し、第六話ではついに大手の造船会社の社長にまでなった。

次つぎ人を殺して地位を昇りつめる。その展開の凄まじさとスピードについていけ

販売元：バップ

	⑩テレビ朝日	⑫テレビ東京
9	00字Sデ土曜ワイド劇場「天才刑事・野呂盆六③～復讐の天使！百万ドルの夜景から届いた悪魔の殺人予告！天才VS美しく悲しき女刑事12年前の秘密！」長坂秀佳脚本　藤嘉行監督　橋爪功　中山忍　野村宏伸　デビット伊東◇	00字S出没アド街ック天国「宿場町に最新モール越谷」限定品＆グルメ566店舗・徹底ガイド幻の水そば 54Sぴかマン　静電気対策
10	10.51字車窓 10.57裏Ｓｍａ!!　香取慎吾	00字S美の巨人　小野竹喬〝あかね空〟の画家が込めた思い 30字S地球街道　雨宮塔子中村江里子 55Sミューズ　稲垣潤一

ない視聴者も多かったようだ。「暗すぎる。見ていて辛くなる」。若い世代から年配まで、ドラマの内容に反発する声を、あちこちで目にした。

そうかな。『銭ゲバ』って暗いかな。私なんか、あまりに荒唐無稽な設定と物語にときどき笑ってしまったが。それって、ただ私が冷血漢で鈍いだけかもしれないけど。

このドラマを「暗い」と感じる人は、当然いまの世の中と自分の生活を、まずまず明るいと思っているんだろうな。大不況といわれても、どこか他人事なのだ。派遣切りやホームレスのニュースを見ても、ああ私たちってまだ幸せ、みたいな感じなのだ。

そんな幸福な人たちが見る土曜九時の時間帯に、すっかり悪の化身に成りきった松山ケンイチが「銭ズラ」と呟きながら不気味に笑って登場したら、たしかに生理的な嫌悪感を催すだろう。

でも視聴者をここまで敵にまわせるなんて、松山ケンイチ、すごいよ。リストラ候補のハケン工員が世間知らずの社長令嬢に近づき籠絡《ろうらく》してしまう。午後一時台のドラマのような安っぽい設定なのに、松ケンが演じた途端にディープでポップな味わいが生まれる。風太郎が呟き、叫ぶ〝悪の哲学〟はどこか『罪と罰』の現代版の趣きがあるといったら、ドストエフスキーへの冒瀆《ぼうとく》と非難されるだろうか。

金銭をめぐるやりとりが、ときに悲惨を通り越し哄笑に転化するところなんて、ちょっとロシアの文豪みたいなんだけどな。

2009年1月17日㈯

	④日本テレビ	⑥ TBS	⑧フジテレビ
9	8.54 字S デ 新 銭ゲバ「愛をください…金のためなら何でもするズラ!!」松山ケンイチ　ミムラ　宮川大輔　木南晴夏　光石研　りょう	00 字S 世界・ふしぎ発見！ローマ×エジプト封印された野望・美女クレオパトラ2000年の魔法が解かれる 54 字 チャイナビ	8.03 字二 土曜プレミアム・特別企画　映画「ハリー・ポッターと炎のゴブレット」（2005年アメリカ）ダニエル・ラドクリフ　ルパート・グリント　声 小野賢章▽史上最強ファンタジー第4章が地上波初登場・魔法学校No.1決定戦で闇の帝王が復活？
10	10.09 S 音ソノ 15 字 エンタの神様「今夜は今話題の芸人が登場」どきキャン＆U字工事＆陣内＆ジョイマン＆天津＆ 03	00 ニュースキャスター▽中央大教授刺殺事件ナゾの逃走経路と魔の15分▽北朝鮮の後継者正雲氏？26歳極秘実像徹底取材	

049

姜尚中

言葉が空疎すぎる、朝生から数年で劣化したカン様

他におもしろそうな番組もないから『新日曜美術館』でも見るか。軽い気持ちでNHK教育テレビにチャンネルを合わせたら、いきなり姜尚中《カン・サンジュン》がアップになっておどろかされた。このあいだまで檀ふみのいた席に、姜尚中がすました顔して座っている。番組名も〈新〉が取れて、また元の『日曜美術館』だという。

隣の女性アナが「なぜ政治学者の姜尚中さんが美術番組に、と思ってる方も多いのでは？」と訊《たず》ねる。「そうですね」といつにも増した低音で喋り始めた。「百年に一度の経済的不況の中で、なんかとても不安で、そして人心が動揺しているっていうんでしょうかね、こういう時代の中で殺伐とした風景が繰り返されている」。淀みのない調子でトークはつづく。

以下、要約すると、そんな時代に「人を、なんかこう救ってくれるものっていうんでしょうかねえ。それは」音楽と美術しかないと。自分は視覚的な人間なので美術へ

	⑥ TBS	⑧フジテレビ
8	00 サンデーモーニング ミサイル？ロケット？ 北朝鮮の発射秒読み▽ G20サミットとデモ▽	7.30 Ⓢ新報道 2001　緊迫 ついにミサイル発射へ でも誤報失態で日本の 危機管理は大丈夫か…
9	米国のアフガン新戦略 ▽イチローに何が▽風 仕方ない？ 9.54 サンデー・ジャポン	00 字Ⓢ新 ドラゴンボール改 伝説再び！ 30 字Ⓢ ワンピース　止めろ 人魚の競売
10	北朝鮮ミサイル▽入籍 水嶋ヒロ＆絢香▽浜田 ブリトニーVSはるな愛 祝バースデイ西川史子	00 笑っていいとも増刊号 桜満開・中居花見計画 徳井新ユニット結成？ タカトシつっこみ祭り

の憧れがある。ゲストとのトークで「美の世界を堪能してみたい」と意気込みを語った。なんかこう（と私もつられて書いちゃうけど）言葉が空疎に聞こえて仕方がない。みんなどこかで聞いたフレーズばかり。特に冒頭の「百年に一度の経済的不況」には、思わず脱力を覚えた。オマエは麻生太郎か。

百年に一度の未曾有《みぞうゆう》の危機だから、事態解決のために衆院解散はしないと首相は政権に居座りつづけ、経営者はリストラの口実にした。

既得権益者が好んで使う言い回しを、なんのためらいもなく口にする。姜尚中の思考力と言葉のセンスは、明らかに数年前の『朝まで生テレビ！』時代と比べて劣化している。〈悩む力〉といいながら、一瞬たりとも立ち止まって悩むことをせずに淀みなく喋りつづける。彼をテレビで見るとき抱く違和感の正体がわかった。彼は〈悩まない人〉だったのだ。

そんな姜尚中を美術番組の司会に起用する。権威志向と事大主義。やっぱりＮＨＫの体質は変わらない。以前よりも批判精神の欠落が著しい最近のトークに、安心してキャスティングしたのかもな。

テラテラ光るサテンのアスコット・タイとポケットチーフを身にまとった姜尚中は、ボソボソと低音でアートと内戦と心の闇について語っていく。〈文化〉の好きな女性たちがうっとりカン様に見とれたのか、思わず引いてしまったのか知りたい。

2009年4月5日(日)

	①NHK	③NHK教育	④日本テレビ
8	00[字][S]小さな旅　天竜川輝いて・静岡 25[字][多]課外授業　郷ひろみ輝け◇[N][天]	00[字][S]やさいの時間　計画▽西城秀樹 30[字][S]趣味の園芸「バラ咲きの草花」	00[S]ザ・サンデーＮＥＸＴ　独占…北朝鮮内部映像ミサイル発射の思惑▽開幕で徳光×中山ヒデ爆笑暴露話▽ハイテクスシ大戦争
9	00　日曜討論　どうなる？北朝鮮のミサイル問題　日本の対応は？国連はどう対応？	00[字][S]日曜美術館　破壊と闇の絵師・曾我蕭白×村上隆▽新司会姜尚中が切り込む	9.30[字]波瀾爆笑　大地真央豪邸公開＆12歳下の夫登場で新婚生活を暴露　楽屋に潜入
10	00　[N][天]◇05[字][S]地域発！剣山・いのち輝く四季　徳島▽貴重な高山植物　幻想的な雲海	00[S]将棋講座「橋本崇載の受けのテクニック教えます」① 20[S]NHK杯将棋	10.25[字]笑ってコラえて[再]　天才鎧塚シェフ[秘]授業

050

湯けむりスナイパー

▼野心や高望みとは無縁の人生を送る、大人のユートピア▲

ちょっと気が早いかもしれないが、今季（二〇〇九年春）のドラマ部門、ベスト作品は『湯けむりスナイパー』で決まりだ。

テレビ東京の金曜深夜ということで、つい見逃す人も多いかと思うが、主役の元・殺し屋を遠藤憲一が好演、じつにいい味をだしている。

人生をもう一度やり直そうと思った男が、ふと〈秘境の温泉宿〉の求人広告を目にする。「俺は殺し屋を引退し、一切の過去を清算して、秘境の温泉宿で生きる決意をした」。会社をリストラされた中年男〝源さん〟として、配膳や団体客の送迎など、慣れない仕事に励む毎日だ。

秘境の温泉宿という設定に、ふと胸をときめかせるのは、私だけだろうか。もう十年も前になるが、全国の競馬場を仲間とよく旅打ちして回った。夜は近くの温泉に泊まることもあった。山形の上山《かみのやま》温泉、福島の飯坂《いいざか》温泉、そして熊本の山鹿《やまが》温泉。

11 深夜	⑩テレビ朝日	⑫テレビ東京
	11.10[字][S]車窓	00 [N]ＷＢＳ　聖域・北極で資源争奪▽第２の値下げ広がる
	15[字][S]名探偵の掟「消える凶器!?」東野圭吾原作　松田翔太　香椎由宇　木村祐一	58 Ｖ７　ネオスポーツ▽ 0.12[S]湯けむり▽ 53[S]遠藤淳
	0.10[S]音魂　モノ㊙爆笑文	1.23[S]ハヤテ
	0.15タモリ倶楽部　珍考察芸術と絶頂	1.53ＡＫＢ卓球
	0.45検索ちゃん　熱愛芸人◇脳を開花	2.00[S]流派一Ｒ　洋楽特集◇30 Ａ×Ａ
	1.20朝まで生テレビ　激論ニッポンの防衛・外交	2.45アラド戦記
		3.15[S]音流　怒髪天ライブ

販売元：東宝

まるで時間が停まってしまったような町が多かった。夜、旅館から流れこんだ硫黄《いおう》の匂いのする川に沿って歩くうちに、甘美な誘惑が心に忍びこんでくる。ああ、この温泉場で一生を過そうかな。誰も知り合いのいない鄙《ひな》びた温泉宿で、下足番をして暮すのも悪くはないぞ。

謎の洋館や地下室、あるいは給水塔や孤島が「少年」の心理を魅了するように、硫黄の匂いのたちこめる秘境の温泉宿はある種の「大人」の永遠のユートピアだ。

遠藤憲一が演じる源さんは、私の理想なのだな。意外と不器用な源さんは、よくお膳を引っくり返す。ベテランの仲居に「駄目じゃない、源さん！」と怒られ、「ウィッス」と慌てて頭を下げる。イントロで一瞬映る殺し屋時代の顔つきと、のどかな温泉宿であたふた仕事に精を出す表情との落差が絶妙だ。

こんな温泉にも、ときおり小事件が発生する。そんなときだけ、源さんは昔とった杵柄《きねづか》を少しだけ発揮する。そして手が空いたときは、旅館の前の落ち葉を、レレレのおじさんのようにホーキで掃く。源さんの背中を見てこんな文章を思いだす。

「かねてから私は、男性最高の快楽は落魄《らくはく》ではないかと考えている」「身ぐるみはがれて落ちぶれ果てた男は、若さの内実をうしなって思い出しか持ち合わせがない。その分だけ夢とエロティシズムに近づいているのだ」（種村季弘『落魄の味』）。野心や高望みとは無縁の人生。私も湯けむりの中でひっそり生きたい。

2009年4月24日㊎

	④日本テレビ	⑥TBS	⑧フジテレビ
11 深夜	00[字][S]未来創造堂　たこを入れない㊙たこ焼き？▽木梨憲武 30[字][S]アナザースカイ▽椎名桔平 55 [N]ZERO　捜査は？草彅容疑者きょう送検▽川原亜矢子が迫る…名画のナゾ 0.55[S]音楽戦士　玉木宏＆つるの絢香 1.50[S]シネマガ	00[字]A－Studio▽江口洋介 30　NEWS23　膳場貴子石川遼情報 59[字]笑撃！ワンフレーズ女優コラボ 0.35クマグス　ラブホテル研究する女 1.20[S]ビジネス・クリック 1.25カード学園 1.55[字][S]バスカ 2.25[S]戦国	00[字][S]VVV6　ラーメン＆女子アナ 30[字][S]僕らの音楽　リンドバーグ森高 58 [N]JAPAN　[字]全裸〝草彅容疑者〟送検へ▽0.23[S]すぽると！・NBA特集 1.05[S]キャンパスナイトフジ　女子大生が入浴＆生着替え＆寝る瞬間▽興奮生放送

051

ザ・クイズショウ

櫻井クンの喋る言葉は、報道でもドラマでもぺらい

なんだか櫻井翔って、鼻につく奴だなあ。日テレの『NEWS ZERO』を見ていて、どこか嫌ァな気配を感じるようになったのは、いつごろからだろう。

番組スタート直後はわりと好意的にみていた。司会の村尾信尚が、華もなければポリシーもない、小役人上がりだか下がりだかを絵に描いたような薄っぺらい男で、それと比べると滑舌よく、落ち着いてコーナーを仕切る櫻井翔は颯爽《さっそう》としてみえた。やるなあ櫻井クン、という感じか。

ジャニーズ系のタレントに関心も知識もない私のような男は、けっこうコロリと騙された気がする。だが少しすると、MC村尾とはまた違う意味での〝ぺらい〟感じが嫌でも目につくようになった。オバマ同様にプロンプターを使っているかわからないが、言葉を噛《か》むことなくハキハキ喋る姿からは、台本か打ち合わせを踏襲しているだけなのが透けてみえてきた。おまけに淀みなく口から出る言葉は、どれも〈青年の主

販売元：バップ

	⑩テレビ朝日	⑫テレビ東京
9	7.00 字Sデ開局50周年特番 世界フィギュアスケート国別対抗戦2009 9.30 字Sデ土曜ワイド劇場「ショカツの女③目撃者は認知症の妻！闇に消えた殺人犯と隠蔽された驚愕の真実!! 熟年夫婦愛が溺死トリックを暴く」安井国穂脚本 児玉ヨシヒサ監督 片平なぎさ 南原清隆	00 字S出没アド街ック天国「春の行楽・穴場発見 岡山」さわらばらずし ドミカツ丼&えびめし 巨大パフェ 54 Sぴかマン 家でデート
10		00 字S美の巨人 岡本太郎のゲルニカ…渋谷で魂の芸術爆発 30 字Sミューズ 脳の秘密 茂木健一郎 55 字S音楽ばか

張〉のような毒にもクスリにもならないものばかりだ。

そんな櫻井クンの素顔に意外と迫っているような気がするのが『ザ・クイズショウ』だ。犯罪に手を染めているような、ワケありの有名人をゲストに招いて、彼らの暗部を暴くMC役を演じているのだが、これが嫌な奴でね。俳優と役柄とを混同しちゃマズイけど、MC神山の役どころと『ZERO』での櫻井翔の番組進行の姿が、ほとんどダブッて見えて仕方ない。

これって要するに、役者として大根っていうことなのだが。『ZERO』であまりにマトモな善い子の正論を吐くときも、テレビ局を舞台にしたサスペンス・ドラマで司会者の役をやるときも、表情から声の張りまでほぼ一緒。つまり演技のパターンがひとつしかないのだ。

セリフ覚えは悪くなく、トチる場面はない。なのに暗記問題をただ喋っているような空虚感が残る。これを一語で表現する言葉があったはずで——そうだ「心がこもってない」だ。櫻井クンの喋る言葉は、どれもこれも心がこもってないのだ。

肝心のドラマだが、もう少していねいに作っていれば、奇妙な味がじわっと出て、サイコ・サスペンスとメディアの怖さを合体させたおもしろいものになったかもしれないのに。真矢みきが、毎回ただ局内をドタドタ走りまわるだけのプロデューサー役だなんて、勿体《もったい》ないにもほどがある。

2009年4月18日(土)

	④日本テレビ	⑥TBS	⑧フジテレビ
9	00字Sデ新ザ・クイズショウ「正解地獄！夢の番組が人気ロック歌手を裁く！」桜井翔　横山裕　松浦亜弥　哀川翔　真矢みき	00字S世界・ふしぎ発見！旅とパリとミステリー ルイ・ヴィトンの秘密 モノグラム特別調査会 驚きの結末 54字チャイナビ	00字S土曜プレミアム 映画「アンフェア the movie」(2007年関西テレビ・フジテレビ・東宝) 小林義則監督 篠原涼子　椎名桔平 成宮寛貴　寺島進 江口洋介　▽裏切り者は一体誰？壮絶頭脳戦で衝撃の真実が…シリーズ完結編
10	10.09S音ソノ 15字エンタの神様 フルーツポンチ＆響＆芋洗坂＆東京03＆友近＆姫ちゃん＆笑イガー 村田奈津実	00　ニュースキャスター ▽発行総額２兆円分・買うと付く…ポイントサービス最前線▽年間3200億円分使わず失効…ムダ無し活用ワザ	

052

ベストヒットUSA 2009

▼伝説の名番組が小林克也の渋い声とともに復活した▲

一九八〇年代のことが、折りに触れ頭に浮かぶようになったのは、この二、三年だろうか。八〇年代といって何をイメージするかは人さまざまだろうが、私だったらまずロックだ。ともかくロック。

まだＣＤ盤じゃなくて、アナログ盤の時代だった。渋谷に行けばタワーレコードと、すぐ近くの丘の中腹にあったシスコ、そして六本木ＷＡＶＥ。そうした店を回って買い物すると、レコード袋がこすれカシャカシャ音をたてる。その音をＢＧＭに、東京の街を歩くのは楽しかった。

夜になると、もちろん『ベストヒットＵＳＡ』だ。八〇年代はＭＴＶの時代でもあった。マイケル・ジャクソンの「スリラー」がいつもテレビ画面に映っていた。司会の小林克也は彼を「マイコー」と発音し、マドンナを「マ・ドーナ」と呼んだ。洋楽好きの若い連中はみんな『ベストヒットＵＳＡ』を見ていた。洋楽と邦楽はハッキリ区別

11 深夜	⑩テレビ朝日	⑫テレビ東京
	11.15アメトーーク　変人…ダチョウ肥後という男竜兵会＆有吉＆土田…	11.58Ｖ７　ネオスポーツ▽
	0.10Ⓢ音魂　Ｆ・ライダー	0.12Ⓢモヤさまぁ～ず恒例ハワイ
	0.15Ⓢいいはなシーサー　松岡修造ほか	0.53Ⓢ音風
	0.45ストリート	1.00Ⓢ美女放談　家族とは過去を激白
	1.15全力坂◇21ⓈＦＴＲ◇㊙恋人通信	1.30いま旬ＴＶ
	1.55虫嬢◇買物	2.00マヨカラ！
	2.40Ｐショップ	2.15ファントム
	3.10洋楽◇買物	2.45ⓈＡ×Ａ
		3.00Ⓢ音楽
		3.05Ⓢてれとｓ

されていた。かっこよくてクオリティも高いのが洋楽。ロックが好きといっても、邦楽ファンとわかれば、マニアは露骨に顔をしかめた。それが日本の八〇年代だった。

西麻布の交差点を少し渋谷方向に坂を上がると、小さなロック・バーがある。私と年齢はほぼ同じオヤジが、ＬＰをかけながら酒の注文も受ける。渋い店でね、ニューヨークの場末にある隠れ家バーみたいな雰囲気で、八〇年代の曲がいつもかかっている。

若い編集者と夜遅く、窓際の席で酒を飲んだのは去年の夏だったか。まだ入社二年とか三年目。親の歳を訊くと、私より若かったりする。そのＮ君が店に入った途端、そわそわ落ち着かない。少しして「僕の一番好きなバンドはクラッシュです」と呟いた。八〇年代初め、ロンドン・パンクの後退戦を果敢に闘ったグループの名を、八四年生まれの青年が口にする。

すごいね。これが文化の継承だと思った。懐かしさで聴くんじゃない。Ｎ君には八〇年代のロックは、いまの音楽なのだ。

その前後だろうか『ベストヒットＵＳＡ』が深夜に復活した。今週の全米チャートも紹介されるし、八〇年代のＭＴＶも流される。古臭くて聴けない曲もあるが、二十年たってもバリバリいまのセンス全開の曲もある。小林克也さんも昔のように流暢《りゅうちょう》な喋りではないけど、日本語から英語になると途端にイキイキしてくるのが好ましい。

Ｎ君、マイケルを偲《しの》んで、また西麻布のバーで一杯やろうぜ。

2009年7月2日㊍

	④日本テレビ	⑥ TBS	⑧フジテレビ
11 深夜	11.58字Sデ ＬＯＶＥゲーム 三股モテ男を独占する釈由美子 0.38S スペシャルギフト 宮尾俊太郎が熊川哲也に朝カレー 1.08S フットンダ　大赤面フルポン愛 1.38二 ゴースト～天国からのささやき 2.33S 音の素 3.03デ 通販◇N	11.30字 クイズ！時の扉 55字 クイズの扉　河本・辻山本モナほか 0.29 女神サーチ　最新最旬トレンド 1.24S ビジネス・クリック 1.29字 パンドラ 1.59新 大正野球 2.29 アカデミ夜 2.59新 東京少女 3.34S 世界陸上ベルリン 3.44S 買物図鑑	11.30N ＪＡＰＡＮ　字 人事迷走の末決断…余波は▽55S すぽると！・松井 VS イチロー 0.35 イケタク　㊙新アイス 0.45 大地震生き残れ！ＳＰ 新知識 10 発 1.15 たけし大学 1.45 ダイバスタ 2.00S映 マイ・ファースト・ミスター（字幕）（4.00 終）

053

阿部祐二

▼事件とラーメンを同じテンションで語る熱血レポーター▲

日テレ系『スッキリ!!』の熱血レポーター、阿部祐二の奮闘ぶりに改めて気づかされたのは、八月最初の月曜日だった。翌日からテレビ各局は酒井法子と押尾学に関するハイテンションの狂熱報道に突入する。しかし、この日はいつものヌルいワイドショーが画面では流れていた。

なにしろ最初のネタが、別所哲也の〝結婚宣言〟だ。ド頭でやるようなニュースじゃないだろう。大手の芸能事務所に配慮して、人気タレントのスキャンダルを放映できないのだから、パワー喪失と視聴者離れも当然だ。

酒井法子、押尾学のように、警察の摘発という〈官許〉のお墨付きがない限り、大きな事務所には手も足も出ない。

テンションのかけらもないコーナーが消化試合のように一時間も放映された時だったろうか。突如として異様な映像が映る。猛暑のさなか、ジャケットの上によれよれ

	⑩テレビ朝日	⑫テレビ東京
8 9 10	00[字][S][デ]世界水泳ローマ競泳決勝「男子50メートル背泳ぎ」ほか　松岡修造古賀が２冠&世界新へ偉業なるか運命の一戦▽リレー伝統のメダル最終決戦へ 9.55[字]ちい散歩　大都会の大崎で職人の指に感動いやし看板 10.30[字]暴れん坊将軍Ｖ[再]「わが恋せし上様」	00[S]名言寄席 04[S]ものスタ　家族で行く品川ぶらり 56[S]Ｅモニ　[N]オフィス快適プラズマイオンが意外な所から▽しょうゆの鮮度長持ちの秘密は▽快適！ショッピングスタジオ・生放送中！▽モーテレ・いきいき通販～ＤＨＡ魚の賢人▽ 11.00[N]

のコートまで着こんだ阿部レポーターの姿があった。

題して「阿部祐二の〈ラーメン刑事《デカ》〉第7弾。夏バテ解消㊙ラーメン」とある。三度の飯よりラーメンが好きな刑事が、部下の鑑識クンと情報屋を従えて、評判のラーメン店を〝摘発〟にいくという構成になっている。

この日、最初に訪れた西早稲田の店で、阿部レポーター扮するラーメン刑事は、辛みそあんかけラーメンに挑戦する。一味唐辛子と特製の味噌だれがたっぷり入った激辛ラーメンが彼の胃袋に。

見ているだけで、私まで体温が上昇する。途中でラーメン刑事は叫ぶ。「食べるサウナだ！」。汗がダラダラと、彼の頭と体から滴《したた》り落ちる。コートを脱ぐ。ジャケットも脱ぐ。「うまい。暑い！」と吠えながら食べ続けて、ついに完食。白いシャツまでボタンを千切って、さして頑強でない上半身を露わにする。

そして「執拗なまでに舌にまとわりつき刺激を与える〈あんかけスープ〉」というセリフの後に一拍置いて、「まとわり付きすぎ。ストーカー規制法違反で逮捕だ！」。

いいよ、阿部ちゃん。事件取材と同じ、いやそれ以上のテンションでもって色モノ企画にも体当たりレポートする情熱に圧倒された。

ジャンルそのものが崩壊寸前のワイドショーを救うのは、いまや稀少となったキミのレポーター魂と、それをサポートするスタッフのセンスと頑張りだ。

2009年8月3日㊊

	④日本テレビ	⑥TBS	⑧フジテレビ
8–9	00 Ⓢスッキリ!! 東方神起解散報道にファン騒然契約トラブル？韓国で真相追跡▽コンクリ柱29本ボキッ…突風猛威▽野菜10円＆衣類1円激安店で主婦奪い合いバトル▽夏バテ解消の㊙ラーメン	5.30 みのもんた朝ズバッ！石川遼17歳涙の完全V 8.30 ㊗はなまるマーケットジャガイモの皮が数秒でむける…科学で発見料理の裏技▽夏美肌術由美かおる 9.55 Ⓢ未成年 ㊂「俺はあなたを愛してる」いしだ壱成 香取慎吾 桜井幸子ほか	00 とくダネ！ ①石川遼完全V最終日のドラマハニカミ消え涙の理由速報…藍は②２．０で見えない…レーシック手術の落とし穴③迷子になる理由 9.55 Ⓢどーも・キニナル！家族のココが絶対イヤ①トイレ異常に長い夫②小３でオッパイ星人③ラブラブすぎる両親
10	10.25 ⓈおもいッきりＤＯＮ吉田栄作は理沙夫人に尽くす？夫婦秘話告白	10.50 もうすぐひるおび！	

054

相棒　シーズン8

▼及川ミッチー版は「1968」で幕を開けた▲

待ちに待った水谷豊の『相棒 シーズン8』がスタートした。寺脇康文に代わる新パートナーは、前シーズンの最終回ですでにお披露目をすませた及川光博である。

及川ミッチー。熱血派の寺脇とは正反対の超クール派の彼が、特命係の杉下右京（水谷豊）と、どう絡んでいくのだろう。

久しぶりに見るなじみのドラマを、のんびり。呑気に構えていたら、いきなり初回からエンジン全開である。スリル、陰謀、アクション。息つく間もない展開だ。

なにしろテーマが〈テロリストの娘〉だ。七〇年代に多くのテロ事件を起こした過激派〝赤いカナリア〟の幹部、本多《ほんだ》篤人《あつんど》（古谷一行）が、ひそかに逃亡先の海外から帰国する。若いハネ上がりの連中に、爆弾テロに協力しなければ、一人娘（内山理名）を殺すと脅されたらしい。

またしても「1968」である。小熊《おぐま》英二《えいじ》の上下二巻『1968』が反響を呼んで

	⑩テレビ朝日	⑫テレビ東京
8	00字S デ新 相棒シーズン8 スタートスペシャル！「カナリアの娘」 水谷豊　及川光博 内山理名　古谷一行 益戸育江　岸部一徳 鈴木一真　川原和久 大谷亮介　山中崇史 山西惇　六角精児 神保悟志	00字Sデ いい旅夢気分「紅葉の群馬湯めぐり 草津～伊香保～万座」 雲上の露天ぶろ▽絶景ハイキング▽秋の味覚キノコ料理
9	9.48字 eスポ◇世界の街道 54Sデ 報道ステーション	00字二 水曜シアター9「007ダイ・アナザー・デイ」（2002年英・米合作） リー・タマホリ監督 ピアース・ブロスナン

販売元：ワーナー・ホーム・ビデオ

いる。六〇年代末の政治・社会叛乱の詳細な資料を、誰がどんな興味で読むのか。首をひねっているうち「1968」的なものは、茶の間の人気ドラマにまで侵入してきた。

娘の身を案じ〝祖国〟に帰った老テロリストの哀感とふてぶてしさを古谷が好演。父への愛憎と葛藤するテロリストの娘を演じた内山の昏《くら》い表情も、ときにエロティックに映るほど適役だ。

「1968」は、学生や労働者の叛乱がピークに達した六八年だけではなく、その前後数年を指す言葉だ。「1968」的な気分を象徴するシーンがあった。『相棒』において奇妙な笑いと、警察組織の不気味な闇を体現するのが、岸部一徳が演じる警察庁の官房室長、小野田だ。その警察庁トップに老テロリストから電話がかかる。

赤いカナリアの本多が帰国してテロをしようとしている。顔色を変えず特命係の二人に告げる小野田。本人から電話があったんだよ。「どういうご関係ですか?」と神《かん》戸《べ》尊《たける》（及川光博）。「友人であり同志だった。ともに革命を夢みていた時のね」。官房長は左翼だったんですか、と仰天するミッチー。

「僕らの時代は多少なりとも、そういうのをかじってるわけ。ま、一種の流行りでもあったから」。大半の「1968」関係者はこんなもんです。転向なんて大層なもんじゃない。挫折さえ出来なかった私（たち）は、老テロリストと娘の、濃密な愛憎劇を少し羨《うらや》ましく思いながら、最後まで見た。

2009年10月14日㊌

	④日本テレビ	⑥TBS	⑧フジテレビ
8	7.56 笑ってコラえて「モノ作りには愛がある…」若田さんと宇宙飛んだ缶詰VSアカデミー監督 アニメ伝説講座VS栃木偶然発明王	7.30 Ⓢ㋢サッカー・キリンチャレンジカップ2009「日本×トーゴ」～宮城スタジアム 金田喜稔　相馬直樹 小倉隆史　土井敏之	7.00 ⓈクイズヘキサゴンⅡ 超爆笑クイズパレード＆秋のドッキリ大作戦 笑撃！全ファミリーが引っかかった話題作を今夜公開!!超拡大ＳＰ 史上最恐心霊ドッキリ 里田矢口がマジギレ涙 ▽ケチな芸能人は誰？ 上地絶叫の㊙ドッキリ ▽夢の埋蔵金ゲット？ 人気芸人の本性を暴く
9	8.54 ㊫世界仰天ニュース〝超アレルギーＳＰ〟▽美女㊙昆布で裸失神 ▽パンツはけないママ ▽壮絶…カレーと格闘10年の奇跡	9.34 Ⓝ 40 大緊張バトルゲーム！かんたんスタジアム！前代未聞のおバカ企画 超簡単な問題なのに…200連続正解の重圧？	

055

小公女セイラ

▼不幸話の連打の後に用意されていた重いテーマ▲

二〇〇九年秋ドラマの異色作トップはこれで決まりかもしれない。四週前にそう書いた『小公女セイラ』だが、さらに勢いに弾みがつき、加えて〝内省的〟なニュアンスまでが醸しだされるまでになった。

インドの鉱山王だった父の事故死で、全寮制の名門校ミレニウス女学院のトップの座から一転して下働きの身に。意地の悪い生徒だけでなく、学院長・三村千恵子（樋口可南子）の冷酷、陰湿なイジメは、日に日に常軌を逸したものにエスカレートする。それでも黒田セイラ（志田未来）はメゲない。彼女の誇りと正義感は、理不尽な仕打ちにも耐えられるほど強いから。

不運なプリンセスが酷い仕打ちに健気に耐える。そんな当初のテーマが、あるとき微妙に変質していく。常に級友たちと距離をとるクールな水島かをり（忽那《くつな》汐里《しおり》）との、こんな会話。かをりさんは、なぜ人を避けるの。

	⑩テレビ朝日	⑫テレビ東京
7 8	00字Sデフィギュアスケートグランプリシリーズ世界一決定戦 2009 第１戦・フランス大会「男女ショートプログラム」松岡修造ほか 浅田真央VSキム・ヨナ 日韓宿命のライバルが開幕戦いきなり激突…▽男子も激戦…織田VS元世界王者 8.51 挑戦者◇N天◇土ワイ	00字S土曜スペシャル「秋風に誘われ…いざ歴史ロマン訪ねる旅」名将ゆかりの地めぐり 加賀…前田利家＆まつ隠し湯名宿・お宝続々▽越後…上杉謙信の義名寺・秘湯の露天ぶろ▽鹿児島…篤姫愛した郷土寿司・西郷隆盛のひ孫も登場 8.54S生きるを伝える

販売元：ポニーキャニオン

そう問われて「私はさ、大げさなことが嫌いなのよ。泣いたり笑ったり、怒ったりとかさ」。エーッとおどろくセイラ。「傷つきたくないから、人と関わらない。わかる？　普通だよ、これが二十一世紀の正しい生き方。アンタ、十九世紀」。目を丸くして、セイラは「そうなの？」と呟く。「そうだよ」「そうなんだ……」。

深夜の学院で二人の少女が言葉を交わすシーンは、幻想的なほど美しい。二十一世紀と十九世紀。うまい喩《たと》えだな。絶対主義と相対主義の相克か。そんな私の甘い感想を追い越して物語は進む。授業参観の日。クラスの女王、真里亜（小島藤子）は、成金で品のない父（不破万作）を嫌い、学校に来るなと告げる。

しかし娘の姿を見たさにやってきた真里亜の父を、セイラは善意で教室に招く。父兄が帰った後で、余計なことをしてと怒り狂う真里亜に「あんな素敵なお父様に、なぜ来るななんていうの。私のように両親を失くした者にはとてもゼイタクなことだわ」。

セイラをいつも慕っていたまさみ（岡本杏理）が、そのとき静かに口を開いた。セイラさんは、いつだって正しい。だけど、と彼女は続ける。「アナタの正しさは一種類なの。でも、世の中、人の数だけ正しさはあると思う。正しいのはアナタだけじゃない」

ステレオタイプな不幸がこれでもかと押し寄せた後に、少女の内面の挫折と成長というテーマが待ち構えていたとは。

二十一世紀を生きる少女のリアルな心理を描いた意欲作だと気づいた。

2009年10月17日㊏

	④日本テレビ	⑥TBS	⑧フジテレビ
7 8	00 字 天才！志村どうぶつ園　みんなで赤ちゃん動物飼ってみよう！超かわいい瞬間100連発!!▽ベッキー&ダイゴが生まれたて子犬探し旅▽パン君が赤ちゃん猫育てるゾ▽相葉が森で激カワ９匹とキャンプ▽石田純一が赤ちゃんカワウソ旅 8.54 S ワーズハウスへ	6.55 字 S デ 新 小公女セイラ「みんなが涙した世界の名作！大金持ちのお嬢様が召使いに…泣いたりしない。だって女の子は誰でもプリンセスだから…どんな逆境にも強く正しい姿に家族揃って感動して下さい」岡田恵和脚本　志田未来　林遣都　田辺誠一　斉藤由貴	00 字 S レッドカーペット　衝撃の世界進出ＳＰ・ナベアツ&ハイキング世界を笑わせる旅へ・はたして彼らの笑いは世界に通用するのか？豪華メンバーでネタ祭　柳原バカリズム中川家ナイツ天津木村ロッチザブングル響サバンナノンスタほか 8.54 字 N レインボー発・天

056

外事警察

刑事ドラマの牧歌性はない。異形の〈警察ドラマ〉だ

最近ではめずらしく佳作の揃った秋ドラマだが、さらに強力な一本が加わった。ＮＨＫ土曜の六話完結『外事警察』だ。国際テロ対策を担当する、公安部の〝裏組織〟外事４課を描いた警察ドラマだ。〈刑事ドラマ〉ではなく〈警察ドラマ〉。ここがポイントである。

外事４課の主任、住本健司（渡部《わたべ》篤郎《あつろう》）と、４課に配属された新人の松沢陽菜《ひな》（尾野真千子）の二人を軸に物語は動く。

一見ソフトな住本だが、捜査のためなら手段を選ばない。不法滞在の外国人やミスを犯した外交官を、脅しと懐柔で協力者＝スパイに仕立てあげる。そんな住本に反発しながらも、外事の仕事に陽菜がなんとか馴染んでいく姿がまず描かれる。

そこに警察内部の権力闘争が重ね合わされることで、ドラマは刑事が犯罪者と対峙する〈刑事ドラマ〉の牧歌性から逸脱していく。住本とタッグを組む警察庁の警備局

販売元：アミューズソフトエンタテインメント

	⑧フジテレビ	⑩テレビ朝日
9 10	00字Ｓ土曜プレミアム 新・美味しんぼ③ 「海原雄山VS究極７人のサムライ～打倒雄山ドリームチーム結成で士郎が魅せる究極料理今夜は牛肉対決だ!!」 松岡昌宏　優香 仲里依紗　益岡徹 田中義剛　上原さくら 浅野和之　北村総一朗 松平健	00字副デ土曜ワイド劇場 「ヤメ検の女～権力に屈しない！父を殺され心閉じた少女を救え！検察を出た女弁護士が隠蔽された連続殺人の真相を暴く」 賀来千香子　温水洋一 大和田伸也　須藤温子 泉谷しげる ◇10.51車窓 10.57裏Ｓｍａ!!　香取慎吾

長、有賀（石橋凌）。この二人の動きを徹底的にマークする警備企画課の理事官である倉田（遠藤憲一）との暗闘に重心がかけられ、『外事警察』は組織内の熾烈な権力ゲームをテーマとした異形の〈警察ドラマ〉に変貌していく。

暗闘と書いたが、『外事警察』を見て、まず強烈に印象づけられるのが、画面の暗さだ。第一話の冒頭で、有賀が住本を局長室に呼び、CIAから入手したFISHという謎のテロリストの情報を伝える場面がある。部屋の中は窓に暗幕が張られたようで、有賀を演じるのが石橋凌とすぐにわからないほどだ。

画面の暗さは、警察組織の〈闇〉を象徴しているのだろう。捜査対象を尾行しているときの4課の大型車輛の中もほの暗い。監視カメラや盗撮映像を映しだす何台ものモニター画面だけが輝き、裏の仕事に従事する公安刑事たちの昂揚感と疲労がない混ぜになった顔の翳《かげ》を映しだす。

そう、このドラマでもっとも強烈なインパクトを残すのは、その暗い色調の画面であり、それと連動する音響だ。濃い目の青や黄のフィルターがかかった遠藤憲一や渡部篤郎の顔が、ドラマの暗黒（ノワール）性を強調していく。国際テロリストを相手にする外事警察。これがドラマの大前提なのだが、日本を狙うそんなテロ集団が実在するのか、という疑問が芽生えてくる。闇に染まった渡部篤郎の顔には、もし存在しないなら作ってしまえばいいでしょう、という静かな狂気の翳が浮かぶ。

2009年11月14日㈯

	①NHK	④日本テレビ	⑥TBS
9	00字S新外事警察「テロリスト潜入！」渡部篤郎　石田ゆり子　尾野真千子　片岡礼子　遠藤憲一　余貴美子　石橋凌	00字Sデサムライ・ハイスクール「バカ殿に捧ぐ命」三浦春馬　城田優　杏　ミムラ　室井滋　岸谷五朗ほか 54S音ソノ	00字世界・ふしぎ発見！2012年に世界が滅亡？マヤ文明の予言は本当なのか？今夜…衝撃の真実に迫る 54字Sバカンス
10	00字11月29日スタート！ドラマ〝坂の上の雲〟主演の本木雅弘魅力を語る▽世界各地でロケ名場面ほか 45 土曜スポーツタイム	00字エンタの神様 タカトシ&ハリセン&Fポンチ&ノンスタ&芋洗坂&Aストロング&板倉俊之 54字Sフォーカス　サダヲ	00 ニュースキャスター▽絶食&黙秘3日目の市橋容疑者が語らない整形逃亡961日…残る3つの謎▽オバマ講演&即位20年宮中お茶会

057

JIN―仁―

間に合わせの道具で手術をこなすアイデアが新鮮だ

脳外科医（大沢たかお）が幕末にタイムスリップする話だから、『JIN―仁―』には医療物でSF系で時代劇でという三要素がある。

医療ドラマもあらかたパターンが出尽くした感があるなかで、未来からきた医者が、まだ医療技術は未発達な江戸で、間に合わせの道具を使って手術をこなすというアイデアが新鮮だった。

開頭手術をするのに、そのへんにあるノミやカナヅチなど大工道具を熱湯で煮て、頭をカチ割ったり。吉原の遊女を治すため、ペニシリンを開発し、緒方洪庵（武田鉄矢）の協力で大量生産する回は特にワクワクさせられた。

カビを見つけて培養するのは小学校でも習ったからおどろかないが、製薬工場としてヤマサ醤油《しょうゆ》の建物を使っちゃうアイデアがうれしい。醤油職人なら青カビからペニシリンを抽出する作業も、すぐに習得してしまう。ヤマサの主人と会った大沢たかお

	⑩テレビ朝日	⑫テレビ東京
9 10	00[字][二][デ]日曜洋画劇場 「インデペンデンス・デイ」 （1996年アメリカ） ローランド・エメリッヒ監督 ウィル・スミス ビル・プルマンほか [声]山寺宏一▽緊急警告 地球滅亡まであと３日 人類存亡を懸けた戦い 感動超大作	7.00[S]巨大マグロ伝説2009 松方弘樹 VS325キロ怪物 日本中が驚いた…あの 現場に完全密着…洋上 の死闘、遂に独占放送 ▽津軽海峡マグロ戦線 9.54[字][S]ソロモン流　必見 これで魚の目利き上手 〝鮮魚の達人〟が伝授 絶品・旬の魚見分け方 ＆㊙料理法 10.48[S]道草　須藤元気

販売元：角川映画

が「へえ、この時代からあったんだ」と呟くシーンも楽しい。

瀕死の病人を治しながら、（本来は死ぬはずの人を助けたら、歴史が変わってしまうのでは）と大沢が演じる南方《みなかた》仁は当初、苦悩する。ＳＦの歴史改変テーマに付き物の要素だ。この手の歴史ＳＦもアイデアは出尽くしている。それに、時間ＳＦは短篇でこそ発想の切れ味が生きて、長篇だとユルくなる。

目の前で助けを求める江戸の人びとを救おう。そう南方仁が気持ちを切り替えたあたりで、物語のバランスが一気に良くなった。誰でも助ける仁。その手術を助手として懸命に手伝う旗本の娘を演じる綾瀬はるか。このツーショットが本当に絵になった。

綾瀬はるかがあんなに時代劇が似合うとは。純情さと気丈さをあわせもった旗本の娘役の彼女が、仁を助けるため手術現場に毎回、全力疾走するシーンがじつに健気《けなげ》でね。

明治維新まで、あと六年。坂本龍馬（内《うち》野《の》聖陽《せいよう》）が活躍するという設定もいい。謎の男から摘出した胎児そっくりの脳腫瘍《しゅよう》が、ときおり意味ありげにアップになり、目をクワッと見開く。『２００１年宇宙の旅』のラストを連想したりしたが、この謎をどう解決するんだろう。気を揉んでいたが、やはり最終回でも話は結着しなかった。おそらく〝シーズン２〟か映画版が用意されているはずだ。

また半年か一年後に、綾瀬はるかの着物姿に再会できるんなら、物語がきっちり着地しなかった最終回もＯＫとしよう。

2009年12月20日(日)

	④日本テレビ	⑥TBS	⑧フジテレビ
9	00字 行列のできる法律相談所 メールだけじゃなかった…貴理が離婚の真相激白…チャーハン領収書事件 54字 夢の通り道	00字SデＪＩＮ—仁—終「タイムスリップの果て…時空を超えた物語が今!!」大沢たかお 中谷美紀 綾瀬はるか 小出恵介 小日向文世 内野聖陽	00字S エチカの鏡 マナー鬼講師平林都VS美容師研修に若手反発大激怒 カヨ子厳選Xマス７大秘脳育玩具 54字S ＋１ｊｏｕｒｎｅｙ
10	00字 おしゃれ 芸能人親子大集合…ボビー４人の子供勢揃い 30字 黒バラ モノマネ合戦 巨人VS中居 56デ ガキの使い	10.19S あす松本清張火と汐 25字S となりのマエストロ 今夜は志村家パニック 静電気のバチッ解消法 カニの女帝秘裏技公開	00S ジャーナる！ 陳情は国民の声か…公約変更 小沢氏の真意は▽片山右京さん厳寒の富士で何が？同行２人は死亡▽カツマー女

058

相棒　シーズン8

伊丹刑事・川原和久スペシャル版に万感の思い

うれしい。俺はうれしい。ついさっき見終えたばかりの『相棒』について何か言うとしたら、この一言に尽きる。

ドラマの作りがよく出来ていたねとか、役者の演技が達者だったとか。そんなことはどうでもいい。『相棒』を脇で支える捜査一課の三人組のひとり伊丹刑事（川原和久）が、今夜放映された回の実質的な主役だったことが、私には何よりうれしい。

寺脇康文から及川光博に。水谷豊のパートナーを変えた『相棒』だが、相変わらず好調をキープしている。熱血派刑事の寺脇から超クールな及川ミッチーへ。

ドラマのテイストが一八〇度がらりと激変したのに、依然として高視聴率を維持しているのが、この番組の地力の証だろう。しかし新シーズンに入った『相棒』にもひとつだけ不満があった。特命係の二人と、何かにつけ反発し合う一課の三人組の絡みが稀薄になったことだ。とりわけ、廊下で擦れ違っても血相を変える、亀山薫（寺脇

	⑩テレビ朝日	⑫テレビ東京
9	00 字 S デ 相棒 「狙われた刑事」 水谷豊　及川光博 川原和久　加藤虎ノ介 村田充	8.00 S デ いい旅夢気分ＳＰ 「冬のにっぽん雪景色 神秘の絶景＆ぬくもり 湯宿・大人の旅３選」 ①山形…雪の銀山温泉
10	54 S デ 報道ステーション 大きく動いたニュース ▽真冬の寒さに逆戻り ▽スラム住民が起爆剤 消費大国ブラジルの今 夢と欲望が作る好景気 ▽プロ野球	9.54 字 S １億人の心に響く アスリート感動劇場 ▽松井５連続敬遠の男 苦悩の18年…涙の手紙 ▽フィギュアＣＭ美女 最愛の父と自らもがん 涙の氷上プロポーズ

販売元：ワーナー・ホーム・ビデオ

康文）と伊丹の壮絶な怒鳴り合いが見られなくなったのが残念だった。

その伊丹がこの夜は冒頭から事件に巻きこまれた。昼休み、行きつけのラーメン店に入った伊丹の隣の席に座った男が、急にもがき苦しむ。ラーメンに混ぜたすり下ろしのニンニクにヒ素が混入されていた。伊丹もニンニクが好物だ。伊丹の行動パターンを熟知した人間が、彼を狙っておこした犯行と右京（水谷豊）は目星をつける。

伊丹は捜査から外され、特命係の二人に護衛される破目に。現場第一主義で激情タイプの伊丹が、捜査の一線に立てない苛立ちと口惜しさを、川原が熱演。犯人らしき男の着ていたブレザーから、彼は十年前の事件を思いだす。

都内の大学でおきた悪質マルチ商法サークル内の凄惨な殺人を担当したのが若い伊丹だった。クールに過去の事件を推理する右京と、恫喝《どうかつ》で被疑者を落とした、過去の自分の捜査手法を悔いる伊丹の対照が鮮かに浮かびあがる。

それにしても川原和久の味のある演技といったら。製作スタッフの、川原へのリスペクトと愛情も伝わってくる。渋い脇役を今回はメインで。大役を川原はキッチリこなした。

川原和久、四十八歳。劇団ショーマに所属。二十年ほど前ＴＢＳで小劇場の三十分オリジナル芝居をシリーズ放映した。ショーマも登場したが、あのとき冒頭とラストで下手な司会をしたのが私で、川原くん覚えているだろうか。

2010年2月10日㊌

	④日本テレビ	⑥TBS	⑧フジテレビ
9	7.56 笑ってコラえて３連発 スペゲス祭り魔裟斗が 泉ピン子がケンコバが 言われ放題&ダーツは ついにＮＹへ…思えば 遠くへ来たもんだＳＰ	00 字Ｓ 赤かぶ検事京都篇 「謎の遺産相続人…金で息子たち殺し合い？ 妻はなぜ相続放棄？」 中村梅雀 54 字Ｓ Ｊリーグストーリー	00 字Ｓ 爆笑レッドシアター バレンタイン２ＨＳＰ 今夜も新作コント続々 チョコ〝レイコ〟出現 清美と川口に進展が？ 十文字アキラ大失態！ 名前を覚えて第３弾！ マツコデラックス登場 メンバーが襲われた？ くまだ笑わす旅は福井 キャノンほか 10.48 ベイビー◇ 54 もう一杯
10	00 字Ｓデ 曲げられない女 「殴り返す女！夫と子供は大切に」菅野美穂 谷原章介　塚本高史 永作博美ほか 54 Ｎ ＺＥＲＯ	00 字 ＴＨＥ１億分の８ 勝ち組女が教える明日幸せになる㊙テクＳＰ 懸賞で3000万▽㊙資格で収入倍増 54 字Ｓ エンタメ	

059

龍馬伝

▼維新の志士《チーム・ハゲタカ》が大河を変えた!!▲

ＮＨＫの大河ドラマとは一生、無縁のままだと思っていた。好きとか嫌いの問題ではない。私ともっとも似つかわしくない言葉が「大河」だ。淀んだドブ川を好む男に、大河は眩《まぶ》し過ぎる。その私がいまは『龍馬伝《りょうまでん》』を欠かさず見ているのだから、人生何が起こるかわからない。

初回はチラッと見た。岩崎弥太郎を演じる香川照之が服はボロボロ、髪はバサバサ、顔も歯もマッ黒にして喚《わめ》く姿が目を惹きはした。しかしいまこの国で、一番のりに乗った達者な役者の怪演を見ればギョッとはする。そこに作為を感じたのだろう。

そのままスルーし、たまたま遭遇したのは一か月後だ。江戸で剣術を修業する龍馬（福山雅治）の、千葉道場での稽古の場面。小窓から差すかすかな外光に浮かぶ道場で竹刀を振るう大勢の門弟は、ほの暗い海底でうごめく魚のようだ。既視感《デジャヴ》を覚える。

土佐の弥太郎の実家はまるでアバラ屋だ。昼なお暗い家の中で、家族の顔はしばら

	⑧フジテレビ	⑩テレビ朝日
8	7.00字Sバンクーバー五輪「前半戦ハイライト」▽快挙の銅…高橋大輔復活を支えた〝チーム大輔〟、勝負決めた秘策▽長島＆加藤が激白！	7.58S大改造!!劇的ビフォーアフター　番組史上最小!!たった6坪の家床に寝て料理する台所食事中も丸見えトイレ▽究極収納キッチン
9	00字Sエチカの鏡　大調査リストラされたら家庭はどうなる？極貧生活妻の不満爆発＆ドン底夫の㊙告白 54字S＋1journey	00字S藤田まことさん追悼日曜洋画劇場特別企画はぐれ刑事純情派・最終回スペシャル「さよなら安浦刑事！命を懸けた最後の捜査」

販売元：アミューズソフトエンタテインメント

くして気丈で優しい母（倍賞美津子）、酒と博打が好きな父（蟹江敬三）とわかる。
そこに武市半平太《たけちはんぺいた》役の大森南朋と、参政の吉田東洋役の田中泯が登場。アッなんだ《チーム・ハゲタカ》だ。

いまテレビ界でもっとも尖鋭的なドラマを制作するチームが、微温的ＮＨＫの象徴である大河ドラマを手がけるとは。黒船来航と尊王攘夷で揺れ、下級武士を登用せざるを得なくなった各藩のお家事情とＮＨＫのそれが重なる。

チーム・ハゲタカは局内で差別されていなかっただろうが、主流ではないだろう。しかし彼らの才能に賭けるしか起死回生は望めない。そこまで追い詰められた事情は、長州、薩摩、土佐に通じる。

すごいな。いわば前衛・大河ドラマが視聴者の圧倒的支持を得ている。なぜか。舞台が幕末というだけで、リアルさとスピード感とテーマが現代のドラマだからだ。

照明を抑えて、しかも青や茶のフィルターまでかけるから、役者たちの顔の浅黒さといったら。地元では「土佐の女子はあんなに顔が黒くない」と不満の声もあるという。目つきまで神がかって攘夷過激派の指導者となる大森南朋と、ドサクサに乗じて大金と権力を狙う香川照之、そして自分の夢と現実の狭間で悩む福山雅治。

前半はこの三極構造がみごとにスイングしている。彼らを支える寺島しのぶ、貫地《かんじ》谷《や》しほりら女優陣の存在感も光る。

2010年2月21日㈰

	①NHK	④日本テレビ	⑥TBS
8	00字Sデ龍馬伝「弥太郎の涙」福山雅治 香川照之 大森南朋 広末涼子 蟹江敬三 倍賞美津子 45 N 天	7.58S世界の果てイッテQ イモト仰天6000万円のタテガミなびく謎の犬▽巨大な大砲群祭り…宮川襲うハプニング▽号泣男…巨大洞窟の旅	7.57字オレたちクイズマン▽手塚アニメ裏側公開 衝撃！アトムの意外な作者は▽城マニア良純が明かす安土城の真実▽明日話したい華麗Q
9	00字ＮＨＫスペシャル 浅田真央・金メダルへ独占！極秘練習全記録 強敵キム・ヨナの秘策 決戦間近！ 50Sバンクーバー五輪	00字行列のできる法律相談所 芸能人本気ケンカＳＰ▽陣内アノ大物にボコボコにされた衝撃映像初公開 54字夢の通り道	00字Sデ特上カバチ!!「この仕事で生き抜く覚悟!!」桜井翔 堀北真希 遠藤憲一 高橋克実 中村雅俊ほか 54字S美しき妹 山本容子

060

怪物くん

悪がテーマなのに後味が良いってサイコー

土曜の夜『怪物くん』を見て布団に入ると、ちょっと幸せな気分で眠れる。そんなドラマです、『怪物くん』は。

主演が嵐の大野智《さとし》と知って、じつはかなり期待していた。二年前の初主演ドラマ『魔王』が良かった。惨殺された弟の復讐《ふくしゅう》を顔色ひとつ変えず実行する、天使と悪魔の二面性を持つクールな弁護士はぴたりハマリ役だった。普段はおっとりした嵐のリーダーが、こんな怖い役を出来るとは。その落差がずっと印象に残っていた。

そんな大野くんが怪物ランドの王子役だ。昭和というより戦前の金持ちの、あまり趣味がよくない坊っちゃん風コスチューム姿の番宣を見て、期待は確信に高まった。

第一話の悪ガキぶりを見てうれしくなる。ワガママで意地悪で乱暴者。すんなり怪物ランドの大王になれるかと思ったら、父親の大王の怒りを買って、お供と共に人間界へ修行に出される。

	⑩テレビ朝日	⑫テレビ東京
9	00[字][副][デ]土曜ワイド劇場「ショカツの女④爆弾魔の人質になった刑事たち！６年前の事件を隠蔽した警察権力への儚き抵抗!!　愛妻の死の真実を暴け」安井国穂脚本　児玉宜久監督　片平なぎさ　南原清隆　岡本信人　泉谷しげる　◇10.51車窓	8.00[S]出没アド街ック天国「龍馬伝説の商店街！京急立会川」老舗のり　龍馬うどん＆巻きずし　モツの聖地 54[S]ぴかマン　エコ生活術
10	10.57裏Ｓｍａ!!　香取慎吾	00[字][S]美の巨人　葛飾北斎　肉筆まるでディズニー　月見る虎図 30[字][S]ミューズ　岸谷五朗　感動ソング 55[字][S]ウェルカムＴＶ

販売元：バップ

大野くんは二十九歳である。そんな彼が世間知らずのワガママ王子を、幼稚園児みたいな服で熱演する。オオカミ男（上島竜兵）、フランケン（チェ・ホンマン）、ドラキュラ（八嶋智人《やしまのりと》）の従者三人もいい。「フンガァ」しか言わないフランケン役のチェ・ホンマンの表情が愛らしい。なにしろ原作がいい。ブラック・ユーモアという言葉も定着していない六〇年代後半、黒くてポップな笑いをふり撒く『怪物くん』は横尾忠則やテリー・サザーン、ゴダールにも負けてなかった。

原作サイコー。キャスティングもOK。怪物界に敵対する悪魔界に君臨するデモリーナ役に稲森いずみを選んだ制作陣のセンスが素晴らしい。露出を抑えたキャットウーマン風のコスチュームのエロチックなことといったら。

楚々《そそ》としたワンピース姿で、怪物くんの友達姉弟（川島海荷《うみか》、濱田《はまだ》龍臣《たつおみ》が好演）の住む貧乏アパートに引っ越してきたこれからが本領発揮だ。

彼女が慕う悪魔界のプリンス、デモキン（松岡昌宏）もずっと水槽の中で眠りについていたが、第六話のラストでついに目覚め、物語は一気に緊張と複雑の度を高めていく。

世間知らずの怪物くんは、人間界の矛盾とぶつかってもそれを乗り越え「友情サイコー」「失恋サイコー」「お年寄りサイコー」と叫んで成長していくが、それがちっとも説教臭くない。これもドラマの心地良さのポイントだ。

悪がテーマなのに後味が良い。これってサイコーです。

2010年4月17日㊏

	④日本テレビ	⑥TBS	⑧フジテレビ
9	00㋗Ⓢ㋢土曜の嵐第一夜・怪物くん開幕SP 新怪物くん「人間界で修行ザマス!!」大野智 松岡昌宏 稲森いずみ 八嶋智人 川島海荷 鹿賀丈史	00㋗Ⓢ世界・ふしぎ発見！アンコールワット誕生の陰に謎の民…寺院で起こる神秘現象▽壁画美少女に鍵 54㋗Ⓢコムダビ	00㋗Ⓢ土曜プレミアム のだめカンタービレ最終楽章・前編特別版「映画後編・公開記念新撮未公開映像と共に前編を完全復習！今夜限りの衝撃のラスト」上野樹里 玉木宏 瑛太 水川あさみ 小出恵介 ベッキー ウエンツ瑛士 山田優 竹中直人
10	▽10.10 緊急特番!! 嵐伝 嵐の波瀾万丈㊙映像…初公開…二宮引退危機 松潤と相葉ケンカ秘話 新曲初披露	00 ニュースキャスター ▽オバマ対談10分でも5月末決着に鳩山首相ナゼ強気？▽移設賛否揺れる島民2万7千人徳之島の生活事情とは	

061

龍馬伝

武田鉄矢、嫌いだけどその存在感は半端じゃない

スタジオに観客を何十人も入れて「この中で、武田鉄矢を好きな人は手を上げて」と訊いた時、「ハイ!」と答える人間はまずいないだろう。

私だって、そうだ。というよりも、嫌いだったよ武田鉄矢なんて。しかし『龍馬伝』で勝麟太郎（海舟）を楽しそうに演じる彼の存在感ある味わいを、誰が否定できるだろう。『JIN—仁—』でも、主人公の大沢たかおを支える緒方洪庵の役がなかなか渋くて「鉄矢、嫌いだけど巧いじゃん」とおどろかされたが。

シーズン1では《政治の魔》に憑《つ》かれた武市半平太《たけちはんぺいた》を演じる大森南朋のインパクトが際だっていたが、今季は武田鉄矢ともう一人、人斬り以蔵（岡田以蔵）役の佐藤健《たける》がなんといっても儲《もう》け役だ。

陰と陽。このドラマは登場人物たちの対比と振り分けが巧みだ。明るい龍馬と翳を引きずる半平太。そしてひと癖もふた癖もあるけどケケケケと笑いながら幕末を渡

	⑧フジテレビ	⑩テレビ朝日
7	00 字 熱血！平成教育学院 インテリ女芸人ＳＰ!! 米良美一生歌で情景Ｑ ▽江戸オモシロ珍問答 ▽みんドリ	00 Ｓ 速報スポーツＬＩＶＥ 決戦前夜!!日本VS韓国 Ｗ杯試金石▽独占入手 中田英寿×本田圭佑!! 緊張初対談
8	58 字 Ｓ レッドカーペット 超キレてるコラボ登場 なぞかけの匠Ｗコロン しずるバカリズム鳥居 中川家ザブングル小島 驚きＭＶＰ 8.54 字 N レインボー発・天	58 字 Ｓ 大改造!!劇的ビフォーアフター　まもなく結婚…16歳下の婚約者が悲鳴!! 砂まみれの家 さびた水道水で洗顔… ▽モダン!! 物置が茶室変身◇ N 天

販売元：アミューズソフトエンタテインメント

っていく海舟と、心酔する半平太に命じられるままテロリスト人生を加速させる以蔵。

対照的な二人が初めて会うシーンも印象に残った。武市に海舟を殺せといわれた以蔵が、龍馬に正体を見破られてしまう。なんでオマエこんな所にと問い詰める龍馬に、横から海舟が「おい、俺を斬りにきたんだよ。図星だろ」。

斬っても構わねえけど、その前に俺の話をとっくり聞きな。そういって自慢の地球儀を持ちだす。ここがアメリカで、ここがヨーロッパと地球儀を回して清国の脇の「このちっぽけな島が日本なんだぜ」と教えると「えー、これが日本！」とおどろく以蔵。気をよくした勝が「オマエさん、素直だね。気に入った、飲みにいこう」と誘う。「武市先生に叱られるぜよ」といって困惑する以蔵が可愛くてね。ユーモラスなんだけど、切ない場面だったな。

自分は学問もないから尊皇攘夷がどーたらという議論の輪にも入れない。武市先生のお役に立つにはどうすればいいか。そんな以蔵の気持ちを利用して暗殺者に仕立てあげていく半平太。龍馬と勝の、時代の先を見すえた関係とは対極的なつながりだが、これもまた男同士の濃い結びつきのひとつの在りかただ。そう、『龍馬伝』は男たちが斬り合い、陰謀を巡らし、そして抱き合って泣くドラマなのだ。

女優たちはなんとなく後景に退いている。お龍《りょう》役の真木よう子が、男たちのドラマにどう割って入り、存在感を発揮できるかが興味深い。

2010年5月23日(日)

<table>
<tr><th></th><th>①NHK</th><th>④日本テレビ</th><th>⑥TBS</th></tr>
<tr><td>7</td><td>00[字][二]ニュース7　普天間どうなる・鳩山首相が再び沖縄へ
30[字][S]ダーウィンが来た！謎の〝滑空〟生物登場ヘビも飛ぶ</td><td rowspan="2">00[字][S]ザ！鉄腕！ＤＡＳＨ　ＤＡＳＨ村ヒツジ物語初毛刈りで純白ウール▽謎の古道具クイズ！光の珍電話
58[字][S]世界の果てまでイッテＱ　イモトがハリウッドに進出ＳＰ…巨大熊＆虎対決！アクション映画に挑戦▽世界一大きな綿菓子作れ！ボビー涙◇[S]音ソノ</td><td rowspan="2">00[字][S]さんまのスーパーからくりＴＶ　アニソン帝王豪邸訪問でさんま超強烈奥様にタジタジ孫も初登場
57[字]オレたちクイズマン　有名人ご当地クイズ！▽山瀬まみお薦め…裏鎌倉巡りランキング旅▽友近が仲居をしてた道後温泉の旅館からＱ築地旅◇[N]</td></tr>
<tr><td>8</td><td>00[字][S][デ]龍馬伝「故郷の友よ」福山雅治　香川照之　大森南朋　奥貫薫　佐藤健　大泉洋　要潤　武田鉄矢
45[S][N][天]</td></tr>
</table>

062

美の壺

谷啓の後任、草刈正雄がすっかり番組になじんでいる

草刈正雄がね、いい味だしてるんですよ。軽いんだけど浮わついてない。

NHK教育『美の壺』の進行役が、谷啓から草刈正雄に代わったときは、おどろきと不安の声がかなり上がった。

私も最初は違和感を覚えたくちだ。でも、いつのまにか気にならなくなった。ちょっと芝居っ気を見せても、あとはふんわり自然体。番組にすっかりなじんでいる。

『美の壺』は、雑誌ならば『サライ』と重なる。浅草、アンティーク着物、花器、刺《し》繍《しゅう》、眼鏡、京の舞妓。ここ最近の企画リストだ。

つい先日は「熱帯魚」を放映した。値段も手頃で色彩も華やかなグッピーが紹介される。『美の壺』には〝鑑賞マニュアル〟の副題が付いている。ともすればマニアックになりがちな話題を、要領よく三つの「壺」にマニュアル化してくれるので助かる。

グッピーの大きく優雅な尾びれを映した後、《色とりどりの尾びれを愛でよ》とい

	⑧フジテレビ	⑩テレビ朝日
9 10	00字Sデ金曜プレステージ 絶対泣かないと決めた日～緊急スペシャル！「会社内のイジメ描く衝撃の問題作、再び！異動先の秘書室は女の蟻地獄…因縁の戦いに今夜ついに終止符！」栄倉奈々　藤木直人　要潤　杏　佐藤江梨子　木村佳乃 10.52字東京サーチ　代官山	7.54S涙のツボ～私は必ずコレで泣いてしまう～㊙涙腺プレゼンショー①浜田雅功が泣くＣＭ②アッコ号泣のＤＶＤドラえもん号泣秘話 9.54Sデ報道ステーション 谷垣総裁スタジオ出演〝参議院選挙各党首に古舘が聞く〟②自民党野党として何を訴える▽中継・純白あじさい

う第一の壺が読み上げられる。

呑気な草刈さん。「赤いスカート、ひらひらさせてるみたいで可愛いな」と呟くと、「派手な方が雄ですよ。雌の気を引くために」とナレーションが（古野晶子アナの落ち着いた声がぴったり）。草刈正雄は「娘が、こんな赤か黄色のひらひらした頭の奴を連れてきたらどうしよう」と大げさに困ってみせる。

そんな生きた化石みたいな人にには。ということで、一億年前から棲息するアロワナの映像へ。赤いアロワナは中国で大人気だ。赤が金運の象徴だからだ。二つ目の壺は《アロワナの赤いうろこに幸運への願いを見よ》だ。その後に最新の水槽デザインが紹介されて《魚の隠処《かくれが》作りに妙技あり》の言葉が。

そもそも、この回は、失恋でもしたのか、最近どうも元気がない娘に熱帯魚をプレゼントという話で始まった。〝水のある庭〟を扱ったときは、品川の池田山公園の池のほとりで「ここを歩くと、嫌なことが忘れられるんです。あっ、妻と喧嘩したとか、そういうことじゃないんですよ」とカメラに向かって喋ったり。

しかし家族の顔は映らない。たまに「あなたぁ」と呼ぶ妻の声がするだけ。そんなとき、ちょっと慌ててみせるコント風の演技が絶妙だ。冒頭の「モーニン」に始まるジャズの選曲も文句なし。半世紀前「ソバ屋の出前持ちも歌った」（Ⓒ油井正一）伝説の名曲「モーニン」同様に、往年の二枚目の魅力も色褪《あ》せていない。

2010年7月2日㊎

	③NHK教育	④日本テレビ	⑥TBS
9	00[字][S]趣味の園芸[再] 家で楽しむヒメシャラ ナツツバキ 30[字][S]やさいの時間[再] ニンジンを育てよう！ ◇トラッド	00[字][S][デ]金曜ロードショー「紅の豚」（1992年徳間書店・日本航空・日本テレビ・スタジオジブリ）宮崎駿原作・脚本・監督 [再]森山周一郎 加藤登紀子 桂三枝 上条恒彦 ▽地中海を豚が飛ぶ!? 宮崎監督が描くロマン	00[字]ＪＮＮ総力蔵出しＳＰ こんなの見たかった！ 超ブッ飛び映像祭2010 歴史に残る衝撃の瞬間 とっておき映像大放出 人気番組爆笑シーン＆新参者＆新ドラマＮＧ大連発！女子アナ赤面 奇跡の名珍ハプニング 国民的アイドル㊙映像大公開◇[天]
10	00[字][S]美の壺選 水中の宝石・熱帯魚 25[字]愛の劇場「妹背山婦女庭訓」三角関係・恋の闘いさく裂 50[字]W杯サッカー準々決勝	10.54[S]ちーすい丸　アニメ	10.54[字][S][新]私的音楽事情

063 うぬぼれ刑事

▼脚本クドカン、主演長瀬。つまらないはずないよな▲

もし長瀬智也みたいな刑事が行きつけの飲み屋に常連客でいたら、楽しいだろうな。十五歳のときからハンパな不良で、オマワリさんはどうにも苦手だった私が『うぬぼれ刑事《でか》』を見ていると、ついそんなことを考える。

本庁のエリート刑事が、女でしくじって私生活はぐちゃぐちゃ、世田谷通り署に飛ばされた。同僚は半ば軽侮し「うぬぼれ」と彼を呼ぶ。

そんな男が、常軌を逸した惚れっぽさと恋愛体質を武器に難事件に迫るプロセスが、笑えてスピーディで痛快。長瀬くんにぴったりだ。

第二話では、清楚な雰囲気のマッサージ師（蒼井優）に体を触れられた瞬間、コロリと参ってしまう。「この手はボクに好意を抱いているなってわかったんですよ」

脚本が宮藤官九郎で、プロデュースは磯山晶。ふたひねりツイストを効かせた笑いが生まれて当然だが、役者陣もいい味が出ている。

販売元：ＴＣエンタテインメント

	⑩テレビ朝日	⑫テレビ東京
9	00 [字][S] 崖っぷちのエリー「母ちゃん上京！涙のデビューと欲望の罠」山田優　塚地武雅　渡辺えり 54 [S][デ] 報道ステーション 政治に何ができるのか 厳しさ続く雇用の現実▽来年度予算どうする 菅内閣で協議▽石川遼 全英２日目番組内でスタート予定	8.54 所さんのそこんトコロ〝未知の深海でスゲーギザギザ生物を捕獲〟▽絶叫！地上100メートルで恐怖作業＆ありえねー美味㊙すし
10		00 [字][S] たけしのニッポンのミカタ　危険!? クセは直すな▽貧乏ゆすりでムクミ解消＆良い顔癖で人生成功 54 [N] ＷＢＳ

うぬぼれをズタズタにした元カノ里恵を演じる中島美嘉《みか》の存在感が際だつ。異常に嫉妬深く、恋人を束縛した女が、顔も見たくないと豹変する。出会い系で知り合った男と結婚して、いまでは絵に描いたような良妻だ。しかも夫の冴木優（荒川良々）は同じ署に赴任してきた同僚だ。泥酔した冴木を家まで送り、お茶でも飲んでいけばと誘われた後に大喧嘩が始まる。

マッサージ師に恋してると告白すると、「私だって毎晩マー君にしてあげてるわよ」。ショックでのけぞる長瀬。「ボクにはついぞしてくれなかった」とグチると、隣室で爆睡する冴木がプーとオナラをする。「付き合って一度も、ついぞ……オナラしたよ」。「だから何よ！」「……オナラしたよ」「二回言わないで。これが夫婦よ」。

うぬぼれ男たちが毎夜集まるバーの客もテンポよく、ママ（森下愛子）が最高。ラスト。結婚サギ師だった蒼井優に婚姻届と逮捕状の二枚を見せて、うぬぼれは二者択一を迫る。ボクと結婚すれば罪は見逃す。そう求愛するうぬぼれだが、「ごめんなさい」といって彼女は手錠の前に両手を差しだす。

わっ、手錠だ。モザイクがかかってない。清楚でナチュラルなイメージの蒼井優に、カネが命の悪女役を演じさせたセンスも鋭いが、ドラマとはいえ手錠の大写しにも衝撃を受けた。婚姻届と逮捕状。そんな公私混同の刑事でも、長瀬くんだと明るく爽やか。こんな刑事なら友達になれそうだ。

2010年7月16日㊎

	④日本テレビ	⑥TBS	⑧フジテレビ
9	00[字][S][デ]金曜ロードショー「ハウルの動く城」（2004年〝ハウルの動く城〟製作委員会）宮崎駿脚本・監督 [声]倍賞千恵子	7.56ぴったんこカン・カンスペシャル きっと…二人は結ばれるはずだ 高畑淳子と安住の結婚を予感させる北海道旅 ラベンダー畑…夏野菜	00[字]金曜プレステージ サイエンススペシャル それでも食べずにいられない③ 巨漢180キロ 無限の食欲と闘う少女 祖母と決裂…実母との
10	木村拓哉 神木隆之介 美輪明宏 我修院達也 原田大二郎 大泉洋 ▽見る度に新たな発見 魔法使いと90歳少女の世紀を超えた運命の愛	00[字][S][デ]うぬぼれ刑事「癒し系」宮藤官九郎演出 長瀬智也 生田斗真 中島美嘉 蒼井優 西田敏行ほか 54[字][S]私的音楽事情	再会で悲劇▽世界一の肥満男が250キロ減量…妻の㊙料理▽若さ保つ奇跡の野草▽宮根誠司ナビゲート 10.52[字]東京サーチ 代官山

064

GM～踊れドクター

▼「ファイヤー」と叫ぶ天才ドクター。ヒガシは儲け役だ▲

あのね、あんまり大きな声じゃ言えないんだけど、ヒガシがいいんだよ。東山紀之が主演の『GM～踊れドクター』が意外や掘り出し物で、一見の価値がある。劇中のヒガシの役柄は世界屈指の天才GM（総合診療）ドクター。おまけにこの天才医師は挫折したダンサーである。

二十五年前に「少年隊に続くビッグアイドル」としてデビューしたが、鳴かず飛ばず。生活の糧を得るため渡米してGM医になった。

つまりヒガシ演じるファイヤー後藤こと後藤英雄にとって、医者は単なる生活の手段に過ぎず、本来の職業はあくまでもダンサーなのだ。

難病を特定するシーンでは、疑いのある病名をラップのように唱えながら突如としてムーンウォークを始め、集中力をアップして結論に辿り着いた瞬間、声高らかに「ファイヤー！」と叫ぶ。あまりにも荒唐無稽な設定だ。なのに、まともな医療ドラ

	⑩テレビ朝日	⑫テレビ東京
9	00 [字][S][デ]全英オープンゴルフ「最終日」 青木功　羽川豊 戸張捷　松岡修造 ～イギリス・セントアンドリュース	7.54 [S]日曜ビッグ「2010夏〝自給自足物語ＳＰ〟大自然に生きる家族」屋久島で密林生活30年 食材も服も食器も作る 貧乏仙人のパラダイス
10	今夜歴史的激戦に決着 最年少賞金王・石川遼 聖地初挑戦に完全密着 初日好発進…大雨強風 粘り強く耐えに耐えて 上位争い…Ｖ圏内へ!!	9.54 [字][S]ソロモン流「巨大水族館の女性獣医師」漂着オットセイを救え ▽親子イルカ涙の別れ アシカ出産 10.48 [S]マネーの辞典

販売元：TCエンタテインメント

マになっている。総合診療というなじみのない医療法を紹介しながら、患者の症状から病名を二転三転しながらも絞りこむプロセスがテンポよく、難病が解明されたときのカタルシスは絶大だ。

ヒガシが迷いこんだ大学の付属病院の総合診療科は、ダメ医者の吹きだまりである。対人恐怖症（吉沢悠《ひさし》）、病的なオペ好き（小池栄子）、ゴマスリ男（生瀬勝久）、学内の権力闘争に敗れて飛ばされた、無類の女好きの新任部長（椎名桔平）。やる気があるのは、夢を抱いてソウシンを志願した研修医の小向桃子（多部未華子）だけ。病院版『ショムニ』だ。情熱もないし技術もない。そんな連中が、天才ドクターと理想に燃える研修医に刺激され、少しずつやる気を出し、仕事に誇りを持ち始める。

特筆すべきは、薄っぺらでウッ屈した中年男を演じる椎名桔平だ。女房に逃げられて、友達もいねえ。そう言ってダメ男は愚痴る。「オネーチャンなんて、落ち目になったら、真っ先にサヨナラだ」

ダンサー再デビューに汗を流す天才ドクターのバカっぽさと、人生に疲れたテキトー男の安っぽさが絶妙なコントラストを生んで、なかなか味わい深い効果をあげる。

そしてやっぱり多部未華子あっての『GM』だ。彼女のナイーブな天真爛漫さがあるからこそ、踊るヒガシも、ダメ医者も、リアルで愛すべき人物に映るのだ。可愛いだけじゃない。共演者を輝かせる力が彼女にはある。

2010年7月18日(日)

	④日本テレビ	⑥TBS	⑧フジテレビ
9	00[字]行列のできる法律相談所　芸能人本気ケンカＳＰ…あの有名文化人がキレて芸人殴る衝撃の映像公開 54[字]夢の通り道	00[字][S][新]ＧＭ〜踊れドクター「診断の天才登場」東山紀之　多部未華子　生瀬勝久　大倉忠義　吉沢悠　小池栄子　椎名桔平ほか	00[字][S]エチカの鏡　[秘]脳をダマし人生変えるＳＰ　高血圧冷え性予防から体形維持まで幸せ呼ぶ13の脳テク 54[字]理想の星〜車ノキセキ
10	00[字]おしゃれ　渡辺謙…妻南果歩の秘密暴露に大パニック⁉ 30[字]黒バラ　浩二VS具志堅偉大な因縁 56[デ]ガキの使い　松本絶句	10.09[字]風の言葉 15[字][S]となりのマエストロ　必ず成功する夏の旅館選びＳＰ志村けん絶賛電話＆９月料金で宿を見抜く裏技	00[S]Mr.サンデー　▽カギ握るみんなの党〝ワンルーム〟党本部ミヤネが訪問▽松本潤初夏のＢＢＱで大解剖▽主婦が借金難民に…

065

ホタルノヒカリ2

▼綾瀬あっての干物女だが、藤木直人もいいんだよ▲

あの、こんなこと言うとビックリする人もいるかもしれないけど、藤木直人がね、いい味だしてるんだよ。

もちろん『ホタルノヒカリ2』は綾瀬はるかあってのドラマだけど、干物女の雨宮蛍があんなにチャーミングに映るのは、藤木直人がいればこそである。

前作から三年。香港勤務を終えて本社に戻った蛍だが、日常生活のダメっぷりはさらに進化をとげた。仕事はきっちりやるが、家に戻ればジャージ姿でゴロゴロするだけ。そんな〈干物女〉に、決して少なくはないＯＬたちが共感を寄せたという。

私も前作をチラ見して、綾瀬はるかってダメ女が似合うじゃんという感触を得た。つづく『鹿男あをによし』でも、ほんわりしたダメダメな女教師を好演し、この路線をやらせたら敵なしの印象はさらに強まった。

仕事も日常生活も、呆れるほど超完璧主義者の部長（藤木直人）と、何事も「ま、いっ

	⑩テレビ朝日	⑫テレビ東京
9	00字S新・警視庁９係「殺人酵母」渡瀬恒彦　井ノ原快彦　羽田美智子　中越典子　原沙知絵	00字二水曜シアター９「プレデター」（ＨＤリマスター版）（1987年アメリカ）ジョン・マクティアナン監督　アーノルド・シュワルツェネッガー　カール・ウェザース他　声玄田哲章▽新作直前最強戦士VSエイリアン極限バトル
10	54Sデ報道ステーション　みんなの党・渡辺喜美代表に古舘が生で聞く第３極としての覚悟は▽新党改革・舛添代表たちあがれ・平沼代表▽W杯準決	10.54Sセイウチ

販売元：バップ

か」でやり過ごす対照的な二人がひとつ屋根の下でプラトニックに暮らす。

恋愛ドラマの側面を強調するため、今回は向井理がいまどきのイケメン男子として登場し、蛍に「俺、アンタに惚れたよ」と告白して、干物女の心をドキドキさせる。

えっと、向井くん、かっこいいです。小顔だし、物事にこだわらない若者を爽やかに演じてるし。でも、ずっと見てて気がついた。この役って、別に向井理じゃなくたっていいんじゃないかって。向井理の代わりはいる。小栗旬とか他にもね。しかし干物女と絶妙な掛け合いの出来る部長役は藤木直人だけだ。

みんな藤木直人を大根役者と思ってる。私だって『ギャルサー』とか見て、箸にも棒にもかからない俳優の印象しかなかった。でもね、このドラマだけは別。ジャージ姿の蛍と、甚平を着た「ぶちょお」が二人、縁側に座って缶ビールを飲むシーンの絵になることといったら。

もう決して若くはない、仕事は出来るけど融通のきかない男が、何かあると「めんどくしゃーい」で済ませる女に、いらいらさせられながらも、少しずつ自然と変化し、干物女のいい加減さを受け入れていく。そんな不器用な男が藤木直人に似合っていて、見る者をじんわり感動させる。

部屋でくつろぐ蛍が「ぶちょお」と甘えると、一緒になってゴロゴロゴロと畳の上を転がってあげる姿を見ると、私まで幸せになっていく。

2010年7月7日㊌

	④日本テレビ	⑥TBS	⑧フジテレビ
9	8.54字世界仰天ニュース〝芸人㊙苦労話ＳＰ〟▽今もオネショに悩む人気芸人…仲間の愛と苦悩の実話▽人間不信女ピン芸人	00字二デＩＲＩＳ　アイリス「今夜第２ステージへ突入！復活へ？二人の愛、友との絆！」イ・ビョンホン 54字Ｓ筋肉祭	00字Ｓベストハウス１２３セレブから凶悪犯までスゴい女大集合ＳＰ！①有名ブランド崩壊⁉極貧から成り上がった金の亡者…驚異の結末②王室スキャンダル！麻薬常習者の未婚母がプリンセスに大変身？③イジメで親友殺害？恐怖素顔ほか 10.48ベイビー◇54もう一杯
10	00字Ｓデ新ホタルノヒカリ２「恋よりビール！干物女の結婚大作戦⁉」綾瀬はるか　向井理　板谷由夏　木村多江　藤木直人ほか	00字Ｓイチハチ　史上最強マザコン芸能人決定戦　武道館アーティストも緊急参戦！㊙母親登場　小杉VS岩尾 54ＳＮＮＥＷＳ 23クロス	

066

Q10

野ブタのチームが問いかける「生きるって何」

やばいな。こんなに切なくて、抑制のきいた学園ドラマが見れるとはね。

繁華街の道ばたで、街灯にもたれるように少女が眠っている。やがて少女は人型ロボットとわかり、彼女を保護した酔っ払いが校長をつとめる高校に搬送される。

理科室におかれた彼女を、三年生の深井平太《へいた》（佐藤健）が見つける。半分開いた彼女の口の、歯に魅せられて指を入れる平太。奥歯に指が触れた瞬間、ロボットが覚醒し、平太はＱ10《キュート》と名づける。佐藤健の表情が、なんともいえず初々しい。学校生活にも将来にも期待を抱いていない。家では良い子だし、クラスでも人気者だ。でも目立ち過ぎることは決してしない。

生きることに臆病な高校生を、佐藤健は軽やかにポップに演じる。『龍馬伝』の〝人斬り以蔵〟役は鮮烈だった。武市半平太に尽くすため、暗殺を繰り返す哀しいテロリストは、『灰とダイヤモンド』のマチェックを幼くしたような切ない目をしていた。

	⑩テレビ朝日	⑫テレビ東京
9	00 [字][副][デ]土曜ワイド劇場「デパート仕掛け人！天王寺珠美の殺人推理④史上最強のクレーマー現る！遺産相続の悲劇と老夫婦の究極の愛社長殺害に秘められた驚愕の真実」松本美弥子脚本　中山史郎監督　泉ピン子　村田雄浩	00 [字][S]出没アド街ック天国「全国Ｂ級グルメ集結行田」名物フライ元祖豚ホルモン▽時代祭り城下町そば 54 [S]ぴかマン　秋ストール
10	◇10.51車窓 10.57 裏Ｓｍａ!!　香取慎吾	00 [字][S]美の巨人　光の画家モネの革新…積みわら連作の狙い 30 [字][S]ミューズ　風と共に去りぬ秘話 55 [字][S]スター姫さがし太郎

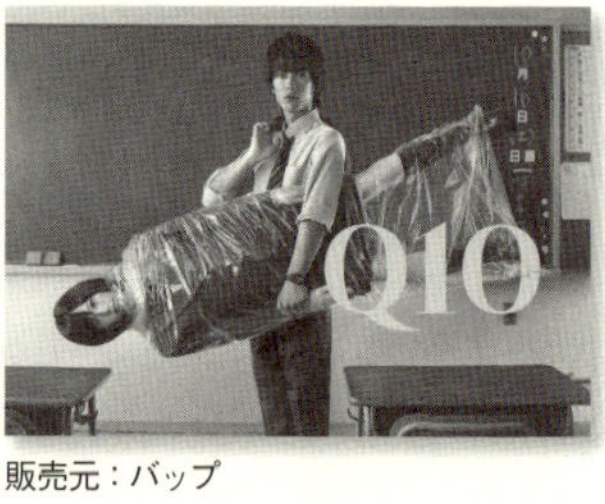

販売元：バップ

表面は陽気にみえる生徒たちもそれぞれ深刻な悩みがある。学年一の優等生の女子は容姿に自信がなく、アイドル好きがバレることを恐れている。学費も払えない貧困家庭の生徒は、ナイフで備品を切り刻む。アニメおたくの男子。孤独なロック少女。生きることに迷い、脅える彼らに、Q10（前田敦子）は「ココハ生キテイケル場所デスカ？」と問いかける。

友情を描いたドラマだ。そして無垢《むく》なロボットと、投げやりで消極的な少年との恋愛ドラマだ。それが少しも暑苦しくなく、静謐《せいひつ》な気配をただよわせて進行していく。

平太は幼いころ心臓の手術をして、いまも検査通院している。彼のポップな軽やかさは〈死〉と隣り合わせだ。

「オマエって、昔から嫌いだよなあ。花火とか長い小説とか」。やはり難病を抱える親友（池松壮亮）が話しかける。「だって終わると寂しいじゃん」

そんな平太がQ10に恋をした。学園祭の夜、落雷でQ10が死んだと勘違いした平太は号泣する。Q10の過去を知るらしい謎の少女（福田麻由子）は号泣する彼を「あんなの初めて見た。気持ち悪いと思ったけど、何か感動した」と誰かに電話で伝える。

奇跡的な青春ドラマ『野ブタ。をプロデュース』のチームが手がけた作品は「けなげ」がキーワードだ。胸に手術の跡がある少年と、捨てられたロボットが出会い、けなげで運命的な恋をする。

2010年10月16日㊏

	④日本テレビ	⑥TBS	⑧フジテレビ
9	00字Sデ新Q10「この地球上に自分より大切に思える人なんていないるんだろうか？」佐藤健　前田敦子　薬師丸ひろ子ほか	00字S世界ふしぎ発見！番組25年SP第2弾!!トルコ奇想天外遺跡紀行▽地底迷宮～天空ピラミッドへ 54字Sあすなろ	00字二土曜プレミアム　映画「スパイダーマン2」（2004年米）サム・ライミ監督　トビー・マグワイア　キルステン・ダンスト　ジェームズ・フランコ　A・モリーナ他　声猪野学他▽ヒーローが抱える苦悩と葛藤…宿命を受け入れ新たな強敵に挑め
10	10.09字S美しき躍動 15字デ嵐にしやがれ　怪優大泉洋がやって来た!!嵐に㊙授業…桜井説教&豪快!!男の即興料理　二宮と対決	00　ニュースキャスター　〝チリ鉱山33人事故〟落盤から73日現地取材第2弾▽奇跡の生還…立役者スゴ腕ドリラー&地下700㍍	

067

樹木希林、笑福亭鶴瓶

▼鶴瓶は黒いか白いか。さらっと言及した希林の凄さ▲

トーク番組は、なぜあんなに安っぽく見えるんだろう。

大物俳優やミュージシャンも、ポッと出の新人でも「安い」印象に変わりはない。泣かせる話、いい話に、ちょっと意外な日常のエピソード。作りは単純だし、ドラマや新曲のPRだと知ると、安さに拍車がかかるだけだ。

たまたま各局ザッピングしてたら、笑福亭鶴瓶が司会の『Aスタジオ』に樹木希林がゲストで登場した。

おっ、すごい。樹木希林が喋るんだ。そう思ったとき、トーク番組のチープさの理由がわかった。この人の話を聞きたい。そう思わせる個性派や実力派は、この手の番組には出ないのだ。樹木さんも一応は映画『ゴースト　もういちど抱きしめたい』の宣伝を兼ねての出演のようだが、本人はそんなのどうでもいいって気配がありあり。

鶴瓶が聞き手だから、楽しく話せそう。そう思って出演をOKした気がする。

11 深夜	⑩テレビ朝日	⑫テレビ東京
	11.10 字 S 車窓 15 字 S 秘密「東野圭吾原作～妊娠!!」志田未来　佐々木蔵之介　本仮屋ユイカほか 0.15 S 音魂　㊙パフューム 0.20 タモリ倶楽部　仏像の背中クイズ 0.50 お願い！ランキング　人気焼き肉 1.45 S 天才！ガリレオ脳研 1.50 ビューティ	10.54 N ＷＢＳ　ソウル中継　韓国強さの秘密に迫る　テレビ工場に初潜入▽キムチ行列▽世界最大百貨店戦略 0.28 Ｖ７　ネオスポーツ▽ 42 字 S デ 嬢王３▽1.23 S 宇宙犬 1.53 S ＦＡ赤い 2.23 S 夜の毎日かあさん 2.30 S 流派　ライムスターの下北散策

相手が一般人でも人気タレントでも、味のある会話や表情を引きだす力では、鶴瓶の右に出るものはいない。希林さんの「私、鶴瓶さんと同性じゃなくて良かったなあと。同性だったら、この役もあの役も全部もってかれちゃう」の言葉も、よくあるお世辞トークではないだろう。

樹木希林といえば内田裕也だ。芸能マスコミはその特異な夫婦関係に興味を向ける。鶴瓶が「すごい人と出会ったんですね」と言えば「やっぱり私の人生で、この人と出会ったことが、あの、おもしろくなりましたね」。このスタンスの取りかたが絶妙だ。

後半に入ったとき、希林さんが「あなたは、どの素人に対しても玄人に対しても、じつに気配りがあってね」。お疲れだろうから、きょうはそろそろと言ってから「でもね、この笑ってる陰に、ちょっと目が笑ってないときがあるの。それがすごくいいの」。

そうなんです。あんなに陽気なオッサン顔なのに、目が笑ってないときがある。私も三十年間、それが気になって仕方なかった。

私の場合だと、ストレートに「あれがいい」とは言い難い。それより、ツルべってこんな善人顔だけど、腹は意外とマッ黒じゃなかろうか。そっちが気になる。

鶴瓶は黒いか白いか。テレビを見ていて抱く最大の謎のひとつに、さらっと言及してくれた希林さんはさすがだ。互いに相手の魅力をスマートに引きだすトーク・バトルを久しぶりに堪能した。すっごく得した感じ。

2010年11月12日(金)

11 深夜	④日本テレビ	⑥TBS	⑧フジテレビ
	11.24 Ⓢ番組ナビ 30 字Ⓢアナザー　森田恭通デザイナー 0.00 字恋のから騒ぎ　10年愛VSゴリラ 0.28 Ⓝ ZERO　残るナゾ保安官はどう映像入手記者に告白 1.28 Ⓢハピ M 2.23 Ⓢゴースト 2.53 Ⓢ漱石の犬 3.08 ウケウリ!!	00 字Ⓢ A スタジオ　怪女優㊙樹木希林 30 Ⓢ Ⓝ NEWS 23 クロス　尖閣ビデオ流出、本当の動機は？ 0.15 世界バレー 0.30 Ⓢクローンベイビー「別れ」 1.05 Ⓢビジネス・クリック 1.10 Ⓢスパサカ　厳戒中国日本快進撃 1.40 あいまいナ	00 字Ⓢ人志松本○○な話　好評企画!! 遂にザキヤマが初登場 30 字Ⓢ僕らの音楽　平井堅　松嶋菜々子 58 Ⓝ JAPAN　字独占　焦点の島…未知の素顔▽0.23 Ⓢすぽると！・白鵬が自賛 1.05 Ⓢ 1924 1.35 字Ⓢ刀語 2.35 Ⓢスイーツ

068 SPEC

表面は平和だが、実は殺伐。時代の本質は暴力だ

一年も終わろうかという時季に、こんなドラマを見ることができたとはね。すごいよ『SPEC』。役者はいいし、話もおもしろい。テンポの良さと映像センスで、初回から楽しめた。

だけど、ここまでやるとはな。物語が一気に加速したのは第五話だ。当麻紗綾《とうまさや》（戸田恵梨香）の左腕を吊す三角巾に隠された凄惨な過去が、この回で明らかになった。

時間を止める超能力を持った謎の少年ニノマエ（神木隆之介）に手錠をかけた直後に激しい爆発が起き、気がつくと当麻の左の手首が、婚約指環をつけたまま現場にゴロンと転がっていた。

ドラマ全体の構図も奥行きを増し、複雑化していく。超能力を持つSPEC vs.公安警察という単純な抗争の図式から、ストーリーは大きく逸脱していく。公権力に対抗するためSPECたちは連携し、その中に主流派もあれば反発する勢力もいる。

販売元：キングレコード

	⑩テレビ朝日	⑫テレビ東京
9	00 字S 検事・鬼島平八郎「華麗なる真の黒幕」浜田雅功　内田有紀　ビートたけし　石橋凌　松方弘樹ほか 54 Sデ 報道ステーション　海保職員捜査に影響？胡錦濤国家主席が来日▽横綱・双葉山 69連勝の伝説…日本中が強さに沸いた▽事業仕分け独自検証	8.54 字 所さんのそこんトコロ　絶滅寸前？南島で〝ありえねー㊙動物〟発見▽衝撃！飛行機をギロチン切断＆おデブ魚の必殺技
10		00 字S たけしのニッポンのミカタ　穴場＆美人湯〝失敗しない温泉術〟口コミ＆露天風呂注意　太一新企画 54 N WBS

公安もダーティな諜報活動を仕切る津田助広（椎名桔平）たち公安零課が、警視庁と永田町の裏で暗躍する。

裏切り、密告、内通、二重スパイ。謀略と暴力の渦巻く世界を、白い包帯で左腕を吊った女刑事が、髪はぼっさぼさ、ダサい黒のリクルートスーツ姿で、キャリーバッグを右手でゴトゴト引きずり、危険な現場を飛び回る。

ほぼスッピン。なのに凛々《りり》しいほどに美しい。壮大でディープ、かつ複雑なドラマが、戸田恵梨香カラーに染め上げられていく。いつのまに、こんなSPECを持つ女優になったのか。「かわいい」とか「美少女」の形容詞さえ軽々と超越してしまった。物語がスケールアップしていく速度に合わせて、彼女の演技も幅を増し、微細なニュアンスまで表現していく。

一人の少女が女優として急成長していく瞬間に立ち会えた至福感に包まれる。

『ケイゾク』のスタッフが製作した『SPEC』は、前作とよく比較される。でも『ケイゾク』伝説に縛られることはない。『SPEC』は二〇一〇年の空気とスピード感を、ぎりぎりまで描き切った。もっといえば、この時代の本質までも。それは何か。

暴力だ。公安K察と「世界のキング」を自称するSPEC少年に象徴される暴力が、いま世界を覆っている。表面は平和だが実は殺伐とした内乱の季節。腕に包帯の戸田恵梨香は、公安とSPECに戦いを挑む。美しい大食い刑事の伝説が残った。

2010年11月12日㊎

	④日本テレビ	⑥TBS	⑧フジテレビ
9	00字二デ金曜ロードショー「トワイライト　金曜ロードショー特別版」キャサリン・ハードウィック　クリス・ワイツ監督　ロバート・パティンソン 声ウエンツ瑛士　桐谷美玲▽純愛！サスペンス！全世界熱狂大ヒット作を特別編集版で初放送	7.56中居正広のキンスマ　ニセモノか？本物か？戦場に居ない戦場カメラマン渡部陽一の真相を暴く…あなたは突然どこから現れたのか？	00字副金曜プレステージ　山村美紗サスペンス　京都源氏物語殺人絵巻「香のかおりに殺意をのせて…男と女の狂った愛情と欲望が起こす殺人連鎖！死体に残された源氏物語の謎と哀れな過去」浅野ゆう子　遠藤憲一　美保純　山村紅葉
10		00字SデＳＰＥＣ「堕天刑事」戸田恵梨香　加瀬亮　福田沙紀　城田優　大森南朋　椎名桔平　童雷太ほか 54字Ｓ３０Ｓｔｙｌｅ	10.52相武紗季の㊙リポート

069

デカワンコ

ゆるいD級ドラマと思いきや、見どころ多し

所属事務所は何を考えているんだろう。仕事の中身、もう少し吟味しなくっちゃ。

多部未華子の新ドラマ『デカワンコ』の番宣や記者会見をみて、溜息《ためいき》がもれた。警察犬並みの嗅覚をもつ警視庁の新人刑事が、フリフリの服を着て難事件を次つぎ解決。この紹介だけでD級感が伝わる。匂いで犯人を嗅ぎわけるのはいいとして、なぜロリ系コスプレにする必要があるのか。安易だよなあ。

ハナッから期待もせずに見た『デカワンコ』だが、始まってびっくり。テンポがいいし、ヒロインの刑事、花森一子《いちこ》の弾けっぷりが楽しい。

やっぱりすごいや、多部未華子は。設定や展開にユルさも感じるが、跳んだり笑ったり、一人でグイッグイ引っぱってラストに着地させた。

殺人が起きて、しかも犯人は一子の部署の先輩というのに、事件解決後の後味も決して悪くない。さすが多部ちゃん、お手柄、お手柄。

	⑩テレビ朝日	⑫テレビ東京
9	00字副デ土曜ワイド劇場「ショカツの女⑤母娘を誘拐された女刑事！容疑者は現役警察官か？殺人現場に残された謎の血文字！誘拐に秘められた驚愕の真実を暴け!!」片平なぎさ　南原清隆　河相我聞　冨士真奈美 ◇10.51車窓	00字S出没アド街ック天国〝食通が集う路地裏店築地明石町〟食べ放題マグロ＆欧風もんじゃ貝づくし鍋 54Sぴかマン　静電気対策
10	10.57裏Ｓｍａ!!　香取慎吾	00字S美の巨人　モロッコ天才マチスが極めた色…青い裸婦 30字Sミューズ　スタンドバイ・ミー 55字Sスター姫さがし太郎

販売元：バップ

これが第一印象だ。翌日もう一度、見た。共演者の数は多い。捜査一課13係の仲間は、新人の「キリ」こと桐島竜太（手越祐也）から、主任で容疑者を自白させる「落としの重さん」重村完一（沢村一樹）まで七人。おお『七人の刑事』じゃないか。おまけに、ここぞというシーンではＢＧＭに『太陽にほえろ！』のメロディーが流れる。元相撲部の和田（石塚英彦）は「チャンコ」だ。こんなネーミングとか、もしかして『太陽にほえろ！』へのオマージュかパロディか。

第一話で佐野史郎が演じる警部補は、暴力団に内部情報を流していたことを追及され凶行に及んだ。残り六人の刑事も殉職ないし転勤などで姿を消すこともあるのか。他にも吹越満や大倉孝二がいい味を出している。だが一時間で、こうも役者がいては、個性を印象づけるのは難しく、今後の課題だろう。

そんななか、ふっと力を抜いても存在感の伝わるのが、警視総監役の伊東四朗だ。一子に「服、それで、ずっといくの？」。「ハイ！」の即答が返ると「あ、そう。がんばってね」。この軽味がいい。

名脇役といえば、ミハイルも。鑑識きっての嗅覚を持つ名犬だ。ミハイル・フォン・アルト・オッペンバウアー・ゾーン号。略してミハイル。今季やたらと多い心理捜査官より聡明である。警察犬と一緒に被害者の靴をくんくんと嗅ぎ当てる、多部未華子の考え抜いた体当たり演技で、寒い夜、ほっとしたいものだ。

2011年1月15日(土)

	④日本テレビ	⑥TBS	⑧フジテレビ
9	00[字][S][デ][新]デカワンコ「ライバルは警察犬」多部未華子　沢村一樹　手越祐也　吹越満　石塚英彦　佐野史郎　伊東四朗ほか	00[字][S]世界ふしぎ発見！沖縄最強パワースポット神の島へ!! 謎の海底遺跡にお宝が！巫女が守る神秘村 54[S]明日は冬のサクラ	00[字][二]土曜プレミアム 映画「インディ・ジョーンズ　最後の聖戦」（1989年アメリカ）スティーブン・スピルバーグ監督 ハリソン・フォード ショーン・コネリー他 [声]玄田哲章▽ルーカス＆スピルバーグの最強タッグで贈る冒険映画最高傑作!!
10	10.09[S]ちーすい丸　蚊が！ 15[字][デ]嵐にしやがれ　先輩東山紀之が超スパルタ地獄の筋トレ…嵐悲鳴＆マイケルＱで踊る…東山VS松潤	00　ニュースキャスター▽凶器＆血痕残し逃走5日…老夫婦殺傷男のナゾを追え▽20歳女性衰弱死…ネット出会い同居の女がサギで逮捕	

070 香川照之

ただの芸達者ではない、もっと過剰な人間だった

すごかったよ、香川照之。いや、ドラマじゃなくってバラエティ番組なんだけど。安住《あずみ》紳一郎の『ぴったんこカン★カン』に出た香川照之は、尋常じゃないテンションでもって、普段の倍の二時間SPを押し切った。

暁星小学校のころ、大使館のドーベルマンに追いかけられた話から始まり、次はボクシングの聖地、後楽園ホールに。香川は十三歳から通いつめた超マニアだ。ホールに入ると、タッタッタと走り最後列の席にいく。「誰が来てるか、ここから見るの」。元ボクサーとか関係者をね。

お、私と同じだ。後楽園ホールはプロレスの聖地でもある。二十年前、ジャパン女子のガラ空きの会場で「また堺屋太一が取巻きとリングサイドにいるぞ」なんてね。

グローブを手にとり、中学時代の思い出を話す。家でシャドーボクシングしていた香川少年だが「こうやって左手（のグローブの紐《ひも》）をとめると、右手をとめる人がい

	⑩テレビ朝日	⑫テレビ東京
8 9	7.00 Ⓢ祝ドラえもん三大祭～第１夜～ドドーンと映画３時間スペシャル▽福山雅治アニメ声優初挑戦！その名も福山雅秋…㊙オマケ映像も▽45日本アカデミー賞・優秀アニメーション作品賞受賞作初放送！映画「ドラえもん・のび太の人魚大海戦」（2010年藤子プロ他）	7.54 Ⓢこの日本人がスゴイ〝女が時代をつくる〟30年以上…貧困と闘うハイチのマザーテレサ〝東京タワー〟の照明革命も女性 8.54 字Ⓢたけしのニッポンのミカタ！これ見れば夫婦の不満＆男女の謎㊙解決ＳＰ　女の話＆買い物が長いVS男が話聞かない＆謝らぬ秘密

ないんですよ」。もう安住は大受けである。

「お婆ちゃん、お婆ちゃん。これとめてくれる」。すぐお婆ちゃん役に。「照之、どうやってとめるのかわからないよ」。安住は笑いの発作に。シャドーを終えると、今度はとってくれる人がいない。「お婆ちゃん!」。腰を抜かして笑う安住。「母子家庭なんで。お婆ちゃんしかいないから、二人でスパーリング」。達者な役者だから演技も入ってる。でも興味の対象に話が及ぶと興奮物質が出まくって、周囲も磁場の圏内に。

この後、二人は石垣島で憧れの具志堅用高に会うが、具志堅さんも香川に負けない。中学時代にバイトしたパイン畑に行った。

何を思ったか具志堅さん、手に持ったパインに左パンチを炸裂させた。四発目で果実が割れ、中の実を出して「こうして食べるパイン、うまいぞ」だって。「いま、ちょっとやってみたくなって」初めてパインを素手でカチ割ったという。香川がすかさず「具志堅さんに今、野性を見た気がします」とコメント。

香川照之がただの芸達者ではない、もっと過剰な人間だとわかったのが収穫だ。そこに反応する安住君もナイス。亜熱帯の石垣島で、香川と具志堅というマレビト二人を、スーツ着用で、冷静に裁いてみせるレフェリー役は見事というしかない。

以前に高田純次のユルユル喋りで笑いこけたことがあったが、危険ゾーン手前のテンション・トークで二時間も笑い転げたの、初めてだよ。

2011年2月11日㊎

	④日本テレビ	⑥TBS	⑧フジテレビ
8	7.00 字Ｓデ 金曜特別ロードショー「沈まぬ太陽」(2009年『沈まぬ太陽』製作委員会) 山崎豊子原作 若松節朗監督 渡辺謙 三浦友和 松雪泰子 鈴木京香 石坂浩二 香川照之 木村多江 清水美沙 鶴田真由 柏原崇	7.56 ぴったんこカン・カンスペシャル 石垣島に行かせてくれ！龍馬伝汚すぎる岩崎弥太郎役香川照之が安住に懇願…そこは神とあがめる具志堅用高の生誕の地…本人ドッキリ登場で大暴走…パイナップルに世界を制した左パンチ…ペンギン食堂の食べるラー油	7.00 R―1ぐらんぷり2011 ピン芸人日本一決定戦 緊迫の舞台を生放送!! 超過酷!! 新ルール採用 激闘トーナメント戦!! ピン芸王者は誰の手に
9			00 字Ｓ 金曜プレステージ 顔も声もご本人と一緒 爆笑そっくりものまね紅白歌合戦スペシャル 白熱ものまね日韓対決 ①楽しんご㊙ＳＭＡＰ

071

相棒　シーズン9

▼公安ネタの最終回に、震災後の無能な政治家が重なる▲

ついに『相棒』は、ＮＨＫ大河さえ凌ぐ、テレビドラマ界トップの座を不動のものにした。七週連続で視聴率20％を超えるひとり勝ちだ。

人気の秘密は何か。杉下右京（水谷豊）と神戸尊（及川光博）。二人の押しつけがましくないスマートで爽やかな正義感が、高い支持を受けているのは間違いない。

巨大地震が東日本を襲った二日前、シーズン9の最終回ＳＰが放映された。途切れることないサスペンスの連続の中に、『相棒』が視聴者を引きつけるもうひとつの特徴が、色濃く浮かび上がる。

極左テロ集団〝赤いカナリア〟の元幹部、本多篤人（古谷一行）が死刑執行された。獄中の元法相、瀬戸内（津川雅彦）が右京と尊を呼びだす。「本多は死んでねえ。生きて釈放されちまった」。〝赤いカナリア〟の残党が、生物兵器によるテロ実行の中止の見返りに、本多の釈放を要求していた。死刑囚の釈放という超法規的措置を隠密裡《おんみつり》

	⑩テレビ朝日	⑫テレビ東京
8	00 字 S デ 相棒～最終回ＳＰ「亡霊」 水谷豊　及川光博 岸部一徳　益戸育江 古谷一行　内山理名 木村佳乃　津川雅彦 白竜　リキヤ 川原和久　大谷亮介 山中崇史　六角精児 山西惇　小野了	00 字 S いい旅夢気分　圧巻白銀の流氷と北海の幸カニ＆イクラ食べ放題格安宿▽ＳＬ＆砕氷船無料の露天 54 S Ｂｅｅミュージアム
9	◇世界街道 9.54 S デ 報道ステーション	00 字 S 懐かし名曲＆㊙映像やりすぎベストヒット▽熱唱！光ゲンジ復活＆楽しんごのグローブ▽マッチの伝説裏事件宿命のライバルと接触

販売元：ワーナー・ホーム・ビデオ

に実行するため、選りすぐりの公安チームが作られていた。トップは衆院議員の片山雛子《ひなこ》（木村佳乃）。彼女は安全保障担当の総理補佐官だ。

　ふだんは市井の犯罪を扱う『相棒』だが、ときおり公安事件がらみの回がある。二重スパイ、テロ、公安調査庁。茶の間から遠い話題を、なぜ執拗に取りあげるのか。

　都市伝説や陰謀史観のカジュアルな流行も背景にある。大事件のたび「あれは実はね……」と人びとは興奮気味に〝真相〟を語る。しかしそんな幼稚でオタクな妄想より、切実な気分がある。「政府が本当の情報を国民に教えてない」という不信感だ。機密情報を隠蔽する政府と公安に屈しない右京と尊。そんな危ないテイストが何滴か『相棒』には混ぜられている。

　地震の直後から、福島原発の現状を楽観的に伝える官房長官の枝野幸男を見て、『相棒』最終話を思いだしていた。しかし片山雛子らは事態を把握したうえで策謀を巡らす。一方の菅と枝野には隠蔽すべき〈本当の情報〉の持ち合わせすらない。狡猾《こうかつ》にして無能な政治家の実態が晒されたいまだから『相棒』はリアルだ。

　かつてのテロを悔いる古谷一行も好演だが、彼の一人娘を演じる内山理名の昏《くら》いエロスがただよう表情が印象に残る。野心家の代議士役の木村佳乃が想像以上にハマっておどろく。腹黒いけど明晰《めいせき》。バラエティの仕切りの要領で国民に訴える節電大臣（あの蓮舫《れんほう》だ！）にせめて百分の一でいいから、片山雛子の知性があれば。

2011年3月9日㊌

	④日本テレビ	⑥TBS	⑧フジテレビ
8	7.56 笑ってコラえて　熱血ＥＸＩＬＥ VS新体操部　雪に誓う湯気出し乙女　ダーツ言い間違い王＆14歳でスノボ世界一！プロ中学生	7.55 爆問パニックフェイス　ヨンアが夢中になる㊙変顔探しゲーム▽実の母がしかける人気芸人ドッキリ▽おばけ心霊ビビリ顔	7.57 字Ⓢはねるのトびら　百円ショップ緊急企画　高額品を選ばなければ過去の自腹ウン百万円全て返金!!岡田准一も必死で挑戦
9	8.54 字世界仰天ニュース　〝羊水でママ絶体絶命衝撃アレルギーＳＰ〟▽ハムスターに触れて生命の危機▽花粉症が超スッキリ	00 字Ⓢくらべるくらべらー　恋人・結婚相手の相性は生まれ順で決まるのか？▽新垣結衣も驚き超激似ＣＭ 54 字Ⓢタヒチへの旅	00 字ホンマでっか!?ＴＶ　やせやすい季節は春!?忍者式㊙ダイエット？ＩＫＫＯ相談で評論家大パニック 54 字Ⓢベイビースタイル

072

水野倫之（NHK解説委員）

東電よりの専門家がはびこる中、一人毅然ともの申す

もう三十年以上も前になるだろうか。小説家の山口瞳がグラスを手に「露骨は、いやですね。露骨は……」と呟くウイスキーのCMがあった。

震災このかた、テレビはこれでもかこれでもかの、露骨な画面のオンパレードだ。

地震の発生直後、フジテレビにチャンネルを回すと、ヘルメット姿の安藤優子さんが猛烈な勢いで喋っている。明らかにドーパミン出まくりの躁《そう》状態で、各地とのリレー中継を一人で仕切り、両脇の局アナには口を挟ませない。

露骨はいやですねという言葉が、このとき初めて頭に浮かんだ。ハイテンションが止まらない安藤さんのヘルメットには、局のロゴ・マークがプリントされていた。

ニュースや特番で何百回と映しだされた〝津波〟も露骨の極みだった。岩手在住の小説家、高橋克彦さんが「身ひとつで避難した人たちが、ああいうものを見られなくてよかった」と書いていた。そんな常識が、報道スタッフから消し飛んでしまったのだ。

	⑧フジテレビ	⑩テレビ朝日
0	00[字]ウチくる!? 久本雅美 地元自慢㊙絶品焼き鳥 ▽上地雄輔	00 スクランブル 水から放射性物質 55[字][S]新婚さん ヨン様に勝つ韓流夫
1	00[字][S]リアルスコープ[再] ワンピース㊙制作現場 駄菓子工場	1.25[字][S]アタック まさかの大逆転!?
2	00[字][S]ノンフィクション 特選・乙女たちの約束 48年後の絆	00[字][S]世界の子供がＳＯＳ ＴＨＥ仕事人バンク!! ～今夜！第６弾放送～ ▽ケニアに井戸＆タイに水車◇[N]
3	00[S]みんなのＫＥＩＢＡ 「高松宮記念」ＧⅠ！ 短距離王は	3.30[字]Ｑさま!![再]

煽情的な映像とは趣を異にしたロコツもある。閣僚たちが着た防災服の偽善も、露骨きわまりない。防災服の襟を立ててコンビニ視察したり、プロ野球セ・パ同時開幕の世論に便乗して、セ・リーグに節電を要請したと自分の手柄のように話す蓮舫に激しい反発が起きるのも当然だ。そんななか、浅ましい計算をせず、感情にも流されない人間が奇跡的にいた。ＮＨＫ解説委員の水野倫之《のりゆき》だ。

民放に出演する専門家の大半は、事態を楽観視、鎮静化する東電寄りの人間だ。各局に出まくりの赤ぶちメガネの学者などは、枝野の「ただちに健康に影響はないが」どころではない。この数値なら野菜を食べても、雨を浴びても大丈夫と断言した。しかし水野解説委員ひとりは「基準値を超えた野菜は絶対に食べないでください」と警告を発し、東電と政府の見解に疑問を投げつけていく。

古舘伊知郎も、震災の数日後には舵《かじ》を切った。色々と問題はありますがと断ってから「現場の作業員の方たちを応援しましょうよ」とトーンを変えた。異常数値が出ても、批判的コメントはせず「心配ですね」と受け流すだけ。機を見るに敏というか、露骨ですねえ。

お洒落なメガネやシャツは身につけていないけど、権力におもねることなく、意見もブレない。水野倫之さん、そんなあなたの愚直さが、テレビの信頼度を支えています。がんばってください。

2011年3月27日㊐

	①NHK	④日本テレビ	⑥TBS
0	00字二N原発 40S特集・双方向解説～未曽有の事態にどう対応するか　地震・津波被害と原発事故▽被災者支援▽放射線の影響はFAX03（3465）1292（中断N）	11.45Sスクール革命　必見今読むべき㊙ヒット本 0.45字Sひるザイル㊇お取り寄せ	11.45アッコにおまかせ！今週のお騒がせ芸能人徹底検証…▽脳活性Ｑ
1		1.15そこまでやるかマン！爆笑映像集	00字噂の！東京マガジン怒る住民！魚と観光の町に産廃場
2	2.40S選抜高校野球～甲子園　関西×東海大相模（中断N） 【中止】2.40自然百景	00S沖縄国際映画祭ＳＰ！スリムクラブが初司会芸人㊙競演	00　芸能人が見た！天然スクープ!! 54S今夜は金八先生ＳＰ
3		00字金プラ!!池上彰くんに教えたい10のニュース再　本当に戦場取材？	00字S革命ＴＶ　芸人取材韓流科学！ 30　３年Ｂ組金八先生㊇再

073

おひさま

脚本・岡田恵和は戦争を薄っぺらな歴史観で描かない

朝の連続テレビ小説『おひさま』を見ていて、印象に残るエピソードがあった。

主人公の陽子（井上真央）が師範学校を卒業して、安曇野の母校で教師生活をスタートさせたのは、戦時色も濃い昭和十六年の春だ。

尋常小学校は国民学校と名を変え、竹刀を持った代用教員たちが幅を利かす。将棋をさしながら中村（ピエール瀧《たき》）は「歩」の駒を陽子に見せて「わしらの役目は、お国のために命を捧げる〝歩〟を作ることだ」と言い放つ。

『おひさま』には悪人がいない。生徒に容赦なく体罰を科すピエール瀧は、ただ一人の存在感ある敵役だった。戦局が悪化し、中村にも赤紙が届く。彼は語る。

「小学校の時、大好きな先生がいてね。野球の上手な先生だった。その先生に会いたくて、朝早く学校に行って、球を投げ合った。あんな先生になりたかっただね」

粗暴で威張りくさった男にも、ひとかけらの純情があった。

	⑧フジテレビ	⑩テレビ朝日
8	00 とくダネ！ ①菅首相〝条件付き〟で退陣？執行部と深夜の攻防戦結末は②原発の再稼働決断…揺れる町民複雑胸中③放射能で異変…お茶の基準	00 モーニングバード！嫁姑トラブル？37歳女夫の実家に放火し全焼▽都知事がＪＲ東日本に激怒!! どうする帰宅困難者▽５万円以下！激安結婚式
9	9.55 Ⓢ知りたがり！退陣要求にも粘り腰…菅首相が続投にこだわるワケ▽美空ひばり二十三回忌なぜ今も人気	9.55 字ちい散歩　八百屋に看板猫？突撃お庭拝見川崎稲田堤
10		10.30 字Ⓢ銭形平次 再「追いつめられた平次」

販売元：TOEI COMPANY,LTD.

当時を回顧して、陽子（若尾文子）は「中村先生は、そのまま帰ってこなかったわ」と、彼を悼《いた》むように話す。やはり悪人は一人もいない。

女学生から新米の教師を経て、松本市内の蕎麦《そば》屋に嫁ぐまで。難しい役を、井上真央はこなしていく。太陽の陽子さん。文句なしの好演だ。

特筆すべきは、脚本の岡田恵和《よしかず》だ。なぜ朝ドラとは無縁な私が、『おひさま』だけは見るのだろう。それが不思議だった。ある日、脚本・岡田恵和とあるのに気づく。そうか、『銭ゲバ』も『小公女セイラ』も、岡田恵和だったな。女学校時代の親友たちとの友情や、貧しさを描く感触が、それらのドラマと重なる。『ちゅらさん』も彼の手になる作品だ。

戦争を描くスタンスが絶妙だ。緒戦の勝利に誰もが「万才！」と歓喜した。一部の軍人と政治家だけが悪くて、国民は戦争の被害者だったという、薄っぺらな歴史観はない。そして敗戦の後もなお続く虚脱感をていねいに描く。

陽子の大好きな兄の春樹（田中圭）も帰らなかった。彼が淡い恋心を抱いていた陽子の親友、真知子（マイコ）への真摯な手紙と、それを受けとるマイコの哀切な表情にも、心を打たれた。下の兄の茂樹は、戦地から無事に帰った。「自分が生き残ったことが恥ずかしい」といって茂樹は泣く。多くの人に苦難を負わせても、形だけの謝罪と土下座をして恥じない電力会社と政治家の厚顔と比べずにはいられない。

2011年6月21日㈫

	① NHK	④日本テレビ	⑥ TBS
8	00 字 副 デ おひさま 井上真央ほか 15 S 双 あさイチ ①非常食買いすぎた缶詰活用法 ②初歩からのスマホ▽災害・家事・主婦も便利▽ 80 歳デジ女（9.00 字 N 天）	00 S スッキリ !! 海に転落絶体絶命カナヅチ男性九死に一生…命救った携帯電話と３つの奇跡▽なぜモヒカン？遂に堀江貴文受刑者を収監▽独占！スピルバーグ監督語る名シーン秘話▽美の裏技	5.30 S デ みのもんた朝ズバ続投意欲満々の菅首相 8.30 字 はなまるマーケット 安藤美姫…滑れない⁉驚き金メダル舞台裏＆23歳の素顔▽夏の最強シソ常備菜
9			9.55 買いテキ！
10	00 N 天 ◇ 05 字 S 歌うコンシェルジュ フラワーレッスン▽パリ最先端の流行と技	10.25 S ＰＯＮ！ 316 日目緊急企画〝世界ＤＶＤおもしろ映像大公開〟	10.05 二 韓流セレクト カムバックマドンナ私は伝説だ 浮気の証拠地上波初！

074 世界ふれあい街歩き

▼良質の旅番組をぶち壊す、アナログ放送終了テロップ▲

わ。なんだなんだ、これは。朝遅くに起き、テレビをつけてぼんやり画面を眺めたら、ぎょっとなった。画面の左隅に〈アナログ放送／終了まで／あと23日！〉の大きな文字が映っている。文字も大きいが、わざわざ改行して三行もスペースを占拠しているから、見るものへの威圧感も大きい。

本来なら、くつろぎタイムである金曜日の夜に、目障りな警告テロップが映りこんだ受像機で『世界ふれあい街歩き』を見た。

オランダのアルクマールは運河で栄えた、古い商店街が残る美しい街だ。木靴の店があった。九割の視聴者はわかったと思う。木靴がずらりと並んでいるのに、「雑貨屋さんかな?」などと、白々しいナレーションが流れる。

この『世界ふれあい街歩き』はかなり良質の番組だ。人の好みはまちまちだが、この番組に限っては、多種多様な人に好まれているようだ。電車と喫茶店で一回ずつ「あ

	⑧フジテレビ	⑩テレビ朝日
9 10	00 字 S 金曜プレステージ 絶対零度～未解決事件特命捜査スペシャル!!「悲劇の夫婦に悪魔の囁き～産婦人科医師の死の裏に14年前の女性殺人事件と臓器売買～時を越えた父の祈りと母の後悔～真実を知る時、最大の未解決と衝撃の殉職が!?」上戸彩 宮迫博之 山口紗弥加	7.54 Mステーション夏SP 大好評企画の完結編！最も売れた17歳は誰？23歳で一番売れたのはサザン・嵐・ミスチル B'z ザード SMAP 9.54 S デ 報道ステーション 全壊マンション100棟 住民合意の高い壁が…建て替えへの長い道▽混迷きょうも原発国会▽全米女子ゴルフ詳報

販売元：ポニーキャニオン

たし、あの番組って大好き」「あたしもよ。さすがＮＨＫよね。品があるもの」などと、この番組をネタに大いに盛り上がってる御婦人がたをお見かけしました。

毎回うっとりするような街歩き映像には、さすがにならない。特にナレーションが大事でね。ピカイチは、なんといっても中嶋朋子だ。

南スイスのルガーノを六月に紹介したときも絶品だった。坂道の大きな洋館で庭いじりする女性に声をかけて、「わぁ、きれいなお庭ですねえ」と、ふんわり脱力系で話しかける。屋敷を見せてもらうと、百歳のおばあちゃんがいるんだ。「そうかぁ、ここで百年間もずっと暮しているなんて、すてきだなあ」

四月のソウル、ミョンドンも良かった。オフィス街に小さな路地がある。昔はにぎやかだったと爺さんが声高に喋る。「オジさんもこの路地のお店で楽しく遊んでたのね」と柔かく中嶋朋子が受けとめると、街と爺さんのほろ苦く味わいある話が生まれる。

一方、この回は番組テロップに「アナログ放送は、あと何日！」が重なって最悪だった。木靴屋の主人に、何を売る店か訊くと「終了まで木靴やブラシや日用雑貨です。あと16日！からのものばかりよ」とテロップがごっちゃになり、何が何だかわからない。奇妙な笑いさえ浮かぶ。

アナログ放送が終わる直前のドタバタ劇で、上品な御婦人たちの愛する番組も、ドシャメシャですわ。嫌ねえ。

2011年7月8日㊎

	① NHK	④日本テレビ	⑥ TBS
9	00字二ニュースウオッチ9 スペースシャトルの次は…日・米・中の競争最前線▽世界が注目！カリスマ日本人音楽家を井上直撃	00字Sデ金曜ロードショー「魔女の宅急便」（1989年徳間書店他）宮崎駿監督・脚本 声高山みなみ（二役）佐久間レイ　山口勝平 戸田恵子　山寺宏一 加藤治子　大塚明夫他 ▽ちょっとドジな13歳キキと一緒に大冒険！涙と笑い大人への一歩	00字中居正広のキンスマ 住民票を茨城に移して1210日…ひとり農業に金スマメンバーが来た 採れたて夏野菜で絶品料理…簡単トマト鍋&丸ごとキャベツ煮込みに中居うなる…田植えで安住がスネる…北斗夫妻が夢の新居造りをお手伝い… 10.48天◇54字30Ｓｔｙｌｅ
10	00字Sデ世界街歩き　オランダ北部アルクマール▽運河、風車、伝統のチーズ市▽木靴の店◇遺産◇N天 55字S50ボイス		

075

大塚範一

▼なでしこたちに余計な気を遣わせる『めざまし』のドン▲

いまさらではあるが『めざましテレビ』、大塚範一《のりかず》キャスターについて考えたい。

以前からその人となりが、無意識レベルでは気になっていた。それが一気に「この人って、何者？」という考察の対象となる契機があった。

女子W杯サッカーで優勝を決めた日本チームが『めざましテレビ』にも出演した。出演者たちが「おめでとうございます」と声をかける。

大塚さんはひときわニッコニコの笑顔になっている。アナウンサーの一人が「どうですか〝めざまし〟のスタジオの雰囲気は？」とハイトーンの声で訊いたときは、正直ソファから腰がずり落ちた。

〝なでしこJAPAN〟のメンバーは、やや顔を引きつらせながらも「すごく明るいですね」と答えてくれる。ウヒャヒャヒャヒャとますます上機嫌の大塚キャスターは「みなさん〝めざましテレビ〟は見てますか？　いつも見ている人は、手を上げて」とさ

	⑩テレビ朝日	⑫テレビ東京
早朝	4.55 Ⓢ㋢世界水泳上海2011▽シンクロチームテクニカル決勝 6.45 ㋢やじうまテレビ！原田芳雄さん急死盟友語る役者魂▽なでしこ密着記者が秘話生証言▽最新台風	5.05 J◇てれとs◇買物◇🅽モーサテ 6.40 ハロー！毎日かあさん 45 Ⓢおはスタ「夏休み直前だ！最新おもちゃSPイナズマ」
7		7.30 ㋓Ⓢのりのり！のりスタ　カッピ
8	00 モーニングバード！7月最強の大雨台風が列島直撃！最前線から生中継	00 Ⓢ地デジⒹエンタメ情報 04 Ⓢものスタ　お部屋プチリフォーム 56 ⓈEモニ

2004 2005 2006 2007 2008 2009 2010 2011 2012 2013 2014 2015 2016 2017

らなる口撃を仕掛ける。

顔を見合わせ、困惑気味におずおず手を上げる澤キャプテンたち。まわりを見て仕方なく手を途中まであげる選手も。大塚さんの笑い声だけが、虚ろに響き渡る。

本来なら特別ゲストに最大限に気をつかうところを、自分の番組をアピールし、国民的ヒロインたちに余計な気配りを強いる。〝大塚さん問題〟が浮上した瞬間だ。

思えば、つい二、三年前まで、春と秋の番組改編期に、〝あの大物司会者は降板！〟リストの筆頭に挙げられていた大塚さんだ。それが羽鳥&西尾コンビの常勝「ズームイン」を蹴落とし、いまや早朝の覇者である。

あい変わらず滑舌は悪く、オープニングの挨拶の直後に「さて、福島第一原発の状況ですが……」といって、二秒ほど次の言葉が出ないこともある。隣の生野陽子アナや背後のアナウンサーたちが無言のうちに緊張する気配がピリピリ伝わってくる。

でも、大塚さんはそんな不体裁など、すぐ忘れる。得意のスポーツや好みのタレントの話題になると、また上機嫌のウヒャヒャの笑い声がスタジオに谺《こだま》する。

六時の直前に、女子アナたちを従えて、産直品を使った何種類もの料理の皿を平らげていく様子は、さながらハーレムの王族のようでもある。

大塚範一、六十二歳、（たぶん）独身。運か実力か、はたまた時代が彼を求めているのか。勝ち誇ったかのような哄笑はいつまでつづくのか。

2011年7月20日㊌

	④日本テレビ	⑥TBS	⑧フジテレビ
早朝	4.00[デ]おは4[N] 5.50[S][デ]ＺＩＰ！ 凱旋！なでしこジャパン会見	4.35[S]世界陸上８月開幕 4.45[N]◇早ズバ 5.30[S][デ]みのもんた朝ズバ 世界一凱旋！なでしこ	4.03[N]めざにゅ 5.25めざましテレビ[N][天] 世界一なでしこ生出演
7	▽大型台風６号進路は▽武井咲の素顔大解剖▽扇風機の賢い使い方▽原田芳雄さん死去…▽北海道旅	激闘の舞台裏に迫る!! ①佐々木監督生出演で戦い終えた胸の内激白②感激感動の帰国会見▽大型台風６号上陸？	凱旋喜び金メダル秘話 あの感動をたっぷりと▽台風６号が列島接近▽原田芳雄さんが死去▽佐藤隆太
8	00[S]スッキリ!! 台風猛威 堤防も決壊…緊迫中継▽なでしこ①凱旋直撃〝守備の要〟語る秘話	8.30[字]はなまるマーケット 若手スゴ腕シェフが10分で作る絶品カレー	00 とくダネ！ なでしこ生出演①執念の同点弾 捨て身の退場…舞台裏＆素顔すべて聞きます

076

おひさま

お涙頂戴に終わらせなかった、ほろ苦い朝ドラ

最終回まで、もう残りは僅か。朝の連続テレビ小説『おひさま』を欠かさず見る生活はまだ続いている。こんなことってあるんだなあ。NHKの朝ドラ的世界からもっとも遠い男が、半年もの時間、たっぷりドラマに浸ることができた。

ヒロイン陽子（井上真央）の存在が、もちろんドラマの核だ。でも同じくらい見ていてうれしいのは、その周囲に集う人間までが、彼女と触れ合うことによって、幸福そうになっていくことだ。

現在の安曇野で、東京の主婦（斉藤由貴）が、蕎麦屋の主人（若尾文子）から、戦中、戦後の回想を聞くという構成になっている。

「お話をうかがってると、陽子さんのまわりの女性って、みんな魅力的ですよねえ」

斉藤由貴がうっとり呟く。

ドラマを貫く太い芯は、女学校時代からの親友、育子（満島ひかり）、真知子（マ

	⑥ TBS	⑧フジテレビ
8	5.30 みのもんた朝ズバ！ 東日本縦断台風爪あと 8.30 [字]はなまるマーケット ごまパワーで若返り!!	00 とくダネ！ 台風15号 首都直撃①暴風で列車 停止…総力取材〝帰宅 困難者〟悲鳴②天達が
9	老舗直伝の㊙万能ダシ ▽80歳直前に初体験！ 宇津井健▽便利グッズ 9.55 買いテキ！通販ツウ	水害危険箇所を追跡！ 見えた弱点③被災地は その時…列島縦断猛威 9.55 知りたがり！
10	10.05 [二]韓流セレクト 韓国版・花より男子 結婚前夜の突然の告白 伝説ヒット胸キュン作	台風 15 号が列島上陸 ①関東直撃し被災地へ 各地で死者も…爪痕は ②地下に巨大な空洞も

販売元：TOEI COMPANY,LTD.

イコ）との変わらぬ友情だ。戦火に焼かれ、心に秘めた恋人を戦争で喪《うしな》っても、彼女たちは自分の力と、陽子の優しさによって、悲しみの底からはい上がってくる。

半年間の放映を振り返って思う。ああ、これは今の日本に住む者にとってのファンタジーなのだな、と。戦争の時代に、大切なものを奪われながらも、無垢な明るさと、強い生命力を持った〝おひさま〟のようなヒロインがいたおかげで、みんな笑顔を絶やさずにいられた土地が、信州の一隅に奇跡的にあった。そんな日本人の切ない願望が込められていたから、多くの人が見つづけたのではないか。

男たちは、誰もが控えめで誠実だ。陽子の夫、和成（高良健吾《こうらけんご》）は優しく家族を支え、野心も持たず、妙な自己主張もしない。黙って、魅力的な女性たちに接する男たちの姿は、静かな感動を誘う。脚本の岡田惠和は、しかし苦いテイストも一滴たらす。陽子の初恋の人、川原（金子ノブアキ）は、満州で妻に死なれ帰国した。酒に酔った彼は、幸福な人びとに叫ぶ。

「この国の連中は……忘れ過ぎだよ。あの戦争はすっかりなかったことになっているのか！」と川原は吠える。「俺は嫌だね、そんなの。たとえ日本中が忘れて幸せになっても、この気持ちのまま生きつづけて、この気持ちのまま死んでいく」

こんな偏屈な男を登場させたことで、ドラマに深みが生まれた。十代半ばに、世間に対して覚えた違和を、いまもどこかに抱えて生きる私にも、ぐさり突き刺さった。

2011年9月22日(木)

	①NHK	④日本テレビ	⑤テレビ朝日
8	00 副字デおひさま 井上真央 高良健吾 15 あさイチ ①台風縦断意外な危険が続々！②新連ドラ舞台を先取りカーネーション岸和田だんじり！女子はこう楽しむ（9.00字N天）	00 スッキリ!! 台風上陸①首都圏混乱！夕食時に停電・帰宅ラッシュ直撃・スカイツリーは②被災地の住宅街冠水③土砂ダム危機▽野田首相世界デビュー仁実夫人と園児㊙話▽千葉でジンベエザメと泳ぐ	00 モーニングバード！〝最強台風〟が列島を縦断!!東京も暴風雨が帰宅ラッシュを直撃！進路は被災地へ…冠水被害が続出▽妻夫木聡羽鳥だけに明かす秘密
9			9.55 字ちい散歩 本川越で秋の絶品こっくり味＆おいしい初物を収穫
10	00 N天◇05字歌うコンシェルジュ 開高健・釣って食べて生きた▽未公開音声と映像の証言	10.25 PON！ 健康㊙野菜 高良健吾＆春馬に突撃モデル生プロポーズ!?	10.30 字暴れん坊将軍再 松平健

077

落合博満

▼当意即妙でブレないトーク。常勝監督の理由がわかった▲

いいもの、見せてもらったなあ。この一言に尽きる。

日曜深夜の『Ｇｏ・ｉｎｇ！』の冒頭で〝退任発表から3日の落合監督を江川が直撃〟のテロップが流れた。スタジオで江川は、「緊張の連続でした」と語る。あの神経の太そうな江川が、あっさり認めたんだよ。ナゴヤドーム入りした江川は、直撃取材の確証がとれないと感じて、小走りで監督の部屋へ直接交渉に赴く。

待つこと五分。江川が「ＯＫでました」といって、外に出てくる。「十二時過ぎたら——三塁側にトラックがあるんだって——その上でやるってよ、三分」

それにしても落合の演出は意表を衝き、効果も満点だ。グラウンドを走る、ちっこいカートみたいな奴。あそこで三分だけ話そうっていうんだ。その落合監督、登場。

小型トラックに向かう落合を、ひょこひょこ江川が追っかける。「よしっ」といってクルマの小さな椅子に、落合が座った。江川に「座らせてやるよ。はるばる来たん

11 深夜	⑦テレビ東京	⑧フジテレビ
	10.54 ｎｅｏスポ　セ激戦！▽ナゴヤ決戦…中VSヤ▽伝統の一戦…神VS巨	11.09 字 １Ｈセンス
	11.30 字 ＧＴ＋　ＢＭＷ圧巻スーパーカー大接近でタイトル争いに大異変	15 Ｆ１シンガポールＧＰ可夢偉鈴鹿まで２戦！危険なナイトレースを駆け抜ける▽ベッテル世界王者決定なるか!?
	0.00 ＳＨＯＷＢＩＺ㊇　今夜が最後！最新映画と洋楽情報が満載！◇N	0.55 N◇ 1.05 すぽると！新体操団体の五輪挑戦なでしこ川澄パレード
	0.35 東京Ａ　デザイン＆アートニュース	1.35 ベビスマ　変身
	1.05 さまぁ～ず㊇	1.50 アナバン　中野対加藤
		2.15 Ｗ杯バレー完全ガイド

だから」と声を掛ける。しびれたね。文字にすると偉そうだけど、淡々とした口調で自然体なんだ。選手がバッティング練習してる後ろに停まったちっちゃなクルマのシートに、大きな男が二人、体寄せ合って喋り始める。

じつに絵になるんだよ。ここからは、落合博満の名語録オンパレードだ。野球観を問われれば「優勝することを大前提にして、やればいいんじゃない」。野球が上手くなるのに必要なものは？　即座に「体力、技術」。一拍おいて「精神力ってのは、やっていけば、ついてくるんだ」。

私は最近の落合って、好きじゃなかったんだ。いつも辛気臭い顔してね。それが、たった数分間のトークで、がらり印象が変わった。私情をはさまず、勝ちにこだわる姿勢も見上げたものだが、江川の質問に答える、当意即妙な、しかもブレないトーク術に感心した。

連想ゲームのようにドジョウ総理、野田佳彦の顔を思いだす。党代表選直後こそ、さすが辻説法で鍛えた名演説と評価されたが、国会が始まったら、化けの皮がはがれた。野党と論戦ができないのだ。はぐらかすか、ズレた答を返すかで、対話が成立しない。相手の質問を、真正面から打ち返せない。だから記者会見も開けない。

尊大にも卑屈にもならず、要点だけを答えていく。かっこいいよ、落合博満。何度も優勝した理由がわかった。

2011年9月25日㊐

	④日本テレビ	⑤テレビ朝日	⑥ TBS
11 深夜	11.30 字 デ Mラバ アンジェラおめでたカバーＳＰ！津軽海峡＆クイーン松田聖子＆B'z名曲はるな愛壮絶失恋暴露 55 Ｇｏｉｎｇ　緊急特集中日・落合監督が退任江川が急きょ名古屋へ落合×江川因縁の歴史 0.50 字 ドキュメント'11解剖…死者の声を聞けなぜ息子は死んだのか	00 字 バラ色の聖戦「普通の主婦が世界的ショーへ敵は150人のモデル!!奇跡の一発大逆転!?」吹石一恵　要潤 55 やべっちＦＣ　注目の五輪エース清武が語る勝利へのパスに込めた思いとは▽長友、香川森本超速報＆混戦J!! 0.30 Ｇｅｔ N　独占取材!!日本代表ストライカー	00 字 情熱大陸　なでしこ沢10年の軌跡川澄丸山他㊙映像もふんだんに！ 30 字 ホンネ日和　つるの×養老…おバカ＆バカの壁が語る教育＆子育て 0.00 Ｓ・１　激アツ！セパＣＳ争い大特集ＳＰ！落合解任騒動…揺れる中日が首位猛追＆ＴＧ３位争いは!? 徹底詳報 0.50 ツボ娘

078

家政婦のミタ

▼能面のような松嶋のアップ。このアイデアがすべてだ▲

感情はいっさい表にだすことなく、目の焦点もどこを向いてるのかわからない。松嶋菜々子が演じる〝謎の家政婦〟の、そんな顔のアップをフル活用することで、番組カラーを印象づける。

制作サイドが、このアイデアでいこうと決めた時点で、勝負はついた。

最初にタイトルを目にしたときは、市原悦子ドラマの題名を一字もじっただけの、小学生並みの駄ジャレじゃないかと呆れかえった。ところが、この番組名が予想以上に効いてくる。無口な彼女が発する〝決め〟のセリフは、「家政婦の三田です」と、仕事を命じられたときの「承知しました」の二つだけなのだから。

ドラマの作りは、かなり雑である。三田が派遣された家は、母親が川で溺死《できし》してまもない、高校二年生から五歳の幼稚園児まで四人もの子どもがいる阿須田《あすだ》家だ。

反抗期の子どもたちが騒いでも、頼りない父親（長谷川博己）は何ひとつ自分では

	⑦テレビ東京	⑧フジテレビ
9 10	00 字 水曜ミステリー9 刑事吉永誠一涙の事件簿「虹が消えた交差点～殺人現場に謎の文字デート詐欺の毒牙が狙う第三の女！父と娘が涙した裏切りの真実」 船越英一郎　中山忍 真野あずさ　鈴木一真 伊藤かずえ　国広富之 10.48 とんとんみーの冒険 54 ＴＸビジネスレポート	7.00 字 世界体操東京 2011 「男子団体決勝」 9.30 字 ベストハウス１２３ 子を守れ！最強母ＳＰ 直ちに人体への影響はありません…真実追求企業・行政のウソ暴露恐怖の汚染と闘った母▽末期がんの息子へ…奇跡の手紙▽肉親殺害どん底から立ち直った女性歌手▽奇跡の再会

販売元：バップ

決められない。何かと世話を焼きたがる母の妹、うらら（相武紗季《あいぶさき》）も、がさつな性格が災いして、家を引っかきまわして混乱させるだけだ。

でも大丈夫。家政婦の三田さんがいる。母親の死をどう受け止めていいか混乱する子どもたちから、遺品の衣類を「捨てちゃって！」という声が上がれば、「承知しました」と三田さんは庭にどんどん放り捨てる。「あんなもの焼いちゃって！」といわれれば、石油をかけて、無表情に火をつけていく。

ここが初回のハイライト・シーンだ。無表情に仕事を片づけていく松嶋菜々子の姿にコーフンし、思わず爆笑することしきりだった。不気味さとブラックな笑いが同居しているのが強みだ。

いわれたことは何でもこなすスーパー家政婦。「人を殺せといったら、本当にやりかねないんで」と家政婦紹介所の所長（白川由美）は冗談めかして語った。能面のような顔のアップと、命令には逆らわずどこまでも行動をエスカレートさせるという単純な二つの設定だけで、演出と大人の役者の手抜き、薄っぺらさも吹き飛ぶ。

家族が束の間、穏やかな温もりを取り戻したかに見える場面があった。しかしそのとき居間の隅で、じっとたたずむ松嶋が映ると、この先まだまだ恐ろしい事件がこの家を襲うことが予感される。

家族と家政婦の秘密を抱えたまま、松嶋はクールに行動を加速させていくはずだ。

2011年10月12日㊌

	④日本テレビ	⑤テレビ朝日	⑥TBS
9	7.00 笑ってコラえて！番組支局をローマだけじゃなくて世界中に作ってしまいましたアーンド美女だらけ3時間祭り 9.54 字心に刻む風景	7.00 字池上彰が伝える世界 世界情勢を知ることで日本の未来を考える!! ▽北朝鮮から緊急報告 市場で人民元が流通？夜中は町が真っ暗に!? 9.54 デ報道ステーション 電気自動車最新モデル横浜に集結…エコだけでない注目の技術とは 超安価な蓄電池も開発 ▽なぜ荒川にアザラシ	00 字やっちまった伝説3 爆笑エピソード大暴露 衝撃映像＆名場面SP ①雨上がりチクリ連発 ②優香仕事中オナラ!? ③つるのヒーロー列伝 ④スケバン刑事㊙映像 ⑤アイドル写真集鑑定 ⑥宮川大輔元カノ登場 ⑦バブル時代㊙結婚式 10.48 Jリーグ予報 54 N NEWS 23 クロス
10	00 字デ新家政婦のミタ「崩壊寸前の家庭にやって来た笑顔を忘れた氷の女…」松嶋菜々子 長谷川博己 相武紗季 忽那汐里 白川由美		

079

妖怪人間ベム

▼『野ブタ。』から6年、ついに亀梨和也が掴んだ適役!!▲

文句なしの傑作ドラマだ。番組名や、変身メイクをチラ見して〝なんだ、子ども騙しの妖怪ドラマか〟という先入観を抱いた人も多いだろうが、今季お勧めの一本だ。テーマ、構成、キャストの三要素とも、水準を軽くクリアしている。人間でも動物でもないベム（亀梨和也）、ベラ（杏《あん》）、ベロ（鈴木福）の三人が妖怪人間だ。六八年に放映の原作アニメは未見なので、何の先入観もなしに、今回の実写版を見た。

オープニング直後に「その醜《みにく》い体の中には、正義の力が隠れているのだ。その生き物は、人間になれなかった妖怪人間なのだ」というナレーションが流れる。

醜い体。化け物。失敗作。劇中ではドキリとする言葉がたびたび使われる。恐らくどこかのマッド・サイエンティストが、功名心に駆られたか、独善的な理想に燃えたのか、人工生命体を作ろうとして実験に失敗し、彼ら妖怪人間が生まれた。

〝フランケンシュタイン博士の怪物〟とも通底する哀しみが、このドラマには基調低

<table>
<tr><th></th><th>⑦テレビ東京</th><th>⑧フジテレビ</th></tr>
<tr><td>9</td><td>00㋛出没！アド街ック天国
「横浜下町に世界の味
京急鶴見」めずらしい
お総菜▽有名焼き肉店
絶品スープ＆人気パン
温泉プール◇ぴかマン</td><td rowspan="2">00㋛土曜プレミアム
ＩＰＰＯＮグランプリ
今夜決定!! 大喜利王者
松本人志絶賛のおバカ
回答大連発!! 絶対王者
バカリズムを倒すため
歴代王者が全員参戦 !!
ジュニアが設楽が有吉
が徳井がスリムが小木
がアンガがホリケンが
桂三度が…超緊張対決
豪華女優陣も笑い泣き</td></tr>
<tr><td>10</td><td>00㋛美の巨人　謎の天才 !?
〝雪村〟作られた経歴
水墨画にアニメの技法
30　ｎｅｏスポ　ガチコン
紺野の拳が !!▽ピンチ
浦和＆どうなる横浜…</td></tr>
</table>

販売元：バップ

音として流れている。どんなに激しい活劇シーンが展開されても、カタルシスが訪れることはない。人間の身勝手さと己れの出自に絶望した彼らが咆哮《ほうこう》するシーンは、切なく、そして美しい。

人間とは何か。単純だがシリアスな問題意識がブレることなくドラマを貫いているから、大人の鑑賞にも耐えられる。

妖怪人間は、老いもしないし、死ぬこともない。そんな彼らの悲哀を、亀梨和也が丁寧に演じている。

この日を何年、待ったことか。『野ブタ。をプロデュース』（〇五年）以来、そのキャラと合うドラマに恵まれなかった亀梨だが、ようやく適役と出会えた。六年、待った甲斐があった。『野ブタ。』の修二が帰ってきた。

杏も好演。「ベロ。何回いわせりゃ、気がすむんだい」といった姉御風のセリフは、普通は聞いてるほうが恥ずかしくなるが、彼女だと気にならない。性的な匂いを感じさせない透明感が、気が強いけどナイーブなベラ役に、ぴたりハマッた感じだ。

もちろん福くんは、何をやらせても可愛い。見かけは六歳でも、何十年も生きてるから、つい「ガビーン」なんて死語を口にしたりして、ベラに叱られたりね。

妖怪は死なないが、人間はいつか死ぬ。それでもベロは「オイラ、人間になりたい」という。直球だけど、考えさせられる言葉だ。

2011年10月22日㈯

	④日本テレビ	⑤テレビ朝日	⑥TBS
9	00字デ新妖怪人間ベム「悪を倒し闇に隠れ生きる妖怪が今甦る！はやく人間になりたい」亀梨和也　杏　鈴木福　柄本明　北村一輝ほか	00字デ土曜ワイド劇場「山村美紗サスペンス京都・嵯峨野トロッコ列車殺人事件！祇園祭愛人同伴ツアー、貴船の流しそうめんが暴く水上密室の謎」波多野都脚本　上杉尚祺監督　藤谷美紀　田村亮　原田龍二　伊藤かずえ　映美くらら　山村紅葉	00字世界ふしぎ発見！英国・美しき緑のコッツウォルズ▽食の大革命＆舟で散策絶景運河泥沼シュノーケリング 54 南極大陸・日曜夜9時
10	10.09中田英寿日本をつなぐ 15字デ嵐にしやがれ　天才三谷幸喜が脚本・監督史上初!!番組中に嵐の主演オリジナルドラマを作る!!驚きの結末が	10.51字車窓◇57裏Ｓｍａ!!	00 ニュースキャスター▽独裁42年カダフィの最期…拘束死亡の真相▽出会い系交際…19歳少年はナゼ44歳女性に〝頼まれて刺した？〟

080

深夜食堂2

▼丁寧に作りこむといい味が出る。食べ物もドラマもね▲

次回が楽しみでワクワクするようなドラマが二、三本あるだけで、テレビの画面はにわかに華やかになる。秋ドラの充実は、ゴールデン&プライム枠にとどまらない。平日の夜中、ひっそり放映される三十分ドラマにも見ごたえ充分のものがある。

小林薫が主演の『深夜食堂２』の味わい、これは癖になる。「営業時間は夜の十二時から朝七時ごろまで。人は深夜食堂っていってるよ。客が来るかって？　それが、けっこう来るんだよ」。マスター役の小林薫が穏やかに語り終えるとドラマが始まる。

繁華街の路地裏にある小さな店。新宿ゴールデン街だな。オシャレじゃないけど、敷居が低くて居心地よさそうなんだよ。客が勝手に注文して「出来るもんなら作るよってのが、俺の営業方針だ」。

今期のタイトルを並べると「再び赤いウインナー」「唐揚げとハイボール」「あさりの酒蒸し」「煮こごり」「缶詰」。おいしそうだろ。

	⑦テレビ東京	⑧フジテレビ
11 深夜	11.58 ネオスポ　プロ野球！ 0.12 [字]極嬢　恋愛討論会！ 彼の性欲を抑える方法 0.53 アンチャＴＶ 1.00 今夜もドル箱Ｓ　激連 豊乳美女が慶次に興奮 1.30 ガンダム07 板倉小隊 2.00 買物の時間　お得情報 2.30 Ｖの流儀　アドミニ他 3.00 もえこん◇15 女子プロ 3.45 音楽◇50 てれとｓ 4.30 戦パラ極[再]（4.40 終）	11.15 [字]キカナイト 今夜は裏取り調査ＳＰ さまぁ～ずバナナマン 有吉おぎやはぎ山崎！ 45 [字][N]ＪＡＰＡＮ　進路は リケジョ揺れる乙女心 0.10 すぽると！　優勝Ｍ１ 中日連覇達成なるか？ 0.50 おかっち認定漫才師！ 1.00 世界は言葉　有吉設楽 1.25 [字]百識王　一号店探検 1.55 本田　名曲クッキング

販売元：アミューズソフトエンタテインメント

ウインナーで酒を呑むヤクザ（松重豊）がいる。高校野球で福岡一の強打者だった。甲子園出場が決まった直後、女子マネージャーとデートしていてチンピラに絡まれ喧嘩になり、出場辞退になる。彼女（安田成美）はお弁当に赤いウインナーを持ってきてたんだ。タコの足が六本の。

彼女は難病を再発して、余命いくばくもない。かつてのチームメイトで、いまは刑事の光石研が、ヤクザを見舞いに強引に誘う。病室で「こいつ赤いウインナーばかり食いよるぞ。女々しか男やろ」と光石。「うれしか」と安田成美がはにかむ。

あ、電話が本庁から、と座を外す光石。彼も安田成美が好きだったのに、あえて二人きりにさせたのだ。彼女の息子とキャッチボールして、フェンスにしがみつき号泣する光石研の背中に心が震えたよ。

カレイの煮つけで出来た煮こごりを、ちょびっとずつゴハンの上にのせて、おいしそうに食べる楚々とした若い女がくる。居合わせた青年が一目ボレした。女は親の借金返済のために働く、売れっ子ソープ嬢だった。清楚でどこか薄幸そうな横顔に見覚えがあって、しばらくして気がついた。ＮＨＫの朝ドラ『おひさま』で井上真央を可愛がった夏子先生（伊藤歩《あゆみ》）だった。

ありあわせのもので、うまい飯を客にだす。それと同じように、予算の枠内で丁寧に作りこみ、役者も手を抜かずに味のある演技をする。短いけど贅沢なドラマなんだ。

2011年10月18日(火)

	④日本テレビ	⑤テレビ朝日	⑥ TBS
11 深夜	11.58字新ＫＡＴ―ＴＵＮの絶対マネたくなるＴＶ 亀梨㊙料理＆中丸絶叫 0.29 レコＨ　ベニ失恋秘話〝チャラ男との別れ〟 0.59 ちはやふる「ふれるしらゆき」声瀬戸麻沙美 1.29 ＳＫＥ48　恥モノマネ女王様コスプレ大暴走 1.59 浜ちゃんが　㊙ＮＭＢ 2.29 二スーパーナチュラル 3.24 デ通販デパ深◇ 54 N	11.15字中居正広の怪しい噂の集まる図書館　便秘で死ぬ？ 0.15 音魂　斉藤和義が登場 0.20 お願い！ランキング プロが全部食べて審査 ファミレス美味格付け ▽最新㊙スマホグッズ …妻夫木聡も◇全力坂 1.21 ソフトくりぃむ　浅草 1.51 私のホストちゃん 2.21 相棒だ◇11人も◇買物	11.45 南極大陸・日曜夜９時 50字イカさまタコさま 一般人も逮捕できる⁉ 0.20 ビジネス・クリック 0.25字男のヘンサーチ‼ Ｖ６ VS未婚女性100人 0.55新深夜食堂２「再び赤いウインナー」小林薫 1.25 鶴瓶のスジナシ 意外性女優犬山イヌコ 1.55 二パスタ再（字幕） 3.10 カイモノラボ（4.45）

081

家政婦のミタ

▼視聴率40％！「ミタ旋風」に抱いた複雑な気持ち▲

夕方のＪ－ＷＡＶＥ（ＦＭ局）で、ＤＪのピストン西沢がおどろいていた。

「エッ！『家政婦のミタ』って最終回、40％だったの。まるでサッカーの試合みたいじゃん」

私はおどろくというより、すこし複雑な気持ちになった。夏の女子Ｗ杯サッカーを観戦して感じた満足感と爽快感には、いささかも不純物は混じらず、迷いもなかった。

そこへいくと『家政婦のミタ』最終回のユルユル感と腰くだけぶりは、あまりにも対照的だ。〈業務命令〉という形だが、ミタさんは阿須田家の家族と視聴者の期待に応えて、ついに〝笑顔〟をみせた。家族の一員になってという虫のよい命令も、いつものようにクールに計算し尽くした対応でやんわりかわし、円満に彼らと別れていく。

すべてが予想どおり。なんのサプライズもない。この日初めて見た人は、どう思ったろう。家族になった途端、みんなに厳しく接するなんていう、あんな子どもダマシ

	⑦テレビ東京	⑧フジテレビ
	00 字 水曜ミステリー9	00 字 トリビアの泉
	山村美紗サスペンス	10周年〝へぇ〟祭りは
9	不倫調査員・片山由美	ベストオブベストで…
	「京都伏見・月下美人	承知しました！ＳＰ
	殺人慕情～鬼姑ダメ嫁	▽日本刀VSピストル！
	修羅場の真実！闇の花	▽防弾ガラスVS大砲！
	が誘う復讐殺人の罠」	▽10㍍巨大空気砲発射
	池上季実子　神田正輝	▽等身大ペッタン人形
10	大谷直子　小沢真珠	▽サザエさんのドラ猫
	金子賢　山村紅葉ほか	1200超のトリビアから
	10.48 とんとんみーの冒険	明日使えるムダ知識を
	54 ＴＸビジネスレポート	あなたに傑作全部見せ

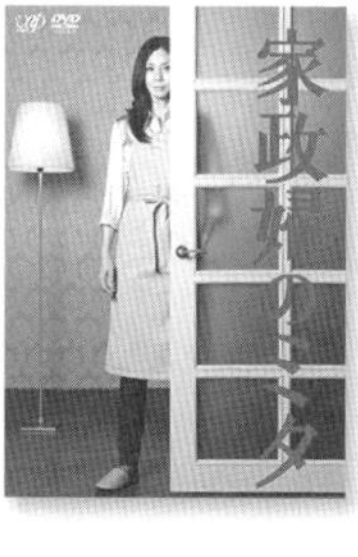

販売元：バップ

の展開じゃなく、自分たちの窮状を理解していない呑気な阿須田ファミリーを震えあがらせるような試練を与えて、そのまま玄関から坂道を下ってゆく姿が見たかった。

最初は面白かったよ。表情を変えずに、何事も命令をこなしていくスーパー家政婦。サイコ・サスペンスと奇妙な笑いが共存した、テンポよい佳作だった。

ミタさんが〝凄惨な過去〟を告白したのが第八話だ。ここでいきなり視聴率が30％近くまで急上昇しているのが気になる。みんなミタさんがホントは善人だって、わかっている。辛い過去があったことも予測はつく。

それをわざわざ、あのロボット口調の長台詞で、どんな因果で地獄に堕ちたかを説明させる。まったくの予定調和である。なのに視聴者はここで急増した。駄目だなあ。

「私たち、ミタさんに絆《きずな》みたいなもの感じてるし」

長女役の忽那汐里に、こんな安っぽい台詞を喋らせたり。こうして一気にユルい展開になったところで、識者の〝家族の崩壊と再生〟を描いたドラマといった、安直な解釈が幅を利かせていく。

家族の再生なんて信じることのできない、絶望したミタさんの怖さをもっと見たかったのに。

ミタの大ヒットに刺激されたか、来年には筒井康隆の超能力お手伝い『家族八景』が始まる。家族をブレずに観察するお手伝い少女の活躍を期待したい。

2004 2005 2006 2007 2008 2009 2010 2011 2012 2013 2014 2015 2016 2017

2011年12月21日(水)

	④日本テレビ	⑤テレビ朝日	⑥TBS
9 10	00 字 デ さよなら〝家政婦のミタ〟特別版　最終回への序章…三田灯が亡き最愛の夫と息子に向き合う新撮場面公開！ ▽57 心に刻む風景 ▽家政婦のミタ最終回「本当の母親…それはあなたたちが決めることです！」松嶋菜々子　長谷川博己　相武紗季　忽那汐里　白川由美	7.00 超タイムショック2011　最後の頂上大決戦ＳＰ　女王宮崎の２連覇か⁉　リベンジ誓う宇治原か　畠山悲願の初優勝か⁉　▽スゴすぎる学歴決戦 9.54 デ 報道ステーション　八ツ場ダム建設再開へ　政権交代の象徴をなぜ転換したか▽橋下市長　石原都知事と改革語る　▽ゴールデングラブ賞	00 字 超人気芸人12組がガチで大ゲンカ祭！浜田の前で大爆笑トークＳＰ　フット＆ピース＆アンジャッシュ＆ＴＫＯ＆フジワラ＆オリラジ＆森三中＆ハリセンボン＆サバンナ…テレビ史に残るぶっちゃけ話！　１万人大アンケートも 10.48 字 エンタメコロシアム 54 N ＮＥＷＳ 23 クロス

082

家族八景 Nanase, Telepathy Girl's Ballad

▼同じ家政婦を描いても、『ミタ』の数倍おもしろい▲

昨年秋に『家政婦のミタ』がスタートしたとき、条件反射的に連想した作品がある。

幸田文が原作の成瀬巳喜男『流れる』（'56）と、筒井康隆の『家族八景』に始まる〝七瀬シリーズ〟だ。成瀬映画の田中絹代は〝女中〟と呼ばれ、七〇年代初頭の筒井作品では、超能力を隠して生きる火田七瀬は〝お手伝いさん〟だった。

うわべは華やかな家庭に住みこみで家事をこなす彼女たちは、やがて嫌でも家族の秘密に気づく。女中、お手伝いの時代から、家政婦はホームドラマの陰の女王だ。

年が明けて深夜帯で『家族八景』が始まった。原作は文句なしの傑作で、監督は堤幸彦。どんな出来かと思ったら、期待以上だった。

断言してしまおう。冬ドラの№1だ。『家政婦のミタ』の数倍おもしろい。ともかくていねいに作られている。あざとさ、エグさでグイグイ視聴者を引っ張った『ミタ』とは正反対の巧緻さだ。

販売元：キングレコード

	⑦テレビ東京	⑧フジテレビ
11 深夜	11.58 ネオスポ　ダル会見！	00 字 キカナイト
	0.12 字 極嬢　人前でキスは	～お話処食いつき亭～
	あり？ヒット映画裁判	さまぁ～ずバナナマン
	0.53 3月開幕！世界卓球	有吉おぎやはぎ山崎！
	1.00 今夜もドル箱S　激連	30 字 N ＪＡＰＡＮ　消費税
	元ヤン美女が海で興奮	激突国会…首相決意は
	1.30 逃亡者おりん2	55 すぽると！　ファンへ
	2.00 買物の時間　お得情報	ダルビッシュが感謝！
	2.30 Vの流儀　バロック他	0.35 ミタパンブー矢部浩之
	3.00 もえこん◇15女子プロ	0.45 字 世界は言葉　設楽が
	3.35 女道塾◇45 音楽	小泉今日子に胸キュン
	3.50 買物◇戦パラ（4.40）	1.10 字 百識王　マスト知識

火田七瀬（木《き》南《なみ》晴《はる》夏《か》）は人の心が読める。人の心を読むとき、どう映像化するか。これが一番の興味だった。家庭ごとに、その姿は変わる。第一話では、七瀬に心を読まれた家族たちは〈裸〉に描かれる。愛人との情事の後に帰宅した夫（西岡徳馬）が裸になって、自分より帰宅の遅い女子大生の娘の貞操を案ずるシーンには笑い転げた。サークルの木田に送られたという娘の言い訳を聞き、父は笑いながら心中は動揺する。（まぐわったな、木田と）

娘も陽気に話しながら（ああ、木田さん！）とさっきの情事を思いだしている。

彼らを冷静に観察しながら家事をこなす七瀬。絵に描いたような上流婦人（なんと葉山レイコ）の心を覗《のぞ》くと（明日は生ゴミを出さなきゃ朝ゴハンは鯵《あじ》を焼いてアサリの味噌汁は）と家事のことだけ。

なんだろう。三日後に七瀬は他の家への紹介状を渡され、この家を去る。そのときも妻の心は早口の家事のことばかり。七瀬は悟る。妻もテレパスなのだ。七瀬に心を覗かれないために、家事で頭を一杯にしている。葉山レイコの眼から涙が溢《あふ》れている。

二話、三話での家族の姿も笑えたが、なかでもベストは、不潔で悪臭ただよう大家族の主婦、清水ミチコの鼻輪をつけ角の生えた、無精な牛の姿か。

木南晴夏、たしか松ケンの『銭ゲバ』に出ていた財閥の不幸な妹だった。なんともいえないクールな雰囲気が際だつ、不思議な女優だ。

2012年1月24日㊋

	④日本テレビ	⑤テレビ朝日	⑥TBS
11 深夜	11.58㋢ティーンコート 「女子高生痴漢裁判」 剛力彩芽　瀬戸康史 0.29レコH　バカヤロー！ メイJダメ男失恋悲話 0.59ちはやふる「おぐらやま」㊄瀬戸麻沙美ほか 1.29ｉＣｏｎ　正月太りをデジタルで解消！ 1.59浜ちゃんが　北乃きい 2.29㊂ゴースト3 3.24通販◇三丁目の夕日'64	11.15㋜中居の怪しい図書館 タクシー運転手に禁断質問…お客とHした？ 0.15音魂　ソナポケが登場 0.20お願い！ランキング プロが全部食べて審査 人気パスタ美味格付け ▽大泉洋VS2012年最新㊙便利グッズ◇全力坂 1.21ソフトくりぃむ　㊙声 1.51私のホストちゃん 2.21水7時◇怪物◇買い物	11.45麒麟の翼！あと4日!! 50㋜脳内ワードQヒキダス 街で見る制服何の店？ CM名コピー思い出せ 0.20ビジネス・クリック 0.25男のヘンサーチ!! 浮気発覚…パイロット 0.55㊎家族八景 「無風地帯」木南晴夏 1.25鶴瓶のスジナシ 姜暢雄が一言で大逆転 1.55ホワイトカラー◇買物

083

琉神マブヤー2

沖縄からやってきた〝脱力〟ヒーローに病みつきだ

このところ『琉神マブヤー2（ターチ）』にハマリっぱなしだ。テレビの特撮ヒーローとは、これまで無縁だった。まったく免疫のないところに、笑いとアクションの絶妙なチャンプルーをみせられて、マブイ（魂）をぐいっとつかまれた感じで、日に何度となく録画を見ている。

事の始まりは、一月末の沖縄行きだった。冷えこみの厳しい朝の東京を発って那覇に着くと、気温は二十度を超えていた。私は薄手のシャツ一枚で、国際通り裏手の路地に潜りこんだ。

六年ぶりの沖縄である。本島中部、うるま市の石川多目的ドームで見た旧正月の準全島闘牛大会は見ごたえがあった。五分以内で決着する勝負もあるが、セミファイナルの成龍號《ごう》と豪剣パンダの闘いは三十分を超す熱戦だった。

一トン近い牛の腹が荒い息で波打つ取り組みに、キャンプ・シュワブからきた若い

	⑧フジテレビ	⑨TOKYO MX
6	00字MF　加山谷村＆石井 ＳＫＥベルベッツ熱唱 30字もしツア　海老名ＳＡ 新装グルメ 125 食制覇	5.00探偵！ナイト◇55天 6.00ＭＸN◇15ノンタン 6.30琉神マブヤー2 7.00ＷＥＥＫ　ＷＷＥ
7	00字潜入！リアルスコープ 本物よりも本物!?ＳＰ ▽食品サンプル㊙工場 アイス超リアルに再現 ▽中国㊙スーパー造花 57字めちゃ×2イケてる！	7.30ディズニーのおとな旅 8.00幸せになりたいの恋愛 成就バラエティー ＭＸショッピング 9.00東京から　解散のタイミングは？▽猪瀬直樹
8	矢部奇跡のデブエット タ○タ社員食堂も仰天	＆後藤謙次◇N

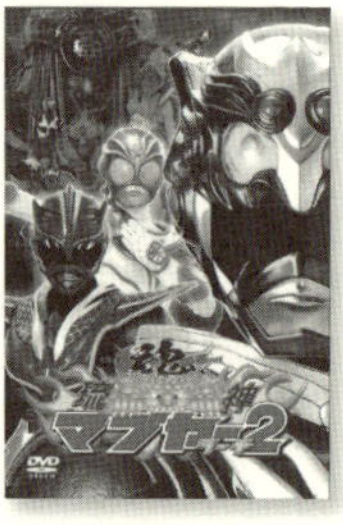

販売元：バップ

海兵隊員たちと並んで声援を送る。

その夜、寂しいコザの街でばったり出会った伝説のカッチャンも迫力だった。七〇年代前半に、紫《むらさき》と並び沖縄ロック界に君臨したコンディション・グリーンの川満勝弘《かわみつかつひろ》の間近で見るトークとステージは魔術的空間だった。

帰京して間もなく、コザの知人から、カッチャンが『琉神マブヤー2』に出ていて、MXテレビで見れますよという報告があった。

古代琉球から伝わる九つのマブイストーンを巡る、魂の戦士マブヤーと、悪のマジムン軍団との戦い。以前から評判は目にしていたが、特撮ヒーローかと敬遠していた。ところが実物を見て、びっくり。沖縄の神話観と、亜熱帯の気だるさ、そして脱力感を伴うセンシティブな笑いとがミックスされたドラマに、すぐ病みつきになった。

悪の軍団《マジムン》の頭領、ハブクラーゲンが、器の小さな卑怯者ぶりを発揮して、随所で笑いを誘う。普段は呑気な陶工見習いカナイとして生きるマブヤーの兄、ニライは森の奥で修行中だ。彼の成長を助ける森の大主が、ヒゲのカッチャンで、妖精役はＣｏｃｃｏ。主題歌もディアマンテスと音楽好きにはうれしい。マジムンにはマングーチュ（椎名ユリア）というかわいい脇役もいて、善と悪の対決という硬直した図式はない。

戦中、戦後だけではない。江戸時代からずっと悪どい連中の圧制下にあった南島の人びとは、闘いの身ごなしも、ふんわりした笑いも、ともに軽やかでシャープだ。

2012年2月4日㊏

	④日本テレビ	⑤テレビ朝日	⑥TBS
6	00字デ名探偵コナン　極旨ラーメン殺意の隠し味 30字青空　冬ブロッコリーチーズ焼き＆シチュー	00字人生の楽園　男の夢…走れ！雪国ローカル線 30字二人の食卓　米倉酢豚 58字お願い！ランキングG	5.30報道特集　石原新党？橋下氏と連携？第三極へ動き出す政治家達 6.55字サタネプベストテン
7	00字天才！志村どうぶつ園　ダイゴ＆新相棒…初のバス乗車！雪で大騒動 相葉の赤ちゃん動物園パンくんVS風船おばけ 56字世界一受けたい授業!!	話題声優・三ツ矢雄二の〇億円御殿に初潜入ＳＰ▽豪華衣装も文具店員㊙彼氏も㊙年収も公開…壮絶借金過去も 7.54字関ジャニの仕分け∞	芸能人死ぬほど恥ずかしい過去映像ベスト10スタジオ赤面悲鳴…大パニック!!必見のネプ恥映像は名倉一生の恥 7.56字夢！どうぶつ大図鑑
8	家で簡単バレンタイン人気スイーツ作る㊙技	㊙野菜で84キロ減㊙体操で32キロ減…米倉もア然	逃げろ！フルポン村上VS空のハンター・タカ

084

SPEC〜翔

さすが堤。暴力と笑いで超能力者の孤独を描き切った!!

正式タイトルは『SPEC〜警視庁公安部公安第五課　未詳事件特別対策係事件簿〜翔』と、やたらに長い。演出の堤幸彦のお遊びだろうが、ここからはハショる。改編期のTVは、粗大ゴミの一斉放出にも似た惨状を呈する。年度末に間に合わせようと、そこらじゅう穴を掘り返しているハタ迷惑な公共工事と一緒だ。そんなゴミの山でキラリ光る一粒のダイヤモンドが、一時間半を超す『SPEC〜翔』だった。

左腕を包帯で吊り、ダサい就活スーツを着た大食いの刑事、当麻紗綾《とうまさや》（戸田恵梨香）が一年三か月ぶりに帰ってきた。いつも怒鳴り合ってる武闘派刑事の瀬文焚流《せぶみたける》（加瀬亮）も、もちろん一緒だ。

未詳事件を扱う略称「ミショウ」は、とても警視庁の庁舎内とは思えない廃墟のような一隅にある。一国の運命も左右する特異能力を持つSPECと対峙するミショウの部屋の荒涼感は江角マキコの『ショムニ』にも通じる。

	⑦テレビ東京	⑧フジテレビ
9	6.35 世界の秘境・辺境で…〝がんばる日本人！〟〜日本から10000キロの地で見たニッポン魂〜 9.48 Ⓝニュースブレイク 54 ㋐㋢ソロモン流（世界卓球の時あり）究極の美	7.00 ㋐世界フィギュアスケート選手権2012「女子フリー」国分太一　高島彩　八木沼純子　荒川静香　世界女王ついに決定！
10	〝草刈民代に密着！〟バレエを引退…仕事に家事に挑戦続ける46歳 10.48 ㊪建物　船上デッキ!? 54 neoスポ	00 Mr.サンデー　新装開店！拡大版SP　世界9カ国緊急取材！宮根&クリステル見たこれが日本の生きる道　クールジャパンVS韓流

販売元：TCエンタテインメント

今回は白昼マシンガンで殺人事件をおこすSPECが登場した。黒マントを着た、体じゅうマッ黒な〝黒男〟は、犯行現場からポンと姿を消す〝瞬間移動男〟でもある。派手な見せ場にも事欠かないのだが、当麻の表情が心なしか暗い。

堤幸彦のことだから、シリアスな場面の直後に当麻が好物のギョーザを食べるシーンもある。ペロリと平らげた当麻に、「あー、うまかった。うしまけた（馬勝った。牛負けた）」と駄ジャレもいわせる。

それをアッケラカンと口にする戸田恵梨香がかっこいい。

SPECの哀しみ。今回の長尺ドラマのテーマが徐々に浮かび上がる。手首を切断されたこともある当麻の左腕にSPECが秘められていた。当麻の左腕が、死んだ超能力者《スペック・ホルダー》たちを次つぎ蘇生させる。フィリップ・K・ディック『ユービック』に登場する多彩な超能力者たちの闘いを想起した。

自身の能力に酔いしれて一時の昂揚感を覚えても、SPECはその能力ゆえに世間から疎まれる。SPECの孤独と悲劇が通奏低音のように流れる。そうしたヘヴィーな問題意識を痛快にブチ壊すのが、ミショウに配属された㊡刑事の吉川（北村一輝）だ。

いやぁ、北村一輝の怪演ぶりを久びさに堪能した。上方歌舞伎の遊び人みたいなセリフ回しで、画面が華やかになり、当代きっての演技派、加瀬亮にも負けてない。暴力と笑いで、SPECの孤独を描き切った堤幸彦に脱帽だ。

2012年4月1日㊐

	④日本テレビ	⑤テレビ朝日	⑥TBS
9 10	7.00ものまねグランプリ！最強芸人35組コラボ祭▽コロッケ×荒牧陽子爆笑感動名曲メドレー原口×福田彩乃が激似長沢まさみ&さんま！▽有吉×哀川翔本人がものまね共演で大激怒北島三郎がコロッケに「ものまね似てない」サバンナ×小島よしお歴史的スベリ芸で競演	00㊁㊫㊢日曜洋画劇場 2週連続！シリーズ一挙放送「ナショナル・トレジャー」（04年米）ジェリー・ブラッカイマー製作ジョン・タートルトーブ監督 ニコラス・ケイジ 幻の秘宝を探す大冒険 世界史最大の謎に挑むミステリー	7.00㊢女子サッカーキリンチャレンジカップ2012「日本×アメリカ」 9.30㊫㊢SPEC～翔～「ハリウッドも注目のあのドラマが完全新作で帰ってきた！全ての謎が今、明かされる」戸田恵梨香　加瀬亮　福田沙紀　神木隆之介　田中哲司　真野恵里菜　北村一輝　谷村美月

085

ＡＴＡＲＵ

▼中居の演技は駄目だけど、大丈夫、栗山千明がいる▲

プロットよし、テンポは快調。キャストもほぼ万全で、遊びのセンスも文句なし。これだけの要素を満たしているのだから、スタート早々『ＡＴＡＲＵ』が春ドラのトップに躍りでたのは、当然といえる。難点はただひとつ、主演の中居正広だ。

俳優陣は、ほぼ万全と書いた。ベテランから中堅、新人までそれぞれの持ち味を十二分に発揮している。なかで一人、特異な能力をもつサヴァン症候群の青年を演じる、主役の中居正広だけが〝この役者じゃなきゃ〟という個性を発揮できていない。

この種の役は、過去にダスティン・ホフマンなど名演技があり、どうしてもそれに引きずられた類型的演技になってしまう。なまじビッグネームを起用するより、無名の新人を抜擢《ばってき》したほうが、インパクトが大だったかも。

でも大丈夫。このドラマの実質的な主役は栗山千明だから。警視庁捜査一課に配属された、ドジなのか優秀なのかわからない蛯名《えびな》舞子（栗山）を軸にドラマは動く。一種の

	⑦テレビ東京	⑧フジテレビ
9	7.54 日曜ビッグ　新発見！平成ニッポンの長屋！〝ひとつ屋根の下に…人情と笑いがあった〟▽築100年！母さんのオンボロ長屋	00 字 新 家族のうた「自業自得!?」オダギリジョー　ユースケサンタマリア　貫地谷しほり　ムロツヨシ　トータス松本　藤竜也　大塚寧々ほか
10	9.54 字 デ ソロモン流「注目主婦が趣味で大成功！女性職人ＳＰ」大人気キルト…キャンドル…華麗！布染め花アート 10.48 建物　やわらかな曲線	10.09 字 １Ｈセンス 15 Ｍｒ．サンデー　きょう祝賀行事で注目失敗受け…金正恩氏の初肉声は？▽木嶋被告〝赤裸々戦術〟の誤算

販売元：TCエンタテインメント

超能力探偵であるアタルが断片的に漏らすヒントを頼りに舞子が事件の核心に迫る。

舞子の上司役の北村一輝も文句なしの快演。アクの強い顔と演技で視聴者にアピールしてきたところもあるが、セリフ回しのテンポの良さに加え、爽快なユーモアただよう身ごなしで、上昇一途の役者のオーラを感じる。

遊びの要素もアクセントになっている。アタルが欠かさずパソコンで見る『シンクロナイズド　スイミング刑事《デカ》』というアメリカの女性刑事ドラマとかね。栗山に「カレースープください」と頼み、彼女がうどんを食べた残りの汁をアタルが食うシーンとか。

脇役も揃っている。「死因は衝突の衝撃による脳挫傷だったのネ」と、オタク風に、ネを連発する鑑識の田中哲司もキャラが立ち、『相棒』の六角精児もうかうかしていられない。事件が起きても「これは〝捨て山〟や」といって捜査を打ち切ろうとする千原せいじも、いい味だしてる。

アメリカ大使館やＦＢＩの連中がちょこちょこ顔をだして、アタルの特異能力の背景と結末が、よくある陰謀ミステリーにならないかが、唯一の心配だろうか。

ともかく見どころは、栗山千明と北村一輝が交わすセリフのやりとりだ。『熱海の捜査官』でもオダジョー相手に、少しおどろいただけで「ウワッ！」と大声をあげた栗山の反応が、心地よく癖になる。

2012年4月15日㈰

	④日本テレビ	⑤テレビ朝日	⑥TBS
9	00㊫行列のできる法律相談所　芸能人友達㊙公開 生田斗真の親友芸人H 吉高由里子激怒の相手 竹内力が豪邸で会う友 54㊫夢の通り道	00㊁㊫㊢日曜洋画劇場 最強アクション決定戦「トランスポーター２」(2005年フランス) ルイ・レテリエ監督 ジェーソン・ステーサム　アレッサンドロ・ガスマンほか 園井上和彦▽ド迫力!! アクションは陸海空へ ６歳の少年を必ず守る 刺客は美女◇11.10車窓	00㊫㊢㊍ＡＴＡＲＵ「謎の青年が呟く殺人事件のキーワード！世界初の新感覚ミステリ登場」 中居正広　北村一輝 栗山千明　玉森裕太 市村正親　村上弘明
10	00㊫おしゃれ　杉本彩夫妻 豪華披露宴を初公開！ ○○だけで1500万円!? 30㊫黒バラ　最新㊙メーク 中居がギャルに変身？ 56㊫㊢ガキの使い		10.14㊫風の言葉 20㊫㊢ＥＸＩＬＥ魂　豪華 総勢40人の新企画始動 全世代１万人が選んだ 思い出の春ソングＳＰ

086

家族のうた

視聴率？　そんなの気にするなんてロックじゃないぜ

ロックが嫌いなんだよ、日本人は。オダギリジョーが、元・カリスマロッカーを演じる『家族のうた』の低視聴率を〝歴史的大コケ〟と報じるマスコミをみて、この国の体質がよーくわかったぜ。

視聴率、視聴率って、小さいこと言ってんじゃねえよ。確かにヌルい要素をあげたら、キリがないドラマだよ。困ったときには「ロックに免じて」が口癖の、あまりにも類型的なミュージシャン像。人気絶頂のとき群がったグルーピーとのあいだに産まれた娘が「お父さん」といって突然押しかける安易な展開。でもさ、日曜九時にロック馬鹿を主人公にしたドラマを放映した決断は、ダイナマイツだと、俺は思う。

冒頭のシーン。あの人は今状態のミュージシャン、早川正義《せいぎ》は、ふと夜空に光る月を見る。翌朝六時のＦＭえどがわで正義は喋る。「月に向かって手を伸ばせ。たとえ届かなくても。ザ・クラッシュのジョー・ストラマーはそう言った。同感だねえ」

	⑦テレビ東京	⑧フジテレビ
9	7.00 東京スカイツリー最新名所〝すみだ水族館〟誕生の裏側に完全密着630日！人々の汗と涙職人技が生んだ新空間…美しい魚たちの楽園	00 字 家族のうた「今夜、娘のために走ります！」オダギリジョー ユースケサンタマリア 貫地谷しほり　藤竜也 54 字 ＩＨセンス
10	9.54 字デ ソロモン流「密着ハワイで輝く日本人」スゴ腕のエステ美女＆ラーメン人気作った男フラでアロハ精神伝承 10.48 建物　ふたつの庭の家	00 Ｍｒ．サンデー 両陛下ご訪英…華麗な極秘王室サミット全容▽若者が３年で会社を辞める理由…経済安定より心の充実

販売元：ポニーキャニオン

そう、これがロックだ。ロックにこだわり、月に手を伸ばす男の無様さを徹底して描けば、笑いと共感が生まれたものを。貫地谷しほりの扱いなんて友情出演止まりだ。勿体ないにもほどがある。

第六話。いいシーンがあった。ダメな母親のもとに帰った女の子（杉咲花《すぎさきはな》）が、正義の譜面をみて、ギターを練習する。ストーンズの曲だ。正義に電話して、聴いてもらう。「俺もその曲、練習してた時さ、オマエと同じとこで何回も間違えたよ」「えっ」「オマエ、俺と似てんな」「なんでそんなことというの。ずっと一人で平気だったのに」。お涙頂戴？ 涙にもセンスと品格がある。ロックな涙はクールだぜ。杉咲花は『妖怪人間ベム』につづき好演。

ジョー・ストラマーには三十年前にインタビューした。歌舞伎町の居酒屋だった。カート・ヴォネガットやJ・G・バラードの話から近未来的な新宿の風景に話題が及ぶと「僕はネオンが大好きなんだ。ネオンの町は僕の感情を詩的にするんだ」と彼は静かに語った。ステージのジョーはセクシーだね。そう訊くと「自分じゃ知的でありたいと思っているんだ。セクシーで、かつ知的でありたいね」。

知的でセクシー。オダギリジョー、きみなら大丈夫だ。そんな演技をまた近いうちに見たい。それと斉藤和義の主題歌「月光」が聴かせる。文句なしの傑作だ。ロックに免じて、最終回は見ろよ。

2012年5月20日㈰

	④日本テレビ	⑤テレビ朝日	⑥TBS
9	00字 行列のできる法律相談所 大型企画スタート 行列中国進出第1弾…中国のさんま!? 登場＆上海の超人気番組出演 54字 夢の通り道	00二字デ 日曜洋画劇場 最新リマスター版「プレデター」（1987年アメリカ）ジョン・マクティアナン監督 アーノルド・シュワルツェネッガー カール・ウェザース他 解 玄田哲章▽大人気作驚異の宇宙ハンター！サバイバル大戦勃発!!	00字デ ＡＴＡＲＵ「絶対音感の知られざる殺意」中居正広 北村一輝 栗山千明 玉森裕太 ローリー 村上弘明 54字 風の言葉
10	00字 おしゃれ 有名人の㊙30億大豪邸へ！ソファ1000万…トイレ1億!? 30字 黒バラ 中居がナマ歌超難解イントロクイズ 56字デ ガキの使い		00字デ ＥＸＩＬＥ魂 芦田愛菜ちゃんと水族館へ さかなクンも登場で最高の笑顔▽必見！愛菜ちゃんとダンスコラボ 54字 エンタメコロシアム

087

リーガル・ハイ

子役ブームをネタにした制作陣の度胸とセンスに拍手

堺雅人がカネのためならなんでもする、世にも最低な嫌われものの辣腕《らつわん》弁護士を演じる。あ、もうこれだけで、おもしろそう。さらに脚本は『相棒』シリーズ、『鈴木先生』の古沢良太《こさわりょうた》だから、期待するなというのが無理だ。

おもしろい。テンポが良くって、五分に一度は笑える。おまけにその笑いがスパイシーで、毒がやや強い。

評判もおおむね好意的だ。でもね、気になることが一点ある。誰もがまずは嫌われ弁護士、古美門研介《こみかどけんすけ》を演じる堺雅人の長台詞をホメ上げる。これぞ見どころだって。でも超スピードで一分や二分の台詞を喋るなんて、堺雅人なら朝飯前だ。このドラマは、一見、気の利いた笑える小ネタ満載にみえる。

ところがね、意外とドラマの構えが大きいんだ。第八話に、心身ともにズタボロ状態の天才子役メイ（吉田里琴）が登場する。正義派弁護士の黛真知子（新垣結衣）な

	⑦テレビ東京	⑧フジテレビ
9	8.54㊛開運なんでも鑑定団 ▽庶民のため減税訴え悪政に喝！大塩平八郎㊙書に片山さつき興奮 ▽泥酔骨董商から激安で買った宝に衝撃値!?	00㊛リーガルハイ「親権を奪え！天才子役と母の縁切り裁判」堺雅人 新垣結衣 生瀬勝久 中村敦夫 里見浩太朗 54㊛タビフイロ。～旅美人
10	00㊛ガイアの夜明け 老舗100年企業の逆襲 ▽あのマルコメ…創業159年目のヒット商品 ▽〝仁丹〟驚きの変貌 54㊮戦士逸品 夢のプリマ	00㊛37歳で医者になった僕「医者も一人の弱い人間という現実」草彅剛 水川あさみ ミムラ 田辺誠一 松平健ほか 54㊛おいしい畑びより

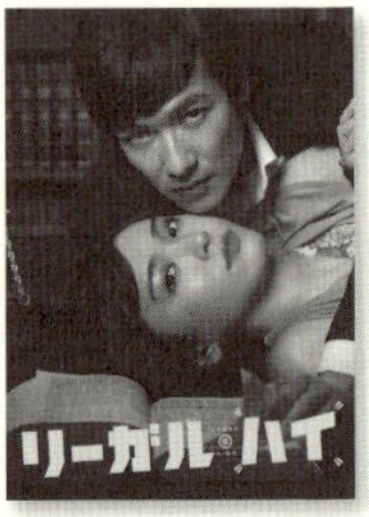

販売元：TCエンタテインメント

ぞ、テレビで毎日メイの芝居を見て感涙にむせぶ。ところがプライベートでは酒、タバコ、男とやり放題。メイちゃん曰く「仕事と夜遊びに明け暮れて、肺は真っ黒、肝臓ボロボロ、十二歳よ！」。母親の留守中に学生たちを連れこんで乱痴気パーティを開こうとし、急性アルコール中毒で病院に搬送だ。

やばいよね。達者な子役たちで視聴率かせいでいるテレビ局が、子役ブームをけっこうシリアスに揶揄《やゆ》し、ブラックな笑いのネタにする。子役を抱える事務所だけじゃなくて、大手代理店やスポンサーの顔色を思い浮かべて、ビビるのが普通だ。口うるさい編成や上司を押しきった制作スタッフの度胸とセンスを、ここは讃えたい。

実力派の脇役が生き生きした演技をみせるか。ドラマの成否を見極めるポイントのひとつだ。かつて古美門が在籍した法律事務所のボス役は生瀬勝久で秘書が小池栄子だ。二人とも演技を楽しんでいる。

小池栄子など、まだまだ闇と腹黒さを予感させて結末が楽しみだ。鈴木京香など豪華ゲストと堺の掛け合いもゴージャスの一語に尽きる。

奇妙なユーモアも記憶に残る。まるで横溝正史ドラマのような蟹頭村《かにこべむら》の徳松醤油で遺産相続が揉《も》めたとき、新垣のイトコ役の木南晴夏が「私の血は徳松醤油で出来ているんだ」とうれしそうに掌《てのひら》を見るシーンが忘れられない。

嫌われ弁護士に尽くす執事役の里見浩太朗の余裕ある存在感、これも特筆ものだ。

2012年6月5日㈫

	④日本テレビ	⑤テレビ朝日	⑥TBS
9	00字デタイムワープ旅行社 時間旅行で江戸時代へ▽ＳＦドラマ×情報の新感覚番組!! 驚き満載 貴方もネプチューンとリアル江戸生活㊙体験 ▽江戸の寿司は超巨大 酒は水で薄め…混浴!? 家庭・居酒屋のリアル食生活再現▽鈴木砂羽 東幹久・三宅健・龍臣 ベッキーらドラマ熱演	8.00字みんなの家庭の医学 県民性に健康の秘密！日本全国47都道府県…病気ランキング大発表 ①骨が強い○○県民がバカ買いする㊙健康食	00字デ火曜曲！ いよいよＡＫＢ48選抜総選挙 明日まで待てない女の意地とプライド…泣いても笑っても順位開票 54 天ナニキル？天気予報
10		9.54デ報道ステーション 残る高橋克也容疑者の行方は…２年前に目撃 ▽消費税政局は動くか 与野党協議の進展注目 ▽巨人・杉内が古巣と	00字リンカーン カーナビ無しでゴールを目指す 公道レース第２回開催 ローラ恋愛ぶっちゃけ 松本は都内迷走で絶叫 54 ＮＮＥＷＳ 23クロス

088

NEWS23クロス

アラブの春は伝えても、日本の春は報じないメディア

日本はデモが頻発するような独裁国家や格差社会とは、わけが違うからね。ニュース番組の制作者の大半はそう思っているようだ。

大飯《おおい》原発の再稼動に反対して、首相官邸前で数万人の抗議行動があった六月二十九日夜の出来事を報じた（あるいは報じない）ニュース番組を見ていて気づいた。

テレ朝の『報道ステーション』は、アタマから政局の話をダラダラ流していた。チャンネルを変えようかと思ったとき、原発再稼動に抗議する人びとで埋め尽くされた霞ケ関周辺の喧騒がやっと映る。ソーシャルメディアと無縁な私は、新鮮なおどろきを覚えた。

他局はどうか。期待せずに見たTBS『NEWS23クロス』の冒頭にびっくり。スタジオに、首相官邸前まで途切れることなく続くデモ隊を上空から撮った写真をジオラマ風に置き、規模の大きさを膳場貴子が紹介してから、ニュース画像に切り変わる。

	⑥TBS	⑧フジテレビ
11	00 字 Aスタジオ　市村正親 愛妻＆第２子誕生㊙話 汗と涙の役者人生40年	00 字 キカナイトF 〝なぞなぞウォーズ〟 まさか新展開▽今夜も 笑ってよい週末夜を！
	30 N NEWS 23 クロス どうなる？分裂の民主 キーマン幹事長×膳場 ▽ユーロ伝統国が激突	30 字 僕らの音楽　チューブ 松山千春と前田亘輝が 大空と大地の中で共演
		58 字 N JAPAN　決断は 剛腕政局〝重大局面〟
深夜	0.20 サッカー・ユーロ2012 準決勝独×伊戦詳報！	0.23 すぽると！　首位決戦 巨人VS中日直接対決！
	0.55 イチガン　河本軍対美 人アナ軍Q対決後半戦	
	1.25 マツコ　自販機の世界	1.05 字 ソムリエ◇リアル 再

夕方の霞ケ関駅。ひっきりなしに人びとが出てくる。

「ここからデモの最後尾は見れません」と、やや上ずった記者の声を聞きながら、報道の核心ってこれだと思う。予想もしなかった（若い記者なら初めて目にする）反政府行動が目の前で展開している。現場からそれを伝える声の抑揚こそニュースの核だ。

〝アラブの春〟を日本のテレビ局は追った。カイロのタハリール広場の様子を延々と映したが、作り手のアラブ情勢に寄せる関心はどこか〝他人事〟に感じられた。

日本で大災厄が起きて、収束のめどさえつかないときに〝アラブの春〟ってリアルさに欠けていないか。

ＴＢＳがフロックでないことを願いながら、日テレ、フジ、ＮＨＫと追うが、どこも官邸前の抗議行動はほとんど無視だった。この日、一番インパクトあるニュースが何かわからないという鈍さ。さらにいうなら、日本にデモはなじまないというメディアの勘違いと驕《おご》りがある。デモなんて野蛮で過激な事件がおきるのは、民主主義とはほど遠い開発途上国という、上からの濁った目線だ。

メディアは、日本のデモが嫌いなのだ。ついに立ち上がった国民の行動を「大きな音だね」とコメントした野田首相と同様に、鈍さゆえ〝日本の春〟と気づかない。

あるいは春の到来に気づいたからこそ、恐怖と嫌悪でネグレクトしている。どちらにせよ大半のニュースは〝アラブの春〟は伝えても〝日本の春〟を報じない。

2012年6月29日㊎

11 深夜	①NHK	④日本テレビ	⑤テレビ朝日
	10.55 ミラクルアイランド・小笠原　神秘の自然と謎の巨大生物を追う▽あす21時はＢＳＰ特番 11.25 スポーツ＋◇35ビズ＋〝つぶやき〟観戦商品 50 時論　エネルギー選択 0.00 ＮＥＷＳ　ＷＥＢ24 質問はツイッターで 0.25 [二]ウィンブルドンテニス2012　男女シングルス注目カードを放送！	00[字]アナザースカイ　日本代表ＧＫの川島永嗣がベルギー自宅で手料理 30[字]未来シアター　救え！沖縄サンゴ＆京都和傘　黒谷友香の衝撃私生活 58[字][N]ＺＥＲＯ　スペインサッカー熱狂の裏側で若者失業率50％の実態▽歌手福原美穂の挑戦 0.58 五輪熱視線　桜井翔 1.08 ハピＭ　タカミー暴走	9.54[デ]報道ステーション 11.15[字]業界トップニュース　禁断の裏側大調査ＳＰ▽手品業界…ネタ料金テクニックを大公開!!▽アイドルのリアルな㊙私生活を指原が語る 0.15 美少女ヌードル㊙㊙麺 0.20 タモリ倶楽部　安斎肇　廃盤曲がＤＪ技で甦る 0.50 ぷっすま　絵心頂上戦 1.25 朝まで生テレビ

089

マツコ・デラックス

ダメ司会者を光らせる錬金術のようなトーク

マツコ・デラックスはやっぱり凄いや。ロンドン五輪が終わっても、テレビはメダリストの〝泣ける話、いい話〟を探しだしてきては、これでもかと繰り返し放映する。ちょっと腹がもたれる感じだ。閉会式当日の夕方『5時に夢中!』を見て、五輪の熱狂から日常モードに復帰しようとこころみる。

マツコの相方、株式トレーダーの若林史江が、感想を求められて「すべての選手にありがとうといいたいですね」と迷わず言い切った。マツコは口をあんぐり。すかさず若林の顔を軽くピシャリ。手加減したビンタだけど、掌が重いから痛そうだ。「あんた、そんな女じゃなかったじゃない!」。若林ってね、感じのいいオネーチャンなの。説教がましいこととか、通り一遍の良識コメントなんて、口にしないし。

司会のふかわりょうが「でも若林さんは素直な気持ちを出したんですよね」と口をはさむが「素直な気持ちだからショックなんじゃない」とマツコ。新宿二丁目の酔い

	⑧フジテレビ	⑨ TOKYO MX
5	4.50 字 N スーパーニュース	1.00 お買い物情報
	五輪閉幕!夢はリオへ	2.00 お買い物情報
	ボクシングでも〝金〟	3.00 MX N ◇ 30 買い物 S2
	バレー韓国破り〝銅〟	3.20 欧州◇らーめん
	▽4年に一度の舞台裏	4.00 ふたりはプリキュア
6	中国製オリンピック?	S2 〜 9.00 大井競馬
	▽復活〝東京湾花火〟	4.30 お買い物情報
	レインボーを封鎖せよ	5.00 デ 5時に夢中!
	6.55 字 サッカー女子 U—20	6.00 MX N ◇30 モジャ公
7	国際親善試合	7.00 ガッチャマン
	「日本×カナダ」	7.30 北斗の拳 声 神谷明
	なでしこ五輪銀に続け	8.00 MX N ◇30 欧州音楽

どれ女が五輪に感動なんて何よ、ということらしい。

そろそろマトメにかかろうと、ふかわが「次のブラジルにはどんな期待を?」と訊く。「はぁ?」とマツコは怖い顔で睨《にら》む。すこしあって「ブラジル全体に?」「ブラジル五輪に……」。緊張が走る。いいなあ。

リオの次の五輪招致を狙う都知事のお膝元のMXテレビで、五輪への無関心と、感動の強制に対する断固としたノンを軽妙な仕草とトークで表現しちゃう。ここまで挑発的な批評性を備えたコメンテーターは他にいない。

さあ、早いこと穏便に締めなくては。ふかわりょうが落ち着きのない目で「聖火の火こそ消えましたが、見ているみんなの心の……」。心のこもってない言葉だから、ここで一瞬つまずいた。間髪を入れずにマツコが「ハイ、終わりです」。うまい。絶妙なタイミングである。

自分をどうやら知性派芸人と勘違いしているふかわりょうのペラい発言に「はぁ?」と一言発するだけで、ふかわは慌てふためき、スタジオは爆笑の渦に包まれる。

偉いよ。結果的には、芸もなければ知性もない司会者をいじることで、彼にも視聴者に〝笑われる〟という個性と居場所を提供している。

有吉との、お互いの力を認めあったバトルもおもしろいが、ダメ司会者を光らせる錬金術のようなトークでは誰も敵《かな》わない。

2012年8月13日(月)

	④日本テレビ	⑤テレビ朝日	⑥TBS
5 6	4.53 N every. 日本メダルラッシュ！選手を支えた絆を再びなでしこメンバー出演…涙と笑顔を総まとめ▽気になる！お盆渋滞夏休みの天気は？詳報▽日韓緊迫？竹島波紋▽ダブル日韓戦も注目	4.53 N Jチャンネル 感動の熱戦ついに閉幕メダリスト凱旋で何を▽ぜいたく度120％!? 激得キップで東北の旅絶品弁当＆秘湯を満喫▽非常ベル頻発…何が真夜中にうめき声も!?ナニワの刑務所の真実	4.53 字 Nスタ 五輪メダリストたちの少年少女時代…秘話▽命令…村人を全員殺せ元日本兵67年目の告白▽貝殻で食べるマグロ激セマ店ワサビで勝負ふわとろ卵は1g調整ツウうならせる築地飯
7	00 字 ロンドン五輪２０１２ 明石家さんま＆桜井翔＆上田晋也の超豪華！	00 字 Qさま!!＆お試しかっ合体ＳＰ①コンビニ夏スイーツで帰れま10	00 字 炎の体育会ＴＶ 決戦ロンドン五輪サッカー金＆銀メダリストＳＰ

090 ドクターX～外科医・大門未知子～

▼「私、失敗しませんから」こんな台詞、いってみたいぜ▲

おもしろいんだよ。これこそ娯楽ドラマの王道だ。

超絶的なスキルをもつフリーランスの外科医を描く『ドクターX～外科医・大門未知子～』を見たときの快感、カタルシスは圧倒的だ。

米倉涼子に興味はない。ルックスも演技センスも好みじゃないし。『ドクターX』も期待してなかった。なのに初回のオープニングを見たら、もう止まらない。ともかくテンポがいい。一匹狼の無愛想なスーパー外科医という役柄が、一本調子で大味な米倉の演技にぴたりハマッた。

金と権威が幅を利かせ、権謀術数が渦巻く三流の大学病院。そこへ岸部一徳が経営する医者の紹介所から、大門未知子が派遣されてきた。飽食で腕が鈍り、健康にも不安を抱えた院長（竜雷太）が執刀中に脳梗塞で倒れる。危険を察知していた未知子が素早く代打に。テキパキ手術を片付けていくシーンが圧巻。気持ちいいったらない。

	⑦テレビ東京	⑧フジテレビ
9	7.58 木曜８時のコンサート 〝2時間スペシャル〟 ▽小林旭　五木ひろし 美川憲一　弘田三枝子 佐川満男　牧村三枝子 平和勝次　松原のぶえ	00㊗とんねるずのみなさん ハワイ男気じゃんけん 夜の完全プライベート 番外編▽きたなトラン ▽新作㊙コント初公開 54㊗馬の王子様２
10	00㊗カンブリア宮殿 革命…美味＆質＆激安 スーパーマーケット！ 伸び率日本一の秘密・ 究極こだわりの裏側！ 54 みらいのつくりかた	00㊗結婚しない 「結婚したい!! でも、 譲れない条件とは!?」 菅野美穂　天海祐希 玉木宏ほか 54㊗美女美学　ヨンア

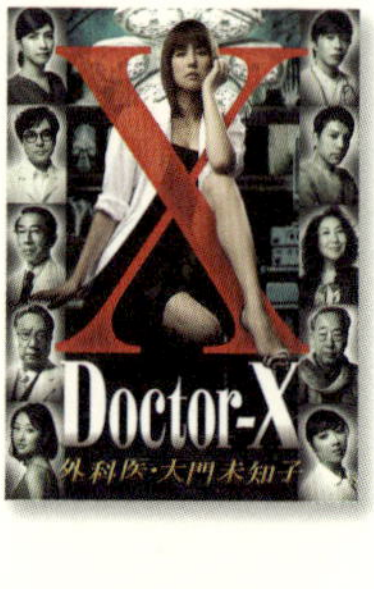

販売元：ポニーキャニオン

医局の垢《あか》に染まってない新米医（田中圭）のナイーブさや、クールに未知子の腕前を観察し評価する麻酔医（内田有紀）との共働ワークがすがすがしい。とはいえ、小心者で手術下手の外科部長（段田安則）に、フリーターなんてと敵意を燃やし空威張りする医師（勝村政信）など、ダメ医者はまだ多い。

医師の資格を持ち、大学病院という組織に属しているだけで偉そうにしてる連中を、フリーの医師がスキルで蹴散らす快感がたまらない。脚本の中園ミホは快作『ハケンの品格』の作者だったな。非正規社員が増え、ハケン切りが横行し、若年ホームレスが急増する時代だから、米倉の演じるフリー医師は視聴者の共感を呼んだ。こんな医者がいるわけないけど、主題がリアルなんだ。

私もフリーの物書きだ。米倉は手術の危険性を訊かれると「私、失敗しませんから」の一言でオペに臨む。私もいいたいぜ。こんなテーマで受けますかねえとダメをだされたら「オレ、つまらないの、書きませんから」ってさ。

麻雀ばかりしている岸部一徳のオンボロ事務所に既視感を覚えた。『家政婦のミタ』で白川由美がやってた紹介所にどこか似ている。米倉に「あんた、オペは巧いけど麻雀は下手ね」とオネエ言葉で話す岸部がいい味だしてる。

新院長になった伊東四朗の酷薄な表情もナイス。敵か味方か真意がつかめず、どんな波乱が待ち構えているか、この先の展開が楽しみだ。

2012年10月18日（木）

	④日本テレビ	⑤テレビ朝日	⑥TBS
9	00 字 デ ケンミンショー 新企画！アノ県民熱愛グルメに衝撃の真実⁉ 神奈川最強サンマー麺 北海道スープカレー… 54 アグリンの家	00 字 新 ドクターX～外科医 大門未知子「時給30万 名医はハケンの女‼」 米倉涼子 田中圭 内田有紀 岸部一徳 段田安則 伊東四朗	00 字 新 レジデント～5人の研修医「研修医は医者にあらず！失敗出来ない研修が救命救急で今夜始まる」仲里依紗 林遣都 増田貴久 大政絢 石橋杏奈
10	00 字 ダウンタウンDX 超迷走栗原類VSローラ 堺正章結婚1周年㊙宴 自宅破壊する高田延彦 ガケから落ちるSKE 54 字 N ZERO	10.09 デ 報道ステーション 尼崎連続変死事件の闇 恐怖支配する家で何が ▽復興予算横流し審議 ▽ミャンマー進出活況 先発する中国・韓国に	10.09 字 ひみつの嵐ちゃん！どうした…仲里依紗⁉ 私は都合の良い女です やさぐれ発言▽松潤＆相葉…あたりまえ体操

091

勇者ヨシヒコと悪霊の鍵

低予算の馬鹿ドラマって、馬鹿にしちゃいけないよ

いま、金曜深夜のテレビ東京がとんでもないことになっている。深夜十二時をすこし過ぎたところで、まずは『勇者ヨシヒコと悪霊の鍵』に視線釘づけ状態で大笑い。

ふつうはドラマを見てウワァハッハと笑えば、気持ちがふっと緩む。ところが『勇者ヨシヒコ』は、まだ心が弛緩しているときに、笑いの発作を誘発する次の攻撃があるから、気が抜けない。すんごい真剣に馬鹿ドラマを見たら、間をおかずに川島海荷の『好好《ハオハオ》!キョンシーガール〜東京電視台《でんしだい》戦記〜』がはじまって、これも心地よいアイドルとキョンシーの混合ダブルスに目が離せない。

脱力っぽいドラマなのに侮れない。それが連続上映で一時間十分。快感中枢を刺激され過ぎで疲れるんだよ。

でも、おどろいたな、『勇者ヨシヒコ』みたいなドラマがあったとは。昨年の夏クールに放映されて話題になったという。〝予算の少ない冒険活劇〟とみずから謳《うた》う。

11 深夜	⑦テレビ東京	⑧フジテレビ
	00 [N]ＷＢＳ　秋レジャー堅調の裏に意外なワケ▽トクホ商戦再び激化▽島の大福店に客行列	00 [字]テラスハウス　流星群 哲也＆北原急接近の夜 胸きゅん連発恋の行方 モモ号泣６人緊急会議
	58 ネオスポ　日本Ｓ情報	30 [字]僕らの音楽　全曲共演 玉置浩二と雅愛なんだ 加藤綾子・押尾・亀渕
	0.12 [字][デ]勇者ヨシヒコと悪霊の鍵「呪われしトロダーン村…最強の幽霊を撃滅せよ」山田孝之	58 [字][N]ＪＡＰＡＮ　初調査 大飯原発に活断層は？
	0.52 好好キョンシーガール	0.23 すぽると！　ＧＦ情報 ＆浅田真央＆田中理恵
	1.23 買物の時間　お得情報	1.05 アースタクシー台湾旅
	1.53 ビジレポ◇ 2.00 流派Ｒ	

販売元：東宝

世界に混乱と破壊をもたらす魔物と、勇者ヨシヒコ（山田孝之）に率いられた仲間たちとの闘い。欧米のＳＦファンタジーには〝剣と魔法の世界〟と呼ばれる一大ジャンルがあり、それが日本にも定着した。その爛熟の果てに生まれた変格ドラマともいえる。悪霊とか魔物といっても、どれもマヌケ。彼らと闘うヨシヒコたち勇者も、負けず劣らずの情けなさだ。

ただね、キャストがいいんだ。豪傑ふうの顔とセリフ回しなのに小心なダンジョーが宅麻伸。やった。役に恵まれなかった宅麻だが、この線があったか。

木南晴夏の村娘ムラサキが最高だ。一年を振り返れば、『家族八景』（原作・筒井康隆）の七瀬役から『勇者ヨシヒコ』まで、木南晴夏の成長にじっくり向きあった一年だった。人の心を読むお手伝い七瀬は『家政婦のミタ』より数倍センシティヴに作られた、『ミタ』への批評とも呼べるドラマだった。

ヨシヒコも真面目な顔して魔法の剣を振るっているが、じつはヘナチョコ。これだけでも笑えたが、第四話でユーレイに脅されたムラサキの悲鳴を聞きながらも「様子をみましょう」といっただけで、助けにはいかない。それを知った木南晴夏の「ヨシヒコ……様子みたの？」という反応には大爆笑。

低予算の馬鹿ドラって、大半が無内容で寒ざむしいものばかりだ。センスがあって馬鹿っぽい。ドラマの出来では今季トップを『ドクターX』と競う『ヨシヒコ』だ。

2012年11月2日㊎

	④日本テレビ	⑤テレビ朝日	⑥TBS
11 深夜	00 字 アナザースカイ　競泳入江陵介のロンドン▽買い物＆スイーツ堪能 30 字 未来シアター　栗原類涙…司会に挑戦VS羽鳥 58 字 N ＺＥＲＯ　米で騒然中国に仕事奪われた…工場移転で強制解雇▽大飯原発で活断層調査 0.58 ハピＭ　ＡＫＢ秦基博家入レオ密着ミヒマル 1.59 東野岡村の旅猿　秘湯	9.54 デ 報道ステーション 11.15 字 匿名探偵「サウナに閉じ込められた美人すぎる女弁護士…いのちの値段は１億円！」高橋克典　片瀬那奈　田山涼成　三浦理恵子 0.15 スマホＰＯＬＩＣＥ 0.20 タモリ倶楽部　新しい油カスつまみを作ろう 0.50 ぷっすま　モデル妻飯 1.20 お願い！ランキング	00 字 Ａスタジオ　男気俳優伊藤英明の難儀な結婚ここまで語った胸の内 30 N ＮＥＷＳ 23 クロス大飯原発で活断層調査▽真央厳戒！上海初戦警備員同行外出も禁止 0.20 ＫＡＴ―ＴＵＮの世界一ダメな夜！　亀梨編 0.50 マツコの知らない世界トイレを愛し過ぎた女 1.25 女子アナの罰　ダンス

092

まほろ駅前番外地

▼テレ東の快進撃は続く。今度はハードボイルドだ▲

テレビ東京、金曜深夜の快進撃が止まらない。前クール『勇者ヨシヒコと悪霊の鍵』の余韻も鎮まらないうちに、瑛太と松田龍平の『まほろ駅前番外地』がはじまった。

まほろ市。神奈川県と境を接した東京南西部の町だ。三浦しをん『まほろ駅前多田便利軒』の読者なら、神奈川にずぶりとくいこむその地理的特性と非文化的な空気は、先刻承知だろう。

やばい町の便利屋だから、気の休まるときはない。おまけに多田啓介（瑛太）ひとりでも稼ぎはカツカツだったとこに、行天《ぎょうてん》春彦（松田龍平）が居候してしまったから、いつも腹ペコの二人だ。

金がない。空腹。多田は怪しい探偵商売とは一線を画す男だが、ひもじさに負け、はしたガネでつい面倒くさい仕事に手をだす破目になる。行天には便利屋のモラルはないから、いつもヘラヘラ危ないことに首を突っこむ。

販売元：東宝

	⑦テレビ東京	⑧フジテレビ
11 深夜	00 🄽WBS　ネット通販医薬品の是非に最高裁判断は▽百貨店激戦区常識を覆す戦略とは？ 58 ネオスポ　F大谷始動 0.12 字 デ 新 まほろ駅前番外地　瑛太＆松田龍平が三浦しをん人気原作で脱力便利屋コンビに！ 0.52 字 新 ミエリーノ柏木 1.23 買物の時間　お得情報 1.53 ビジレポ◇2.00 流派R	00 字 テラスハウス　待望の新メンバーは大波乱の爆弾娘！哲タジタジ…トリンドル玲奈も参戦 30 字 僕らの音楽　名曲全集ミスチル矢沢ユーミン徳永いきものカエラ 58 字 🄽JAPAN　探訪！変貌〝熱流都市〟は今 0.23 すぽると！　美女SP 2013の誓い▽大谷翔平 1.05 ウタガミ　綾小路翔

第一話はインディーズ団体まほろプロレスを一人で支えた男の引退試合を手伝う仕事だ。便利屋の二人は覆面かぶってレスラー役もやる。無器用なレスラー、スタンガン西村を永澤俊矢が好演。さっさとレスラーを引退して、いまでは何軒も風俗店を経営する昔の仲間は宇梶剛士で、文句なしのキャストだ。

レーザーカラオケに出ていたモデルに会いたい。そんな無理難題も。レーザーカラオケって昭和の遺物だろう。モデルはもう五十代なかばだよ。便利屋が説得しても、カラオケの女に恋した青年は「黒木瞳は五十一だ！」と叫ぶ。

脱力っぽく手足を動かし、訳わかんないとこで笑ったりする行天の天衣無縫さが、うらやましい。って、これは私が多田の視線でドラマにすっぽりハマっているからだ。

原作だと、二人ともバツイチだ。決して若くはない。そんな二人が寝食を共にして便利屋稼業に精をだす。友情なんかじゃない。二人だって冗談じゃねえよと憤るだろう。でもな、見てて楽しそうなんだよ、二人とも。

二人のシリアスな過去にはあえて触れず、監督の大根仁《おおねひとし》は男たちの愚かさと、何よりも笑いを前面に押しだす。渋谷、新宿、六本木。そんな町なんかより、まほろのようなミドルタウンのほうが、ヤバさも人情も、いまのハードボイルド劇にはリアルで最適だ。劇中音楽がやたらかっこいい。調べたら元「ゆらゆら帝国」坂本慎太郎で、納得。東京のはずれで、男二人してこんなふうに生きてえよ。

2013年1月11日㊎

11 深夜

④日本テレビ	⑤テレビ朝日	⑥TBS
00[字]アナザースカイ　再会	9.54[デ]報道ステーション	00[字]Aスタジオ　小沢征悦
南野陽子…カンボジア	11.15[字][新]信長のシェフ	華麗なる一族の㊙日常
首都プノンペンで熱唱	「現代の料理人が戦国	散歩と遊びで育った男
30[字]未来シアター　真相は	時代へ!! 平成グルメで	30 [N]NEWS 23 クロス
川越シェフ引退報道…	本能寺の変を止めろ」	アベノミクス現場検証
58[字][N]ZERO　安倍色？	玉森裕太　及川光博	10兆円の使い道とは▽
緊急経済対策を検証▽	志田未来　稲垣吾郎	プロ野球殿堂入り発表
言葉の壁どう越える？	0.15スマホPOLICE	0.20[字]有吉ジャポン　禁断
桂文枝パリ公演に密着	0.20タモリ倶楽部　新しい	整形＆ゲイ疑惑芸能人
0.58ハピM　傑作選福くん	絶品ちくわぶ料理完成	0.50マツコの知らない世界
パフュームまゆゆ和義	0.50ぷっすま　㊙ギリギリ	横から見るダムの放流
1.53[新]ちはやふる2	1.20お願い！ランキング	1.25とんび～日曜よる9時

093

泣くな、はらちゃん

▼普遍的で重いテーマが、ポップに描かれる奇跡▲

マンガの登場人物が現実世界に現れて、自分を生みだした作者に恋をする。マンガを描いたのは、海辺のかまぼこ工場に勤める越前《えちぜん》さん（麻生久美子）である。ストレス発散のために大学ノートに描いたマンガが『泣くな、はらちゃん』だ。作者は造物主だから、はらちゃん（長瀬智也）は越前さんを〝神様〟と崇めて恋をする。ノートを揺らすと、はらちゃんは出現する。開くと、またマンガ世界に逆戻りだ。その瞬間を見て、越前さんも奇妙な現象を受け容れる。

二人の距離は、ぐっと縮まった。しかし不吉な予兆が忍び寄る。ふなまる水産、三崎工場。越前さんや無愛想な清美（忽那汐里）、そして謎めいた百合子さん（薬師丸ひろ子）たちパート女性が働く職場だ。しょぼい工場長（光石研）が「俺が死んだら、泣いてくれる奴はいるのかな」とふと本音を漏らす。「死とは何ですか?」。無垢で無知なはらちゃんは訊く。その夜、酔った工場長は岸壁から足を滑らせて溺死した。

	⑦テレビ東京	⑧フジテレビ
9	00 字 出没！アド街ック天国 「食通聖地に新店続々 四谷荒木町」ねぎま鍋 女将の小料理＆幻の豚 海外ＶＩＰの㊙ウニ丼 穴子専門店◇ぴかマン	00 字 土曜プレミアム 新ジャンクスポーツ！ 浜田×スーパーアスリート＝噂の真相ＳＰ!! 注目の村田諒太登場で 業界騒然▽川澄ウザ美 伝説早くも続編！金本 VS清原仁義なき戦いも 完全再現▽浅尾が熱愛 告白！可夢偉は九死に 一生話▽初登場ヤング なでしこ＆井上尚弥!!
10	00 字 美の巨人　真鶴漁港… 突堤で20年描き極めた 中川一政、迫真の境地 30 ｎｅｏスポ　ＷＢＣ侍 独占！田中将「進化の 理由」Ｇ菅野実戦登板	

販売元：バップ

静かな漁港を〈死〉がひっそり包む。「越前さんも、いつか死ぬんですか？ そんなのイヤです」。マンガの人物は死なない。「住む世界が違うんだから、両思いじゃないですよね」。寂し気に呟くはらちゃんの胸で「両思いです」と越前さんは泣く。「私が作ったんだから。一番好きなキャラなんだから！」

居酒屋のシーンがいい。おでんを頬ばった長瀬くんが「うまい！」と叫ぶ。越前さんも楽しそうだ。でも夜の九時に越前さんはノートを開く。はらちゃんは消えた。隣で二人を見ていた百合子さんが「楽しいね、はらちゃんとの恋は」と語りかける。「でも」と越前さん。機微に通じた百合子さんは「でも、楽しい分、切ない。切ない分、楽しい」と言い当てる。

さらに決定的な言葉が発せられる。神様のアナタが〈物語の終わり〉を、ちゃんと考えてあげないとね。切ないけれど楽しい。どこか牧歌的な物語世界に一気に転換が訪れた。マンガの世界でも、聡明なユキ姉《ねえ》（奥貫薫）が「神様との恋は、あまり深入りすると殺されるよ」と警告する。死がマンガまでも浸食する。

マンガの住人が死ぬ可能性は二つ。ひとつはマンガの中で殺される場合。そして神様がマンガを描くのを止めたときだ。

死と愛、家族と仲間。普遍的で重いテーマが、ポップな映像と物語で展開される奇跡に、私たちは立合っている。

2013年2月16日㊏

	④日本テレビ	⑤テレビ朝日	⑥TBS
9	00 字 デ 泣くな、はらちゃん「もう会えないの？」 長瀬智也 麻生久美子 丸山隆平 忽那汐里 薬師丸ひろ子ほか 54 ニッポン創造	00 解 字 デ 土曜ワイド劇場「ショカツの女⑦記憶喪失の美少女は殺人犯を見たのか!? 詐欺師が愛した女の運命と２億円のダイヤが語る完全犯罪の謎」谷口純一郎脚本 児玉宜久監督 片平なぎさ 南原清隆 柳沢慎吾 筒井真理子 大路恵美 石丸謙二郎 岡本信人 冨士真奈美	00 字 デ 世界ふしぎ発見！長寿遺伝子ミステリーＳＰ▽驚き！ＮＹ冷凍若返り術▽イタリア世界最長寿９人兄弟▽初公開！黒柳元気の秘密
10	00 字 デ 嵐にしやがれ 横綱日馬富士に嵐が入門…嵐まわし姿で土俵入り相撲クイズで事件が▽松潤がモンブラン作る 54 字 おいしいＳＴＯＲＹ		10.09 字 スッピン！ 15 ニュースキャスター グアム殺傷犠牲者無言の帰国…21歳男の動機▽レスリングが2020年五輪除外？

094

松井秀喜

あんないい奴を、偉人なんかに祭りあげないでくれ!!

松井くんは、いま、どこで何をしているんだろう。思えば松井秀喜の一挙手一投足に思いを馳せてきた十年だ。

不思議だなあ。とっくの昔にプロ野球から興味の失せた男が、松井が気になってＭＬＢ中継をいつも見ていた。松井の姿を目にするだけで心が暖かくなる。しあわせな気持ちになるんだ。だけど彼の顔を哀愁がよぎり、背中が寂しく映るときもある。

笑ってください。チャン爺の感傷です。そんな松井ファンの私には、政府の国民栄誉賞授与は、素直に喜べないニュースだった。野心のない男だ。長嶋さんとの同時受賞じゃなければ断ったはずだ。政治家の人気取りと、巨人ナベツネの強引かつゴーマンな思い付きに腹が立つ。大リーグへ去った松井に激怒し、背番号55を新人に与えた男が、監督招聘《しょうへい》とは笑わせる。そんなわけで、東京ドームの式典も複雑な思いで見た私だが、二日後の『クローズアップ現代』にはおどろいた。

	⑥ TBS	⑧フジテレビ
7 8	00 字 世界の果ての日本人８～ここが私の理想郷～▽絶景過ぎるアンデス家は傾き電気ガス水道無し…子ども達も笑顔満載のワイルド家族▽家はテント！風呂は海ロタ島リアル０円生活47歳女性▽妻に先立たれ行き着いたタイの辺境！傷心を癒やされたカレン族に婿入り◇N	00 字 踊る大警察24時第19弾激撮！逮捕の瞬間ＳＰ▽駅構内で覚せい剤男絶叫大暴れ！格闘逮捕の一部始終▽真夜中のカーチェイス！暴走車激突大破の瞬間▽追跡1323台…死亡ひき逃げ犯に執念の手錠▽四国荒らし回る家電窃盗男VSリーゼント刑事軍団極秘尾行大作戦◇N 天

題して〈松井秀喜とともに闘った〝同級生〟たち〉。引退を機に、その人柄や生き方に共感する同世代の書きこみがネット上にあふれているという。「あれだけ謙虚な人ってスゴイなあ」。ホームランを打っても、投手を気づかいガッツポーズしない。二〇〇六年の骨折以降の、ひたむきな姿勢に己れを重ねる声が多い。「まるで自分の姿を見ているようでした」。仕事で辛酸を舐《な》めた男たちが目をうるませて語る。

松井は巨人でもヤンキースでも四番を打ったエリートだ。ふつうなら、市井の人間は、自分を重ねたり出来ない。なのにニューヨークのファンも松井を愛した。地道に仕事し、ケガでも試合に出る松井にブルーワーカー（肉体労働者）的な匂いを感じたからとロバート・ホワイティングは以前に書いていたっけ。

手首を骨折しファンに謝罪したとき、みんなおどろいた。お詫びをいう選手を初めて見たからだ。「松井の行動にすごく品があった」とニューヨーク・タイムズ紙は評した。

私みたいなハンパな男が、松井に哀愁を感じるとか背中が寂しいなんて「オマエがいうな！」の一言で片づけられちゃう話なんだけどさ。私が彼にふさわしいと思う言葉は「含羞《がんしゅう》」かな。はにかみと羞《は》じらいを浮かべた表情。

だから、道徳の教科書に出てくる偉人なんかに祭りあげないでほしい。あんな男友達がいたら、路地裏の屋台で酒を飲みたい。これが正直な気持ちだ。

2013年5月6日(月)

	①NHK	④日本テレビ	⑤テレビ朝日
7	00㊁㊫ニュース7 日韓で共同の世論調査 関係改善の糸口は？ 30㊫クローズアップ現代 松井秀喜と〝同級生〟広がる特別な共感◇㊝	00㊫火曜サプライズ２時間 豪華有名人が地元凱旋＆豪邸も大公開ＳＰ!! ①ダイゴあ然…箱根の温泉付き豪邸…誰の⁉	00㊫ロンドンハーツ特別版〝ドッキリハーツ!!〟総勢30人の芸能人たち引っかけてゴメンＳＰ ①フジモン＆狩野英孝
8	00㊫歌謡コンサート 大切なあなたにこの歌を▽舟木一夫・五木ひろし 川中美幸・大泉逸郎・今陽子・北山たけし 45㊫首都圏ニュース８４５	②森山直太朗が母校・成城学園で㊙恋愛暴露 ③吉祥寺在住クドカン地元で昼から酔っ払い ④慎ちゃん第二の故郷尾道へ…新相棒が登場 8.54いのちのいろいろ	〝タクシー真っ二つ〟長州力にも初ドッキリ ②アンガ田中を１カ月ビショぬれドッキリ!! ③ザキヤマ＆竹山の旅ぶらりイタズラ25連発 ④児嶋VS未婚女性たち

095 あまちゃん

口にするだけでうきうきする「じぇじぇじぇ」のパワー

毎日『あまちゃん』を欠かさず見てます。朝の八時放映だから、まだ寝ていることも多いけど。そんな日は昼過ぎに起きだして、コーヒーを飲みながら録画を見る。ともかく、その日のうちに見ないことには、一日が始まらないというか終わらない。たぶん私みたいに『あまちゃん』を中心に、一日のサイクルが回っている人間って、すっごく多いと思う。能年《のうねん》玲《れ》奈《な》はかわいい。特別な美少女じゃないけど、可憐でピュアで汚れをしらない。ニホンオオカミのように現実には存在しない、絶滅種的な〝かわいさ〟を、テレビで見せてくれる、稀少な子だ。

能年玲奈が演じる天野アキのように、純粋無垢な少女は実際には存在しない。ファンタジーである。みんな、特に私と同じようなオヤジ世代は薄うす気づいている。でも、だからこそ、天野アキへの思いはますます募るばかりだ。

いまさらではあるが、「じぇじぇ」についても触れておかなくては。じぇじぇ。ク

	⑥ TBS	⑧フジテレビ
8	5.30 (デ)みのもんた朝ズバ！拉致問題また仰天情報 8.30 (字)はなまる 奥様達の味方!!クックパッドを	00 とくダネ！ ①問責が一転…橋下市長が逆襲 深夜のドタバタ市議会 ②矢口真里ついに離婚
9	支える驚きの社員食堂▽高見盛引退の裏で…親への感謝と母の本音 9.55 買いテキ！通販ツウ	不倫騒動…ツケの代償 ③三浦雄一郎 VS 小倉 ステーキ大食い！対談 9.50 ノンストップ！ 矢口
10	10.05 (字)ＴＡＫＥ ＦＩＶＥ (再)「今夜から最終章！愛のある嘘と真の愛」唐沢寿明 松雪泰子	真里離婚!! 妻の浮気は許せる？▽冷静敬語や無視…朝は起きない!! 妻が怖くて仕方がない

販売元：TOEI COMPANY,LTD.

ドカンは、やっぱり凄いよ。言葉の力を熟知している。

転校生だった私は、小学校の五、六年生を、埼玉県北部で過した。特産品といえばネギくらい。冬は赤城山から空ッ風が吹きつける田舎町だ。ビックリすると、誰もが「てぇー」と奇声を発した。もっとおどろくと「てぇー、てぇー」。最大級のおどろきは「ててててぇー」だった。埼玉県の深谷市を思いだすと、いつも「てぇー」が頭に浮かんだ。奄美大島では「ハゲー」って叫んでたな。

ビックリ仰天有頂天（©漣《さざなみ》健児&飯田久彦）を表す、プリミティヴな感嘆符は、私たちの身体や脳の奥を快感で充たす力があるんだ。

能年玲奈もかわいいし、キャスティングも最高だけど、やはりじぇじぇの掴みは大きい。じぇじぇ。口にするだけで、うきうきする。

役者も最高だけど、彼らが喋るセリフの「笑い」のパワーも凄い。東北弁の会話が絶妙だ。いま東北を舞台にするなら「笑い」は必須だ。

五月最終週の、お座敷列車の回は、二〇〇九年の三月を描いている。二〇一一年の三月まで、あと二年。「悲劇」が待ち構えているからこそ、笑いは必要なのだ。ドストエフスキーの深刻な小説にも、意外なほどユーモアはちりばめられている。

純粋無垢なかわいさと笑いが、大災厄とどう対峙するのか。毎日、楽しませてもらっているけど、やはり心のどこかで気になる。

2013年5月31日㊎

	①NHK	④日本テレビ	⑤テレビ朝日
8 9 10	00 解 字 デ あまちゃん 能年玲奈　小泉今日子 15 字 あさイチ　①無神経！傘マナーにイライラ②真木よう子▽サバサバセクシー？尾野真千子謎素顔を暴露▽20代の逆境（9.00 字 N 天） 00 N 天◇05 字 くらし解説 15 字 きょうの料理選　密着南三陸の浜の母ちゃん銀ざけ料理開発◇名峰	00 スッキリ!!　不倫騒動矢口真里スピード離婚〝妻の行動に不信感〟公造が知る原因と今後▽生出演！最高齢登頂三浦雄一郎さん80歳①エベレスト命がけ登山秘話②妻が支えた愛情料理▽人気食パン秘密 10.25 デ ＰＯＮ！　こじはる倉持ＡＫＢ総選挙占う生!! 赤ちゃんライオン	00 モーニングバード！東京開催を!! 猪瀬知事必死アピールも３つの〝逆風〟▽橋下市長の問責めぐり市議会混乱野党がバラバラ▽夏のボーナス大幅アップ⁉ 9.55 字 若大将ゆうゆう散歩神田でこだわり豆腐&錯覚体験に加山大興奮 10.30 ６／４Ｗ杯出場なるか 32 字 京都地検の女 再

096

だんくぼ

タフでナイーブで色っぽい、壇蜜&大久保佳代子

生で見た日は、夜また録画を再生することも多い『あまちゃん』だが、最近おなじように何度も繰りかえし見て楽しんでいるのが、テレ朝・超深夜の『だんくぼ』だ。放送時間帯、内容など、すべてが『あまちゃん』の対極といっていい。似ているのは番組名が平仮名という、その一点くらいか。

大久保佳代子と壇蜜《だんみつ》。いまやパワー全開で上昇気流に乗る二人だ。これでもかこれでもかの下ネタ攻勢で、さすがに途中でゲップが出るかと危惧していたが、実際に見ると印象はまったく違った。

壇蜜、大久保の二人とも、会話センスに長《た》け、シャープで機転が利いている。いま耳に心地よいトーク番組がどれだけあるか。ザッピング中に、関西弁でワメき散らす芸人を大挙出演させた番組と一瞬、遭遇しただけで、目と耳が穢《けが》れたような気分になる。

性を主題に語るとき、その人間の知的レベルがわかる。そんな私の思いは、二人の

	⑦テレビ東京	⑧フジテレビ
11 深夜	11.30 N ＷＢＳ　ベール脱ぐ	11.15 アウト×デラックス!!
	軽並み超低燃費セダン	猫と結婚式する女歌手
	0.28 暴露ナイト　衝撃実話	45 字 N ＪＡＰＡＮ　最前線
	ワイドショー騒がせた	顔も内臓も３Ｄ再現！
	事件巻き込まれ有名人	0.10 すぽると！　日本代表
	ＳＰ洗脳…殺人…詐欺	堅守イタリアに挑む！
	替え玉◇ 1.15 ネオスポ	0.50 ハマ３　激安㊙居酒屋
	1.30 ハロさと　未公開映像	1.00 福山雅治ガリレオ語る
	2.00 マヨカラ！◇キス我慢	1.10 字 刀語
	2.20 働く人◇50 買物の時間	「第十一話毒刀・鍍」
	3.20 一夜づけ◇35 しろくま	2.10 コンテン　ザキヤマ
	4.05 音楽◇10 てれとマート	3.10 アイドリ！◇ 40 ＤＪ

会話で裏づけられた。視聴者からの〈「色っぽいね」と言われるのは、喜ぶべきか、それとも軽く見られたと残念に思うべきか？〉の悩みにクボちゃんは「〝エロいよなあ！〟とか〝俺、全然タイプっすよ〟とか欲望を丸めてぶっつけてくる言葉のほうが、メチャ嬉しいけど」。壇ちゃんも「袋とじを勢いよく開けられて、ビリビリになった汚い雑誌を見ると、すごく嬉しいんですよ」だって。

爽快じゃないですか。「軽く見られてナンボですよ」の言葉に、自分を見切るクールな視線と自信が同居する。二人の性的嗜好と価値観はもちろん異なる。〈シャワーを浴びた後に下着をつけるべきか否か〉という悩みに、そうよねえとクボちゃん。下着つけてないと「どんだけヤル気満々なんだ」って思われるのが嫌だし。エッとおどろく壇ちゃん。「だってヤル気満々でホテルに入ったんでしょ」

でも裸になるときの照れ臭さとか戸惑いとか。なおもこだわる大久保に対し「私はすぐ二人でお風呂に入りますから」と壇蜜。まず最初に恥じらいをクリアすれば、あとは彼との楽しい行為に集中できる、と。

「でも……」「私は夢中になりたいんです！」

ウナギがあれば、それしか目に入らないの。キッパリ宣言する壇ちゃんに「でも私はキモ吸も気になるし」とウジウジするクボちゃん。タフな処世術も持っているが、ナイーブさも失ってはいない。二人とも爽やかで色っぽいんだ。

2013年6月20日㈭

	④日本テレビ	⑤テレビ朝日	⑥TBS
11 深夜	11.24 字 N ZERO　新活用行動予測しクーポン… 0.28 字 でたらめヒーロー「クズは子供を守れるのか？命懸けの選択」 1.23 音楽院　注目おしゃれブラジル音楽ボサノバ 1.58 ゲームパンサー！　佐藤かよ格ゲー超絶テク 2.18 フットンダ　伊集院光 2.48 狩人　藤井隆＆椿鬼奴 3.18 デ 通販◇ 48 ZERO	11.15 字 アメトーーク　男!!結婚したくてしたくてタマらない芸人たち!! 0.15 スマホPOLICE 0.20 お願い！ランキング　人気弁当チェーンの夏メニュー…美味No.1が決定▽板野が◇全力坂 1.21 BreakOut 1.51 逆転階段　ヒャダイン 2.21 字 だんくぼ　相談SP 2.51 池上彰◇濃姫Ⅱ◇買物	11.53 永沢君　劇団ひとり他 58 字 内村とザワつく夜　坪倉＆堤下がガチ再現女性オトす必勝デート 0.28 字 ゴロウ・デラックス　TVに出ない作家SP 0.58 世界陸上8月開幕 0.59 字 タンクトップF 終 1.29 字 デ 俺の青春ラブコメ 1.59 字 デ フォトカノ 2.29 アカデミーナイト 2.59 ドラマ100 ◇ 3.34 買物

097

みんな！エスパーだよ！

エロで頭を占領されたエスパーなんて最低でしょ

今年（二〇一三年）春ドラマのベストは何か。『あまちゃん』は対象から除くという制約を課すと、これは意外と難しい作業だ。

しかしもっとも馬鹿馬鹿しいドラマなら、瞬時にタイトルが浮かぶ。『みんな！エスパーだよ！』。今季ぶっちぎりの馬鹿ドラである。

愛知県の東三河地区に、突如として超能力者が大量発生するというアイデア自体は、可もなく不可もない。往年のNHK少年ドラマにも似た設定はあったかもしれない。

このドラマが嗤《わら》われるしかないのは、主人公の鴨川嘉郎（染谷将太《そめたにしょうた》）をはじめとする高校生エスパーたちが「セックス」しか頭にないことだ。

性的欲望を介在させないことには、肝心の超能力を発動できない。「童貞をこじらせる」。みうらじゅんの名言だが、東三河の高校生たちは、こじらせたあげくに、何の役にも立たない無意味な超能力を授かってしまった。

	⑦テレビ東京	⑧フジテレビ
11	00 N WBS　林横浜市長出演…待機児童解消の秘けつ▽岐阜の行列店▽フランス発トレたま 58 ネオスポ　巨人×広島	00 副 字 テラスハウス　聖南サヨナラ！共同生活も恋も最終章へ…女26歳これが私の生きる道！ 30 字 僕らの音楽　ゆずっこ三浦春馬とギター対談セカオワとからっぽ！ 58 字 N JAPAN　憲法考▽医療先進国キューバ
深夜	0.12 字 デ みんなエスパー！「ブラの下は黒かピンクか!? 青春の旗を振れ透視㊙作戦」染谷将太 0.52 字 ヴァンパイア 1.23 牙狼（GARO） 1.53 世界卓球◇ 2.00 買物	0.23 すぽると！　達成か？2000本▽大宮19戦無敗 1.05 久保ヒャダこじらせ 再

販売元：東宝

テレパシー能力を与えられた主人公が、美少女転校生、浅見紗英（真野恵里菜）の心を覗くと「鴨川君は、絶対わたしでオナニーしてるよな」の声が聞こえる。

エスパーの中に一人だけ中年男がいる。しょぼい喫茶店の店主テルさん（マキタスポーツ）は念動力を使ってエロDVDを動かせる。しかし普通の映画のDVDはダメ。エロ雑誌を手元に持ってくることは出来ても、新聞はムリ。

超能力を研究する浅見教授（安田顕）は紗英の父だ。百年に一度の惑星配列により、特殊ビームが東三河を直撃したというのが浅見の仮説だ。

ただし超能力に目覚めたのは①童貞と処女②ビーム直撃時に自慰行為に耽《ふけ》っていた③極度のコンプレックスを有する。以上の三条件を満たすものに限られる、と。

世界を救うエスパーになりたかったのに。がっくり落ちこむ鴨川君。「人生の3分の2はいやらしいことを考えてきた」。これもみうらじゅんの名言だが、東三河のエスパーたちは「本当にどエロイだに」と、日々の九割はいやらしいことを考えている。

エロで頭を占領されたエスパーたちに、浅見教授は「超能力で世界平和を実現しよう！」と訴えるのだが、手は助手（神楽坂恵《かぐらざかめぐみ》）の爆乳をいつも揉みほぐしている。

最低でしょ。でも正義や美を声高に唱える言説のペラさ、胡散臭さと比べると、童貞をこじらせた情けないエスパーのほうが信用できる。そんなの妄言と、嗤って馬鹿にされてもいいですけど。

2013年5月3日㊎

	④日本テレビ	⑤テレビ朝日	⑥TBS
11 深夜	00㊫アナザースカイ　故郷ブラジル…ラモス瑠偉日本人妻との感動秘話 30㊫未来シアター　㊙特技趣味NEWS南沢奈央 58㊫🄽ZERO　何が争点憲法改正議論を考える▽松井秀喜の秘蔵映像いよいよ豪華引退式へ 0.58音楽龍　MCタカトシ 1.58㊢サッカー欧州CL 2.28ちはやふる2	9.54㊫㊢報道ステーション 11.15㊫お天気お姉さん「ダストデビル現象!!空から降ってきた男」武井咲　大倉忠義　佐々木希　笛木優子　壇蜜　佐々木蔵之介 0.15スマホPOLICE 0.20タモリ倶楽部　クラシック作曲家㊙性癖暴露 0.50㊫ぷっすま　今話題のぽっちゃり女子を堪能	00㊫Aスタジオ　鈴木雅之モテ技は愛犬モグの歌鶴瓶も涙…名曲ライブ 30 🄽NEWS 23 憲法③改正賛否街の声民意はどこに電話調査▽超大物ルーキー松山 0.20㊫有吉ジャポン　東京穴場温泉＆壇蜜㊙混浴 0.50マツコの知らない世界デアゴスティーニ創刊 1.20世界陸上8月開幕

098

あまちゃん

二〇一三年、奇跡の少女に会えたことを誰も忘れない

北海道に住む叔父が上京した。久びさに再会し、親戚の近況など聞いたあと『あまちゃん』の話になった。「これまでは、毎朝八時から年寄りが集まってパークゴルフしてたのさ」。叔父が穏やかに笑う。「それが、いまは八時半すぎないと、集まらんのよ。みんな朝ドラ見てから、くる。俺もそうだけど」

これに似た話を、あちこちで聞く。20％超の高視聴率が話題になるけど、それに数倍する人びとの熱狂を呼んでいるのが実態だろう。

東京篇がスタートし、アキ（能年玲奈）の生活は一変した。テンポよい笑いは変わらないし、新規参入の役者陣も芸達者で味がある。でもね、北三陸が懐かしくなり、ふと寂しくなることがある。

スナック「梨明日《りあす》」の店内がたまに映しだされる。琥珀《こはく》磨きの勉さん（塩見三省《さんせい》）。春子（小泉今日子）や大吉（杉本哲太）たち熟年から、元ミス北鉄のユイちゃん（橋

	⑥ TBS	⑧ フジテレビ
8	5.30 字 みのもんた朝ズバ！ 山の集落連続殺人事件 8.30 字 はなまる 今日の昼食から作れる！達人の	00 とくダネ！ ①首都圏ゲリラ豪雨に帰宅混乱 きょう気温低下の変異 ②放火後に現場潜伏？
9	〝100点〟焼きそば▽クーラーなし…驚きの暑さ対策・草刈民代 9.55 買いテキ！通販ツウ	山口連続殺人で新証言 ③シリーズ10代の危機 ネットで仲間外れ実態 9.50 ノンストップ！ 稽古
10	10.05 字 韓流セレクト 新 蒼のピアニスト 許されない愛と哀しみの旋律…究極ロマンス	初公開!! 海老蔵×宮本亜門妥協なき真剣勝負▽ウィーン少年合唱団 家賃払えず存続危機!?

販売元：TOEI COMPANY,LTD.

本愛）まで三世代が狭い空間で、呑んで騒ぐ「梨明日」は、牧歌的な北三陸の象徴だ。アキが身を置く上野アメ横界隈の底辺アイドル生活がシビアに描かれているとき、ふっと挿入される「梨明日」と店に集う人たち。ドラマはさながら〈二都物語〉の趣を呈し、重層性を帯びる。

東北vs.東京という地理的二重性に加えて、劇中では八〇年代と〝現代〟が交互に描かれる。七月第三週四週はアイドルを目ざす春子の少女時代にスポットを当てたことで、時代の二重性が際だった。デビューを夢みて試練に耐える若い春子を演じる有村《ありむら》架純《かすみ》の存在感が胸を打つ。気が強くて、アイドルに憧れていても清潔感は失わない。キョンキョンの青春期にぴたり重なる逸材だ。

そして夏になったとたん、人びとの心の奥でカウントダウンがはじまった。ドラマの時制は二〇一〇年になった。北三陸を襲う震災と津波まであと一年。そしてもうひとつの秒読みも意識にのぼる。ドラマの終幕まで二か月。

二〇一三年は、能年玲奈と『あまちゃん』の年として、永く私たちの記憶に残るにちがいない。テレビと視聴者の、かくも深く甘い蜜月は、ここ何十年もなかった。

能年玲奈はこれからも個性と演技力で活躍するだろう。しかし少女の輝く季節はほんの一瞬だ。『あまちゃん』が終わると、黒い瞳の透明感あふれる猫背の少女は消える。残酷だけど、奇跡の少女に会えたことを誰も忘れない。

2013年7月24日㈬

	① NHK	④日本テレビ	⑤テレビ朝日
8	00 解 字 デ あまちゃん　能年玲奈　薬師丸ひろ子 15 字 双 あさイチ　プチ整形にダイエット〝見た目年齢〟と戦う女たち▽脱エイジングストレスのコツ（9.00 字 N 天）	00　スッキリ!!　初公判…六本木クラブ襲撃事件被告語った元関東連合メンバーの手口▽妻の死体を遺棄…容疑者夫知人に打ち明けた悩みとは▽日本でただ１人プロ砂像彫刻家…世界が驚いた匠のワザ密着	00　モーニングバード！王室ベビーのお披露目いつ？名前は？異例の子育て▽山口５人殺害警察出動後に犯行か⁉男の足取りは▽ＴＰＰ交渉参加…聖域の行方
9	【茨城 9.55 ～ 11.54 別】		9.55 字 若大将ゆうゆう散歩　堀切菖蒲園で古民家の模型＆㊙の修理に感動
10	00　N 天 ◇05 字 くらし解説 15 解 字 趣味・油絵 再　水の繊細な表情を描く▽揺れる水面の色彩◇名峰	10.25 デ ＰＯＮ！　卒業後初篠田麻里子が生登場！望結＆花音ロッチ直撃	10.30 デ 子連れ狼 再「愛と死の道中陣！」

099

半沢直樹

沸騰した〝半沢バブル〟の陰の功労者は誰だろう

どうした半沢？　回を重ねるごとに視聴率を上げた『半沢直樹』は、大阪篇のラストとなる第五話で、ついに29・0％と数字を急騰させた。

これなら40％超えもあるかもな。そんな期待も抱かせた第六話だが、前回と同じ数字にとどまった。裏番組の『24時間テレビ』で、大島美幸のマラソン・ゴールがずれ込んだ影響かとスポーツ紙は報じたが、さてどうか。

〝半沢バブル〟に最大の貢献をしたのは、もちろん主役の堺雅人だ。しかしあの手この手の悪辣な策を弄し、半沢をたびたび窮地に追い込む敵役たちも見事だった。

とりわけ大阪西支店長役の浅野を演じた石丸幹二の存在感が印象に残った。

順調に行内で出世の階段を昇ってきたハナもちならないエリート臭と、部下にはとことんゴーマンだが、上司の顔色ばかりうかがっている気の弱さをあわせもつ浅野の存在が、ドラマに陰影を生んだ。

	⑦テレビ東京	⑧フジテレビ
9	7.00 字 激録・警察密着24時～炎暑！アツい刑事と懲りない犯人たち！～▽高級車が盗まれた…連続犯？ハイテク防犯破ったのは少年だった	00 字 あすなろラボ　超大物観光大使が地元名産品と類似品を食べ比べ！東国原＆要潤当てるか▽限界集落に初移住者 54 字 １Ｈセンス
10	9.54 字 デ ソロモン流　注目料理店 140 軒が殺到！〝奇跡の無農薬野菜〟▽仰天栽培…転職10年で年商5000万 秘 成功術 10.48 字 建物　つながる屋根	00 Ｍｒ.サンデー　藤圭子さん自殺…娘の歌に託した数奇な半生　宇多田ヒカルは帰国か▽村田デビュー舞台裏ＫＯか？衝撃パンチカ

販売元：TCエンタテインメント

半沢直樹は、いってみればスーパーマンである。どんな敵を相手にしても負けない。それは承知しているのに、見るものをハラハラさせ、腸《はらわた》が煮えくりかえる怒りを誘発させる。そんな卑劣な策謀で半沢をピンチに追いこむ浅野を演じた、石丸幹二の端整だが酷薄な表情は、助演男優賞に価いする。

そして東京篇が始まり、銀行の頭取室が映る。金融庁長官からの電話をとる頭取は北大路欣也だ。この瞬間、バブル期のそのまた昔の〝昭和〟のムードがただよった。金融庁検査というピンチにどう対応するか。大会議室での役員会議も、どこか大時代である。山崎豊子の原作をドラマ化した『華麗なる一族』かと錯覚してしまう。

銀行内でも一番のクセ者にして卑劣漢の大和田常務を演じるのは香川照之だ。会議室や役員室、さらには料亭で、香川照之は絵に描いたような悪徳銀行マンを、それはそれは巧みに演じる。

ところがあまりにも型にはまった所作で、ドラマのテンポが失速する感が否めない。大河ドラマ『龍馬伝』のときと比べても、違いは歴然。大物役者感はあっても、持ち味である躍動感が伝わらない。歌舞伎役者、市川中車《ちゅうしゃ》の色に染まったか。片岡愛之助がオネエ言葉の金融庁検査官を本人も楽し気に演じて、大受けしているのとは対照的だ。巨額損失を出したホテルの辣腕専務役、倍賞美津子がどんな凄味をみせるか。視聴率バブル回復の鍵を握る。

2013年8月25日(日)

	④日本テレビ	⑤テレビ朝日	⑥ TBS
9	00 字 行列のできる法律相談所　武道館から生放送 24時間マラソン大島に ㊙大物ゲスト▽結婚へ フット後藤が急展開！ 54 字 夢の通り道	6.56 シルシルミシル今夜は放送 100 回記念３時間 スゴ技の瞬間特盛ＳＰ ①日本一の回転すし店 それでお客が喜ぶか⁉ 鬼社長の鬼注文に密着 9.54 二 字 デ 日曜洋画劇場 「トランスポーター３ アンリミテッド」（2008 年フランス） リュック・ベッソン他製作	00 字 デ 半沢直樹 「５億から１２０億！東京で、倍返しなるか 本店に異動した半沢は 巨大な敵と戦う‼」 堺雅人　上戸彩 北大路欣也　及川光博 倍賞美津子　香川照之
10	00 字 おしゃれ　アンジャは くりぃむの舎弟⁉ 上田 と児嶋に同居の過去が 30 字 有吉反省会　前代未聞 バカリ収録に来ない… 56 字 デ ガキの使い		10.19 字 風の言葉 25 字 北野演芸館　たけしが 本気で選んだ芸人大集結！やや新ネタＳＰ！

100 瀬戸内寂聴、安住紳一郎

稀代の腹黒アナと丁々発止、超一流の掛け合いだ

瀬戸内寂聴さん、ご自身の代表作『夏の終り』が映画化され、パブリシティであちこちの番組でお見かけした。『ぴったんこカン★カン』もその一本で、相手は安住紳一郎だ。局アナでは、当代きっての聞き上手にして受け上手。不安はない。

番組の冒頭で、これまでのゲストで最高齢ですと告げると、「満九十一歳です」と寂聴さん。声に張りがある。

まずは雑司が谷のステーキ懐石の店へ。「安住さんに会いたいと思ってたの、前から」。あ、それでこんなに機嫌がいいんだ。「ありがとうございます」と一礼するが、当然でしょという内心が透けて、安住くんの本領発揮だ。

なかなか会えず、この世ではご縁がないのかなと思ったら、この話がきて。寂聴さんも凄い。人の悪さ、腹黒さでは随一の男性アナを上空一万メートルまで持ち上げる。超一流の猛獣使いだ。「九十一歳だから、今夜死ぬかもしれないでしょ」。なのにアナ

	⑦テレビ東京	⑧フジテレビ
7 8	6.30 カラオケバトル特別編〝全国No.1選手権2〟賞金100万円！人生を歌にかけたプライドと意地が激突！カラオケ日本一は誰？▽高得点連発！美空ひばりから松田聖子・安全地帯・ドリカムまで28曲熱唱▽カラオケ世界大会の日本代表が衝撃の歌声▽細川たかしも絶賛！	00 字 デ 女子バレーボールワールドグランプリ2013「日本×セルビア」真夏の世界一決定戦！新生真鍋JAPANが強豪国セルビア撃破へ決勝ラウンド大一番！今夜も白熱完全生中継注目木村沙織&宮下遥竹下佳江が全日本分析（最大延長9.49まで、以降変更あり）◇N 天

タに会えてうれしいわ。

ステーキ懐石店の美人若女将にあれこれ話しかける安住くん。ワザとらしいと感じたか、寂聴さんがちょっと本気を見せる。「安住さんは、女の人に興味あるの？」「興味、大ありです」とオーバーに反応した。すると冷静に「女の人の噂って、ないでしょ？」「ベテラン刑事《デカ》の事情聴取みたい」と、安住くんの顔にやや不安な表情が浮かぶ。

ここで一転、秋田産の黒毛和牛をおいしそうに平らげていく寂聴さん。「ホントにひどい。生臭坊主！」と大げさに呆れてみせる安住くん。「きょう死ぬかもわからないから。食べたいものは、きょう食べるの。毎日が死支度」。超一流の掛け合いだ。肉の次は天ぷらを食べて、しゃぶしゃぶ。締めに特大ステーキ。すべて「おいしい」と口に運んでいく寂聴さん。ゲストが「安住さん、まだ独身？」と訊くと、「この人、何か隠してるの。バレるんじゃないかって、ずっと緊張してるのよ」と割って入る。「ホモじゃない？」の一言に安住くん、無表情だった。

いいもの見たな。寂聴さんの作品は、要所要所で読んでいる。高校生のときの『鬼の栖《すみか》』とか。『夏の終り』で半同棲していた年上の作家、小田仁二郎《じんじろう》が、彼の側からの視点で書いた小説も読んだ。

愛欲に作家の業。高校一年生にも生と性の怖さは伝わってきた。地獄もみて、九十一歳まで笑って生きる。みんなを楽しくさせる寂聴さんって、とても魅力的に映る。

2013年8月30日㊎

	④日本テレビ	⑤テレビ朝日	⑥TBS
7 8	00字デ笑神様は突然に…芸能人の夏旅行ＳＰ！▽宮川と鉄道マニアの伊豆巡り…海が見える絶景列車＆魚介グルメ▽仲良しアニマル一家八景島で㊙親子ゲンカ▽ＩＫＫＯ＆あき竹城原宿で女子高生に変身▽芸人軍団は湘南へ…初サーフィンで笑神が 8.54字ＺＥＲＯミニ	00字夏休みアニメ祭り！▽ドラえもん…のび太祭りに０円屋台も登場▽クレヨンしんちゃん宝探し＆恐怖の回転女 54 Ｍステーション　新生ＡＫＢ48ＳＰメドレー中島みゆきカバー絢香ＥＸＩＬＥアツシ熱唱ジャニーズ最強ライブＡＢＣ―Ｚ!!ルナシー最新情報も◇世界街道	00字爆報ＴＨＥフライデーあの美女は今!! 大号泣アイドルＴ彼が事故死遺族を訪問…新事実▽美女優…藤真利子は今 56字ぴったんこカン・カン瀬戸内寂聴91歳の乙女安住さん大好き…今夜死ぬかもしれないからお肉を食べたい…お悩み芸能人に愛の説法…高田純次叱られる◇N

101 リーガルハイ

主役は天下の堺雅人だ。ライバルの人選が気になる

そろそろ〝初回視聴率20％超え〟とかいった見出しにも飽きてきた。うんざり。ドラマ制作者や芸能マスコミが、視聴率に一喜一憂したり、数字をことさらに煽るのはわかる。だって、それが彼らの仕事だもん。

だけど私たちテレビを見る側までが、日常会話で〝数字が、視聴率が〟と口にするのは品性に欠けやしないか。

『リーガルハイ』第一話を見終えての率直な感想は「長いよ」の一言に尽きる。放送枠を一時間二十四分まで拡大したのに、物語はいまだ輪郭すら見えない。

昨年春に放送された前シリーズのテンポとスピード感が懐かしい。前シリーズの一話完結方式と異なる構成でやるのは、アリだと思う。

一審で死刑判決を受けた女性被告（小雪）が、二審の途中で担当弁護士の古美門《こみかど》研介（堺雅人）との打ち合わせも反故《ほご》にし、一転して犯行を認めたのは、なぜか。

	⑦テレビ東京	⑧フジテレビ
9	00 字 デ 水曜ミステリー９ 森村誠一サスペンス 刑事の証明６～愛憎の凶弾「警官殺し！不発に終わった執念のガサ入れ！修羅になった女が仕掛ける二重の罠」 村上弘明　加藤剛 国生さゆり　前田吟 筒井真理子　小野武彦	7.00 新 世界行ってみたら…ホントはこんなトコだった!? ▽渡辺直美…長年の夢ＮＹの舞台で超本気のビヨンセ披露！結果は
10	10.48 金８ドラマ吉永誠一 54 ＴＸビジネスレポート	00 字 新 リーガルハイ「完全復活・古美門研介！すべては依頼人のために無敗の弁護士が非道の悪人に立ち向かう！」 堺雅人　新垣結衣

販売元：TCエンタテインメント

この謎で次回、あるいは最終回まで引っ張るのもよしとしよう。でも、とりあえず、第一話の着地点だけは最低限、見せてくれないと。

前シリーズは、古美門法律事務所vs.三木法律事務所という、シンプルな対決の図式がドラマに躍動感を生んだ。古美門と黛真知子（新垣結衣）に謎の事務員、服部（里見浩太朗）のチーム古美門。

ライバルの三木長一郎（生瀬勝久）には、秘書の沢地君江（小池栄子）が寄り添う。フェロモン過剰な沢地秘書と、正義感あふれる新人弁護士の対比も鮮かで、新垣の思わぬコメディ・センスにも心地良さを覚えた。新シリーズでは、新たな敵が登場した。青年弁護士の羽生晴樹（岡田将生《まさき》）が率いる弁護士事務所ＮＥＸＵＳだ。

誰にでも好感を持たれる、天性の〝人たらし〟弁護士という役回りだが、いかんせん岡田将生では荷が重すぎる。だって相手は、天下の堺雅人だよ。勝負にならない。あの程度の薄っぺらな笑顔と喋りで〝人たらし〟とは。法廷対決では大差がつくな。生瀬勝久の粘着質だけど残念なキャラでもって、ドラマにメリハリが生まれていたのに。三木法律事務所は、このまま隅に追いやられるのか。

稀代の悪女を演じる小雪の無表情な顔も気になる。表情に乏しいのがクールビューティと勘違いしているようだ。堺雅人の過剰なまでにハイテンションの長台詞で好スタートを切ったが、今回は脆《もろ》さも抱えた船出に思える。

2013年10月9日㊌

	④日本テレビ	⑤テレビ朝日	⑥TBS
9	7.56 ザ！世界仰天ニュース〝本当なのか!?衝撃㊙実写２時間連発ＳＰ〟▽炎が出る赤ちゃん…家も全焼させた謎の火 9.54 字 心に刻む風景	6.53 くりぃむミラクル９ 秋の夜長はクイズ漬け 人気俳優VSできる女軍頭スッキリ３時間ＳＰ▽生瀬勝久がダメだし 9.54 字 デ 報道ステーション ＪＲ北海道に追加監査 非常ブレーキを放置…重大トラブル続くわけ 現役社員が告発する闇▽染色体の検査まで…福島の子供たちの苦悩	00 二 字 デ 水曜プレミア 映画史上の傑作を今… 映画「ブラックホーク・ダウン」（01年米）リドリー・スコット監督 ジョシュ・ハートネット ユアン・マクレガー Ｏ・ブルーム 声 平田広明 森川智之▽戦争の衝撃的記録！この悲劇に言葉を失う
10	00 字 デ ダンダリン・労働基準監督官「女ナメんな内偵24時！セクハラ社長に喰れ!!」竹内結子 松坂桃李 風間俊介 佐野史郎 北村一輝		10.54 N ＮＥＷＳ 23

102

都市伝説の女

いい加減さに磨きをかける、テレ朝流ドラマの作り方

いくら長澤まさみが主演といっても。こんな中身スカスカの番組をシリーズ化するなんてことないよな。昨年の春クール放映時に、そう即断した『都市伝説の女』が、秋ドラに名を連ねていて、びっくりした。

また長澤まさみの〝美脚〟を意味なくアップで撮って、「都市伝説、きたァ！」と叫ばせるんだろうか。意地の悪い先入観を抱きながら、初回を見た。コーヒー飲んだりデザートを口に運ぶうちに、事件は解決、エンディングを迎えていた。

画面に集中してたわけじゃないけど、俺、なんの抵抗も覚えず、最後まで見ちゃったよ。狐につままれた感じだ。

音無月子《おとなしつきこ》（長澤まさみ）が専用機で凱旋《がいせん》帰国するシーンで始まる。ＦＢＩで実績を上げ〝世界で活躍する五十人の捜査官〟に選ばれ、有名誌の表紙を飾っての帰国だ。

警視総監（伊武雅刀）は、月子を警察の広告塔にしようと考え、非科学事件捜査班

販売元：バップ

	⑦テレビ東京	⑧フジテレビ
10	9.54 字 たけしのニッポンのミカタ 〝怒る日本人〟近所にゴミ処理場が…スラム化する空き家!?▽追跡！被害額３億円農家苦しめる㊙ペット	9.00 字 金曜プレステージ 実録ドラマ・赤ちゃん取り違え～ねじれた絆「我が子は他人の子？42年前に起きた実際の事件を完全ドラマ化！」
11	00 N ＷＢＳ 米財政迷走混乱する不動産市場▽消費者の行動を読め▽外国人誘致！大阪の陣 58 ネオスポ プロ野球!! 0.12 字 デ 殺しの女王蜂	00 字 クイズ・ソモサン・セッパ トンチＱに東大軍団大苦戦 30 字 僕らの音楽 斉藤和義 大森南朋と吉井和哉と木村拓哉とオトコ祭！

（略称、ＵＩＵ）を立ちあげる。なんと安直な。

　富士山麓の本栖《もとす》湖で殺人事件が起きる。富士山といえば最大級のパワースポット。本栖湖では怪獣モッシーの目撃例もある。富士の樹海には、自殺を断念した〝樹海の民〟が暮らす村もある。そんな都市伝説があるから、月子はパワー全開。彼女にベタ惚れの鑑識課員、勝浦（溝端淳平）を伴って捜査に赴く。

　設定もアイデアも、あい変わらずペラい。しかし昨年と比べると、いい加減さに磨きがかかった。長澤まさみと都市伝説。これを合体させて、楽しいドラマを作りましょうよ。その居直りというか、製作スタイルが、程の良い脱力感となり、せんべいをバリバリ食べながら見るのに格好の心地良さを生んだ。

テレ東の深夜ドラマだと、キャスト、展開、ともにもっとこだわる。都市伝説なんていったら、さぞやマニアックに作りこむはずだ。

　そんなのハナッから放棄して、長澤の脚と、凡庸な都市伝説を売りにして、殺人事件のトリックは莫迦《ばか》ミスの趣向で暴く。これがテレ朝流だ。

　都市伝説マニアの女性刑事が、鑑識の勝浦くんをこき使い、科学的に事件を解決する。この逆説も、ドラマの性格作りに寄与している。

　勝浦くんを誘惑する鑑識の先輩は大久保佳代子だ。大久保のセクハラ攻撃のエグさに思わずギョッとなり引くか、爆笑するか。これは好みの分かれるところだろう。

2013年10月11日㈮

	④日本テレビ	⑤テレビ朝日	⑥ TBS
10	9.00字デ金ロードＳＨＯＷ「舞妓Ｈａａａａｎ!!!」(2007年〝舞妓Ｈａａａａｎ!!!〟製作委員会)宮藤官九郎脚本 阿部サダヲ 柴咲コウ	9.54字デ報道ステーション〝究極の安全〟目指す夢の自動運転可能に!?し烈！開発競争最前線▽ノーベル平和賞発表マララさん受賞なるか	9.54字新クロコーチ「三億円事件～昭和最後の謎!!45年前の完全犯罪に悪徳刑事が挑む…犯人は生きていた」長瀬智也 剛力彩芽 香椎由宇 大地康雄 風間杜夫 渡部篤郎
11	00字アナザースカイ 復活 長谷川潤…ハワイＳＰ 結婚＆出産㊙話を告白 30字未来シアター 温水が目撃㊙超大物芸人の夜 58字Ｎ ＺＥＲＯ	11.15字新都市伝説の女「富士山の伝説!!No.1パワースポット殺人!?樹海の女」長沢まさみ 溝端淳平 竹中直人 大久保佳代子ほか	11.13Ｎ◇19字ハシワタシ 25字Ａスタジオ 木村拓哉 コンビニで○○を買う ダメ出しメールの憂鬱

103

クロコーチ

予想される結末の陳腐さを飲み込む長瀬くんの存在感

やるねえ、長瀬くん。意外と楽しめるんだよ『クロコーチ』。

いまさら三億円事件をテーマにするってのもなあ。番宣をみたときには、正直いって気分は引きモードだった。みんな下山事件とか三億円、それにグリコ森永とか、本当に好きだよなあ、と。

でも小説とノンフィクションの別なく、どれも事件の真相は、CIAか内閣情報調査室、あるいは巨大な反社会的組織による組織犯罪だという謀略史観に回収される。結末が最初っから見えている。でも、そんなハンデをぐいぐい体力で乗り越えて、自分流に染めあげていく力が長瀬智也にはある。

神奈川県警の悪徳刑事、黒河内《くろこうち》とコンビを組まされるのは、東大卒の新米刑事、清《せい》家《け》真《ま》代《しろ》（剛力彩芽）だ。どんなドラマでも〝イラッとする〟と反感を買う剛力だが、このドラマに限っては目障り感がない。驚異的な記憶能力を持つ、ダサい服の世間知

	⑦テレビ東京	⑧フジテレビ
9	8.54 字 所さんそこんトコロ〝東京の老舗にスゴイお宝が眠っていたよ〟美空ひばり７歳の記録 そば屋300年のオキテ 銀座マダム御用達の刃	00 解 字 金曜プレステージ「大人気医療サスペンス第４弾！医療捜査官財前一二三～名門校で相次ぐ生徒の心臓発作 不審死に秘めた学校の思惑と薬物投与疑惑!? 証拠のない遺体に財前が正義のメスを刻む」高島礼子 北村総一朗 石倉三郎 中村橋之助
10	00 字 たけしのニッポンのミカタ 日本のスゴイ町 年商３千万だらけ村に美人嫁が殺到!? ▽潜入No.１金持ち村㊙暮らし 54 字 100年音楽 川井郁子	10.52 空旅をあなたへ 北欧

販売元：TCエンタテインメント

らずな女性刑事。そんなありがちな役柄は、普通なら鼻につくところだが、今回に限ってはわりと自然体に見える。

それもこれも長瀬くんの存在感あってこそだ。ステレオタイプな悪徳刑事を演じても長瀬くんは芝居の構えが大きいんだ。彼の庇護下にいれば表情の乏しさや演技の拙さも目立たない。どころか自然と居場所を提供してくれる。

といって長瀬くん一人でドラマはもたない。酷薄な表情の神奈川県知事、沢渡を演じる渡部篤郎がいることで、物語は緊張感を孕《はら》みつつ動きだす。超ホットな長瀬vs.ウルトラ冷血の渡部。二人の抗争を軸にドラマは展開する。

現職知事が淫行相手の女子高生を殺し、その秘密を知ったＷＥＢデザイナーの一家三人も殺害する。荒唐無稽な筋書きだ。おまけに警察ＯＢの沢渡は三億円事件にも関与していると黒河内は睨む。警察内部で暗躍する〝桜吹雪会〟のメンバーらしい。

県会議員や県警本部長が、つぎつぎ死んでいく。県知事も逮捕された。すべて黒河内の描いたシナリオどおりと思っていたら、獄中の沢渡が裏で糸を引いている疑いがみえた。沢渡に洗脳されたと覚しき看守役のいしだ壱成がサイコな雰囲気で目を惹く。

渡部が演じる県知事の背後に、さらに巨悪が存在するのかが後半の焦点だ。一九六〇年代末の三多摩地区アングラ事情を知る向きには、気になるネタが何点かあるが、ここには書けない。なんて、私も謀略史観に毒されたかな。

2013年11月8日(金)

	④日本テレビ	⑤テレビ朝日	⑥TBS
9–10	7.56 [字][デ]金ロードＳＨＯＷ 「ハリー・ポッターと死の秘宝ＰＡＲＴ２」 （2011年米・英合作） Ｊ・Ｋ・ローリング原作 [吹]小野賢章▽今夜完結 全ての謎が明かされる 超大作のラストに涙！ 全世代必見の感動物語 ノーカット地上波初!! ▽全作品おさらいする 保存版ダイジェストも	7.30 [デ]野球侍ジャパン強化試合～台湾 日本×台湾 渡辺久信　高橋由伸 小久保新監督が率いる 新生侍ジャパン初陣!! 9.54 [字][デ]報道ステーション 中学生誘拐…闇サイト 共謀３人の素性と背景 ▽東電汚染水・廃炉に 税金負担はどこまで？ ▽侍ジャパンが初対戦	00 中居正広のキンスマ そう考えると楽になる …ＴＶに出ないベストセラー作家曽野綾子が 周囲に振り回されずに 生きるコツを伝授◇[天] 00 [字]クロコーチ 「警察の真実暴露！」 長瀬智也　剛力彩芽 小出恵介　板尾創路 森本レオ　渡部篤郎 54 [字]ハシワタシ

104

ドクターX～外科医・大門未知子～

▼颯爽としているんだよ、米倉が。脇役も絶好調だ▲

いいねえ、今季も『ドクターX』は絶好調だ。一年間、待ってた甲斐がある。群れを嫌う一匹狼の女性外科医が、腐りきった大学病院で誰にも媚びず、難手術に次つぎトライし成功させる姿は壮快そのもの、見るものは毎回カタルシスを覚える。患者の病名を特定し、あっとおどろく術式を提案する。「前例がない」といって慌てふためき邪魔する教授や事務長に「私、失敗しないので」の一言を突きつけ、果敢にオペをやりきる女性医師は、文句なしにかっこいい。

米倉涼子のファンでもない私の目にも、その仕事っぷりが鮮やかに映る。颯爽《さっそう》としているんだよ、米倉が。自分の「柄」にあったドンピシャリの役に出会えたようだ。手術シーンとそこに至るプロセスも大きな見せ場だが、やはり病院内の暗闘というか権力闘争が、ドラマでは大きな比重を占めている。

今回のボス役は、外科統括部長の蛭間《ひるま》を演じる西田敏行だ。昨年の伊東四朗も存在

	⑦テレビ東京	⑧フジテレビ
9	7.58木曜８時のコンサート 〝２時間スペシャル〟 ▽小林旭　五木ひろし ▽橋幸夫　山本譲二 伍代夏子　藤あや子 原田悠里　香西かおり	00字とんねるずのみなさん 豪華食わず嫌い松本潤 VS上野樹里爆笑私生活 ▽男気VSめちゃイケで 未公開㊙映像一挙公開 54字ウマイ話　トリンドル
10	00字カンブリア宮殿 年93万人殺到！卵王国 ナマ卵に大行列のナゾ 詰め放題にオムライス 農家幸せの新・道の駅 54字みらいのつくりかた	00字デ独身貴族「一夜限り のシンデレラ!!恋に落 ちた独身貴族」草彅剛 北川景子　藤ケ谷太輔 蓮佛美沙子　伊藤英明 54字ビューティーレシピ

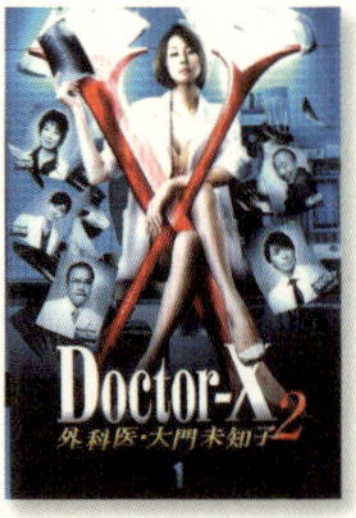

販売元：ポニーキャニオン

感があったけど、西田敏行もいい味だしている。

凄味たっぷりの専制君主タイプではない。へらへらしてて臆病で女好き。でも、もっと好きなのが「権力」という小悪党をやらせると、西田敏行は、ぴたりハマる。

権力を維持するためなら、自分に忠実な部下を平気で切り捨てるし、目障りで仕方ない米倉演じる大門のオペ技術を利用もする。オーラ出しまくりの悪い奴より、西田タイプの小悪党が、じつは一番タチが悪くて恐ろしい。

その西田の顔色をうかがう二人の医師が、これまた薄っぺらな小悪党ぶりでドラマを盛りあげる。ベテラン教授の海老名（遠藤憲一）と、若手講師の近藤（藤木直人）だ。

内科の統括部長、馬淵一代（三田佳子）の引きで医局に入った近藤は、いわばノンキャリの外様だ。野心を隠して二人のボス猿、蛭間と馬淵にすり寄り、澄ました顔で大門の手術アイデアを盗む姿は、『赤と黒』ジュリアン・ソレルの小型版の趣きもある。しかしこの男も、ズルい癖に非情に徹しきれない。

卑屈なまでに小心な海老名の情けなさと悲哀が、回を追うごとに味わいを増し、その表情に釘づけだ。遠藤憲一、こういう薄っぺらな小物の役もうまいねえ。

岸部一徳と内田有紀の脇役陣もいい。

医局内の権力争いに興味ない米倉に「嫌でも巻きこまれるわヨ」と岸部が楽しそうに予言するが、エンケンの今後が気になる。

2013年10月17日㈭

	④日本テレビ	⑤テレビ朝日	⑥TBS
9	00 字 デ ケンミンショー 大絶賛のミスマッチ!? 新潟謎の汁物ラーメン ▽超ド級!! 北海道㊙肉グルメ▽大阪謎サンド 54 アソビラボ	00 字 新 ドクターX～外科医 大門未知子「復活!!!! 失敗しないハケンの女 オペは1億の競走馬」 米倉涼子　藤木直人 三田佳子　西田敏行	7.00 徳光和夫の感動再会！逢いたい！3時間SP ドラマより壮絶な人生 涙と希望…真実の物語 胸を打つ衝撃の結末に スタジオ全員が泣いた
10	00 字 デ ダウンタウンDX 小池徹平じぇじぇ泥酔 大久保激白お泊まり愛 陣内孝則智則合コン!? 健介絶叫北斗の鉄拳VS ノブコブ誘うエロ小蜜	10.09 字 デ 報道ステーション 伊豆大島で懸命の救助 地質専門家と現地調査 高密度洪水流が原因か ▽重要国会！野党質問 ▽債務上限期限で米は	00 デ ジンロリアン～人狼～ 芸能人のウソを見抜け 超話題の極限心理戦！ 長瀬智也　剛力彩芽 小籔千豊ほか 54 N NEWS 23

105 相棒 シーズン12

▼繁栄の下で崩壊が静かに進行する『相棒』帝国▲

ねえ、こういう雑なドラマ作りしていて、大丈夫なの。久しぶりに『相棒』を見て、そんな危惧を抱いた。

向島の料亭で芸者が殺害された。被害者の小鹿こと小西皆子は甲斐亨（成宮寛貴《なりみやひろき》）の幼なじみだった。遺体の腕には蜥蜴《とかげ》のタトゥーがあった。皆子の過去がわかる。十六歳で売春、二十一歳で覚醒剤で逮捕されて服役している。タトゥーは半グレ男と一緒に彫ったものだった。亨は、右京（水谷豊）も首をひねるほどの熱意で、捜査にのめりこむ。個人的な感情に流される亨を、右京さんは地道な捜査で支える。

右京さんは有能だし、運も良いから、すぐに怪しい男を二人みつける。こうなれば、善人ふうに見えるほうが犯人に決まっている。展開にもうひと工夫ほしい。

警察庁次長の息子で〝お坊っちゃま刑事〟と呼ばれることに反発する若い熱血刑事と、あくまでクールな右京さん。そのコンビネーションも巧く嚙《か》み合わない。

販売元：ワーナー・ブラザース・ホームエンターテイメント

	⑦テレビ東京	⑧フジテレビ
9	00 解 デ 水曜ミステリー9 特命！落としの鬼刑事 澤千夏2「黄金レシピの女～伝説の取調官が〝完落ち〟に挑む！放火殺人の凄腕シェフ!? 16年燃え続けた激情」泉ピン子 とよた真帆 田山涼成 佐藤めぐみ 松沢一之 北村総一朗	00 字 ホンマでっか!? TV 高嶋ちさ子が毒舌口撃 軽部アナは幼稚園児!? ▽長風呂が孤独癒やす 夕食前の風呂いい理由 54 字 おふくろ、もう一杯
10	10.48 競馬！有馬記念㊙特集 54 TXビジネスレポート	00 字 リーガルハイ「ついに最高裁！例え全国民が敵でも必ず命を救う」堺雅人 新垣結衣 岡田将生 里見浩太朗 54 字 FOR YOU

成宮寛貴の演技力が問題なのか。いや、やはり内容が薄いんだ。すっごく細かいことだけど、ひとつ挙げるよ。

被害者の腕に彫られたタトゥーがアップになり、享の視線が釘づけになる。あんな純情な子が、なぜ刺青なんか。その思いを強調した場面だ。

芸能人が覚醒剤で逮捕されると、必ずタトゥー問題が報じられる。そういえばタトゥーを入れた頃から奇行が目立ち始めました、とかね。

タトゥーは麻薬への第一歩。そんな短絡した図式がマスコミに残っている。最近の『相棒』にも、そうした安易な発想が感じられる。

もうひとつ。右京とタッグを組む〝相棒〟を、なぜ、こうも次つぎ変えるのか。今シリーズでも、相棒コンビとライバル関係にある三人組刑事のボス（大谷亮介）が重傷を負って辞職し、画面から消えた。小料理屋の女将役の高樹沙耶あらため益戸育江も、このドラマに限っては適役だったのに。

思えば、警察庁幹部の岸部一徳を外したとき、キャスティングのミスは加速した。その岸部一徳が脇に配置されたことで、『ドクターX』には良質な笑いが生まれた。大ヒットの陰に一徳あり。ツキをわざわざ『ドクターX』に献上した形のテレ朝だ。

テレ朝の視聴率アップは、『相棒』に支えられていた。しかし『相棒』の空洞化は深刻だ。帝国の繁栄の下で崩壊は静かに進行していた。そんな歴史書の教訓が重なる。

2013年12月11日㊌

	④日本テレビ	⑤テレビ朝日	⑥TBS
9	00字 世界仰天ニュース 〝脳ＳＰ〟妻と他人の顔の差が分からない…ブラピも苦しむ失認症 ▽めまいで記憶を失う 54字 心に刻む風景	00字 相棒 「かもめが死んだ日」 水谷豊　成宮寛貴 鈴木杏樹　真飛聖 三津谷葉子　入来茉里 54字デ 報道ステーション 来年度税制が決定前夜 大詰め軽減税率の攻防 消費税以外でも負担増 ▽W低気圧の行方は▽Ｖ９川上哲治氏を悼む 打撃の神様が作った礎	00字デ テレビ未来遺産 逆境を乗り越えた あの人の魂の言葉2013 がんと闘った…王貞治 東大卒業も挫折…林修 屈辱をバネに林真理子 死と向き合った…壇蜜 91歳の今…瀬戸内寂聴 重病を克服したメッシ ▽茂木健一郎・秋元康 草間弥生・百田尚樹 10.54 N ＮＥＷＳ 23
10	00字デ ダンダリン・労働基準監督官㊙「何のために働くのか…監督官としての答え」竹内結子 松坂桃李　風間俊介 佐野史郎　北村一輝		

106

〝新参者〟加賀恭一郎「眠りの森」

正月ドラマに収穫あり！ 石原さとみが覚醒の予感

正月に各局が流す長尺ドラマは、総じて退屈である。とりあえずテレビでも見るか。そんな気分につけこんだ緩い作りがミエミエでね。

ところが今年は、飛びっきりのドラマがあった。刑事加賀恭一郎（阿部寛）でお馴染み〝新参者〟のドラマスペシャル『眠りの森』をじっくり堪能することができた。

見合い相手と興味のないバレエ鑑賞に行き、居眠りしてヒンシュクを買った加賀が、「白鳥の湖」で黒鳥を踊った浅岡未緒（石原さとみ）を見て、目が醒める。

その高柳バレエ団で殺人事件がおきる。事務所に侵入した男が、団員の斎藤葉瑠子（木南晴夏）を襲い殺された。所轄署が正当防衛を認めようとしたとき、不審に思った捜査一課の加賀が登場する。

さらにバレエ団の演出家が毒殺された。白鳥を踊ったプリマの高柳亜希子（音月《おとづき》桂《けい》）から団員からは手がかりが得られない。加賀とコンビを組むことになった「所轄一

	⑦テレビ東京	⑧フジテレビ
9	6.00 デ 開局50周年特別企画 新春ワイド時代劇 〝影武者・徳川家康〟「歴史が変わる！影武者が天下を動かす！」隆慶一郎原作 ▽第一部「関ケ原で家康は暗殺された…!?」▽9.07 第二部「豊臣家の運命は!? 秀忠の陰謀VS影武者の正体！」西田敏行　観月ありさ	6.30 字 新春どっきりの祭典 史上最大!! 爆笑!! 号泣 超超豪華３時間半ＳＰ ①嵐大野が絶叫餅つき 三浦春馬に上原浩治も ②モー娘大観衆の前で
10		00 字 有吉×独身さん芸能人 結婚偏差値㊙チェック 東幹久・えなり・武田修宏ら芸能界結婚難民20人の恥ずかしい恋愛から下着話まで続々！

販売元：TCエンタテインメント

筋四十年」の刑事（柄本明）は「バレエ団の連中、一味だな。みんなでグルになって、何か隠している」と怪しむ。バレエ団にとって一番大切なものはプリマだ。捜査陣は亜希子をマークする。彼女の周囲からは錯綜した男女関係も浮かびあがる。

でもね、どうみても、このドラマの主役は石原さとみなんだ。地味で目立たない。いつも伏し目がちで、薄幸そうな気配がただよう。なのに彼女が踊った黒鳥から、剣道の達人である加賀は〝切りかかってくる〟凄味を感じた。

雨の降るシーンが多い。次の演目「眠りの森の美女」でフロリナ姫を演じる未緒は、稽古のとき貧血で倒れる。雨の中で崩れ落ちる踊り子。

石原さとみといえば、ぱっちり見開いた瞳だ。なのにこのドラマでの彼女の目は、いつも不安そうな翳《かげ》りを宿し、哀切な表情が浮かぶ。降りつける雨の中で気を失うその姿の昏《くら》い美しさといったら。

そう、二時間半に及ぶドラマのメインは石原さとみだ。これまで、その容姿をうまく生かしきったドラマに恵まれなかった印象の石原だが、やっと適役に巡り合えた。見る者をそこまで確信させる、はかない哀しさを完璧に演じきった。

化粧っ気のない大人しい踊り子が、なぜ急に殺気さえ感じさせる舞台を演じられたのか。美少女の代名詞だった石原が、ついに未緒と同じく、ここぞというシーンで凄味を感じさせる女優になった。長く記憶に残る予感がする。

2014年1月1日㊌

	④日本テレビ	⑤テレビ朝日	⑥ TBS
9 10	6.30㊫ぐるナイ新メンバーお披露目で緊急Wゴチお年玉で運だめし新年おめでとう５時間ＳＰ▽新日本料理＆ザ中華熱気ムンムン㊙福袋!!大竹しのぶ乱舞で岡村家族団らん結婚宣言＆ＥＸＩＬＥタカヒロへ主演ドラマ頼んだゾ!!心は日本晴れ横綱白鵬ピタリ金星○百万円に	6.30㊫開局55周年記念とんねるずスポーツ王15回記念５時間ＳＰ▽松岡修造＆錦織圭と〝因縁〟テニス決戦!!伝説のスーパースターマッケンロー緊急来日▽石橋の夢ついに実現甲子園の東西強豪対決中田翔おかわり軍団VSチーム帝京!!番組史上最大の奇跡が!!◇㊫Ⓝ	00㊫東野圭吾×阿部寛新春ドラマスペシャル〝新参者〟加賀恭一郎「眠りの森～人気No.1熊川哲也Kバレエ監修加賀VS美しきダンサーシリーズで初めて加賀が女性に惑わされる!!容疑者はバレエ団全員涙の真実と哀しき愛」阿部寛　石原さとみ音月桂　木南晴夏

失恋ショコラティエ

▼松潤の魅力と石原さとみの〝妖精〟っぷりが全開の月9▲

月曜日の夜九時。ＮＨＫニュースの寸前にチャンネルをフジに変え、ドラマ開始を心ワクワクさせながら待つ。まさか、そんな日が訪れるとは。冥王星よりも遠く、永遠に交わることのない存在が〝月9《ゲック》〟と思っていたのに。

それにしても、今年の石原さとみは絶好調だ。正月ドラマ〝新参者〟スペシャルの薄幸なバレリーナ役で、ついにその容姿を生かしきった適役に巡り合ったと思ったら、その半月後には月9『失恋ショコラティエ』が始まった。

ケーキ屋の息子、小動爽太《こゆるぎそうた》（松本潤）が、高校に入学してすぐひと目惚れした、一学年上の小悪魔系女子が紗絵子（石原さとみ）だ。爽太なんか眼中にないのにチョコレート好きの気まぐれ女を〝妖精さん〟と崇める。

菓子学校の卒業直前に手痛くフラれた爽太はパリに。彼女の心も体もトロけるチョコレートを作るんだ。そう思って超一流店で修業すること六年。帰国するやチョコレ

	⑦テレビ東京	⑧フジテレビ
9	6.30 超巨大マグロ伝説2014「死闘！スゴ腕漁師 VS 重量 356キロ怪物マグロ 90 日命がけ密着ＳＰ」▽１億５千万円マグロ捕った37歳漁師その後	00 字 デ 新 失恋ショコラティエ「もっとあなたに傷つけられたい !!」松本潤　石原さとみ　水川あさみ　水原希子　溝端淳平　有村架純
10	00 字 デ 未来世紀ジパング〝知られざる親日国〟敗戦の日本を救った…スリランカ！今世界一行きたい国＆企業殺到 54 字 モノイズム	10.09 字 くいしん坊　すぐき 15 字 ＳＭＡＰ×ＳＭＡＰ 滝川クリステル初来店 おもてなしの裏の素顔▽女優の恋愛もっと大胆に▽リップスライム

販売元：ポニーキャニオン

ート王子と呼ばれる寵児《ちょうじ》になる。

しかし再会しても「あのね、図々しいお願いなんだけど」といって、来月に迫った自分の結婚式のウェディング・ケーキを作ってくれと頼む妖精さん。「他の男にチョコを作らせるわけにはいかない」と徹夜する松潤の純情っぷりがいいんだよ。

ボンボン・ショコラを作りながら、チョコレートのバスタブに身を沈める紗絵子を妄想する爽太が、笑えて、そして切ない。相手の思わせぶりな態度に一喜一憂する自分が嫌になり（そうだ、俺は悪い男にならなきゃ）と一念発起し、紗絵子からのデートの誘いも一度は断る。かわいいモデル、えれな（水原希子《きこ》）の「エッチしようか?」の求めにも応じる。でも、紗絵子のちょっとした言動ですぐヘコみ「ああ、俺って馬鹿だ！」と泣きべそ顔になる爽太が、ホント好ましい奴に見えてくるんだ。

松潤の魅力が全開のドラマだけど、これもすべてワガママでかわいい〝妖精さん〟を演じる石原さとみが、いればこそである。

軽くてマヌケなコメディなんだけど泣ける。俺まで、きょう街で見かけた女のコのことを妄想してしまう。この雰囲気、誰かに似ている。

思いだした。『可愛いだけじゃダメかしら』のイザベル・アジャーニだ。大作『アデルの恋の物語』じゃなく、C級コメディで、馬鹿だけど超かわいいヒロインを演じたイザベル・アジャーニに、勝るとも劣らない妖精さんだ。

2014年1月13日㊊

	④日本テレビ	⑤テレビ朝日	⑥TBS
9	7.00はじめてのおつかい!! 〝超爆笑&大号泣…！奇跡が起こる3時間〟亀田和毅は悪いチビ!? 18年前の〝お蔵入り〟おつかい映像を初公開	7.00学べるニュースSP!! 2014年知っておくべきニュースを池上解説で ▽過去最悪!? 日韓関係 世界はどう見ている？「告げ口外交」って何	00[解][字]月曜ゴールデン 西村京太郎サスペンス 十津川警部シリーズ51 京都～小浜殺人迷路「十津川の妻が殺人!? 25年前の未解決事件が
10	00[字]しゃべくり007 反乱 EXILEぽくない!? タカヒロに脱退願望!? 美しい素顔を7人暴く 坂上忍以上の潔癖症&美容師技でADを変身	9.54[字][デ]報道ステーション 列島に最強寒波が続く 日本海側は大雪に警戒 ▽普天間移設に市民は予算か基地削減か…▽偉業！葛西が最年長V	引き起こす連続不審死 死を招く呪いの赤椿」渡瀬恒彦 かたせ梨乃 烏丸せつこ 石田太郎 芦川よしみ 伊東四朗 10.54[N]NEWS 23

108 なぞの転校生

▼岩井俊二がテレ東で不朽のSFドラマを生み出した!!▲

幼なじみの広一（中村蒼《あおい》）とみどり（桜井美南《みなみ》）の通う高校に、ある日、転校生（本郷奏多《かなた》）がやってくる。

端整な顔とずば抜けた知識をもつ典夫が転校してきた日から、奇妙な出来事が起きる。クールだが、ときおり寂し気な表情を浮かべる典夫に、みどりは心魅かれていく。

転校生ドラマの王道を外さない設定だ。サスペンスに淡い恋愛の要素も何滴か。しかし特筆すべきは、比類ないその映像美だろう。高校生の単調な日常も、闖入《ちんにゅう》者によって出現した非日常も、ともに肌理《きめ》こまかく撮られていく。

やがて、もう一人の転校生がやってくる。典夫のイトコという触れこみの女子高生アスカ（杉咲花）だ。典夫は広一の住む高層マンションに住む独居老人（ミッキー・カーチス）を、モノリスというアイテムで意識操作して、孫と偽り入居している。

アスカは滅亡したD－8世界から、次元移動して平行宇宙のこのD－12世界に逃れ

	⑦テレビ東京	⑧フジテレビ
11 深夜	00 Ⓝ WBS　消費増税でトラックが足りない！▽反動減は想定せず？強気貫く輸入車の戦略 58 ネオスポ　Jリーグ！ 0.12 字 デ なぞの転校生「もうひとりの転校生～眉村卓の傑作SFを岩井俊二がドラマ化」 0.52 字 ウレロ　バカリ脚本 1.23 Wake Up,G! 1.53 プピポー◇買物の時間	11.12 空旅をあなたへ　豪州 20 字 クイズ・ソモサン・セッパ　高橋英樹怒る？サバイバルQで若手が反乱…間違えたら退場 50 字 僕らの音楽　超男子会オカモトズ×スカパラ山下智久エロはヤバイ 0.18 字 Ⓝ JAPAN　予報変わる？新衛星の実力 0.43 すぽると！　田中理恵ソチ五輪のヴィーナス

販売元：東宝

てきた王女だ。転校生アスカは校舎を散策し「見よ、この建物の在りよう。まるで家畜を飼育する施設のようではないか」と下僕の典夫に告げる。

クラスでも「さあ教師よ、授業を始めよう」とプリンセスの気品を崩さぬ言動で周囲は唖然。私も爆笑が止まらない。杉咲花、絶好調である。

企画と脚本を担当した岩井俊二は、眉村卓の原作にはない設定も創出した。アイデンティティカ。次元を異にした平行世界に存在する同一人格を指すようだ。D－8世界で戦死したアスカの許嫁《いいなずけ》ナギサの、この世界におけるアイデンティティカが広一だった。

広一は転校生たちがくる少し前から、よく夢をみるようになった。七歳で死んだ妹の夢だ。夢に出てくる妹の成長した姿は、転校生アスカにそっくりだった。広一の妹は、王女アスカのアイデンティティカだったのだ。

聡明だけど世間知らず。気は強いが純粋。そんなアスカの広一への想いが切ない。ある晴れた日。広一とみどり、アスカと祖母の王妃、そして典夫たちは公園に出かける。シャボン玉を吹く子どもを見て、私もしたいとねだるアスカ。シャボン玉に興じる少年少女の表情の輝きが、静かに描かれる。

そこに絶妙な挿入歌（岩井のユニット、ヘクとパスカル）が重なり、この美しさは何か不吉なことの前兆かと思ったとき、凶行がおきる。

誰もが好演だが、杉咲花には見惚れた。不朽のＳＦ学園ドラマがいま生まれた。

2014年2月28日㊎

	④日本テレビ	⑤テレビ朝日	⑥TBS
11 深夜	00字アナザースカイ　挑戦初バンジー！中村アン11年ぶりカナダ再訪 30字未来シアター　世界初雪像への映像投影密着 58字N ＺＥＲＯ　人気授業著名大学で日本アニメハリウッド注目のワケ▽〝走る理由〟考える 0.58音楽龍　MCタカトシ 1.58デサッカー欧州ＣＬ 2.28乃木坂　雪山㊙ゲーム	10.54字デ報道ステーション 11.15字私の嫌いな探偵「〝猫〟が繋ぐビニールハウスの連続殺人!?解けない謎はない!!」剛力彩芽　玉木宏渡辺いっけい 0.15スマホＰＯＬＩＣＥ 0.20タモリ倶楽部　男の尻の正しい描き方を学ぶ 0.50ぷっすま　オレ街観光 1.25朝まで生テレビ	00字Ａスタジオ　変わり者市川猿之助の大きな夢海外進出とコント出演 30 N ＮＥＷＳ 23 どうなるビットコイン親が付き添う大学入試今夜は佐々木紀彦さん 0.20字有田ヤラシイハナシアイドルのアンケートに好きと書かれたい芸人ヤラシク新ネタ披露 1.25ガンミ！噂の現場直行

109

にっぽん縦断　こころ旅

札つきの遊び人だった火野正平が、いい味だしてる

火野正平が、いい味だしてる。春になって、また『にっぽん縦断　こころ旅』がスタートした。ハアハア、ゼイゼイ。息を切らしながら、自転車のペダルを漕《こ》ぐ姿を見ていると、ああ俺もあんなふうに生きてみてえなと憧れる。

昔は女優やタレントと、散々浮き名を流した男が、いまは老骨にムチ打ち、チャリを漕ぎつづける。この落差がたまらないんだろうな。見る者を魅きつけるんだよ。

実際に、移動中の人気たるや、すごいものがある。『鶴瓶の家族に乾杯』にヒケをとらない。路上や駅前、食堂で火野を見かけたオバサン、女の子、さらに爺ちゃんまで芯からうれしそうに「毎日、見てますよ」と話しかける。

もちろん番組の構成も、ツボを押さえているんだ。視聴者の手紙に書かれた「こころの風景」を訪ねる旅だもん。こんな手紙があった。火野さん、愛知県春日井市の定《じょう》光《こう》寺《じ》駅にぜひ行ってください。

	⑧フジテレビ	BS ③ NHK BSプレミアム
	00 副字デ プロ野球〜神宮	5.00 字 旅のチカラ選　盲目
	ヤクルト×巨人	のピアニスト辻井伸行
7	江本孟紀　金村義明	セーヌ川・水の即興曲
	▽日本一ＨＲ飛び出す	6.00 ワンワン◇30 ラスカル
	神宮で最強巨人打線と	7.00 心旅　長浜へ火野正平
	驚異日本新記録ペース	7.30 字 えん旅　八神純子
	バレンティンが対決！	8.00 字 ザ少年Ｐ　タキ翼
	総額100万円当たる	9.00 字 よみがえりマイスタ
8	豪華キャンペーン実施	亡夫愛したオートバイ
	【中止のとき】	10.00 字 猫と芸術家の物語 再
	7.00 ランキンＺＯＯ	▽向田邦子・涙の訳
	8.54 字 N ＰｉｃｋＵｐ・天	11.00 解字デ 花子とアン 再

販売元：ポニーキャニオン

2004 2005 2006 2007 2008 2009 2010 2011 2012 2013 2014 2015 2016 2017

子ども時代の叔母の思い出が綴られている。山と川に挟まれた集落に叔母が一人で住んでいた。「川でさんざん遊び、うちに帰るとき、叔母が定光寺駅の長い階段を上り、ホームまで見送りに来てくれました。しかし年を取るにつれ、階段の途中で引き返すようになり、そして階段の下で見送るようになりました」

山間の寂しい駅なんだ。狭くて急な階段の途中に座って火野正平は手紙を読む。まるで井上靖が描く少年期の大切な思い出のようだ。たぶん多くの視聴者が、昔は若くてきれいだった、いまはもうこの世にはいない叔母の記憶を持っている。視聴者のかけがえのない体験を秘めた土地を目指し、かつて札つきの遊び人だった男が、愛車チャリオ号を駆る。

普通は誰がやっても、偽善っぽい印象になるところだ。被災地とのキズナを呼びかけるタレントに、ときとして覚えるあの違和感と同じだ。だけど火野正平が上り坂でハッハッウーッと喘《あえ》ぐ生なましい声をマイクが拾うと、胸が揺さぶられる。テレビだもん、そりゃ演出はあるさ。でもコイツの肺から絞りだすウァッアーッという叫びにも似た息づかいの前では、そんな勘繰りなんて霧消してしまう。

火野正平は善人になったわけじゃないよ。信号待ちしている車中に女がいると「お、ベッピンさんだ」とニコニコ声をかける。坂道で喘ぎ、女には自然に甘える。爺さんになっても、フェロモン出まくりの火野正平である。

2014年4月16日(水)

	④日本テレビ	⑤テレビ朝日	⑥TBS
7	00字デ１番ソング　春うた	00字ナニコレ珍百景　春だ	00字列島目撃！４時間ＳＰ
	名曲誕生のヒミツＳＰ	出会いと絆の感動ＳＰ	激撮！密着警察24時
	ハナミズキ森山さくら	教師のために生徒が涙	オレオレ詐欺犯VS警察
	秋川雅史「花」カバー	日本一周自転車で配達	攻防４時間半の全記録
	セカオワきゃりー新曲	不幸が売りのパスタ店	ダマそうと次々電話VS
	56字笑ってコラえて「日本	56字くりぃむのミラクル９	ダマされたフリの母親
8	発ただ今世界席巻中」	豪華俳優×ヒーロー!!	そして…犯人が現る！
	33歳大阪娘パリで起業	クイズであたふた決戦	▽駅に刃物振り回し男
	世界一美しいクワガタ	小沢征悦も田辺誠一も	緊迫包囲…制圧の瞬間
	作る男＆バラエティー	坂上忍が超ダメだし!!	▽謎だらけ…ひき逃げ
	変えたカメラマン伝説	▽納豆プロ100人質問	証言崩しと科学捜査で
	8.54字ＺＥＲＯミニ	何まぜる？◇世界街道	ヒタヒタ真相へ…逮捕

110

続・最後から二番目の恋

品のいいドラマだ。大人のしゃれた会話が心地よい

いよいよ最終回だ。並みの恋愛ドラマとテイストが異なる『続・最後から――』だから、長倉和平《わへい》（中井貴一）と吉野千明（小泉今日子）が一緒になるかどうかは、さほど重要な要素にはならない。

ポップで明るい笑いが絶えない品のいいドラマだ。鎌倉の古民家に大家族が一緒に暮らす長倉家の会話は、懐かしく心地よい。

明るさの背後に、おびただしい〈死〉がある。和平が若いころ両親は死んだ。次男の真平《しんぺい》（坂口憲二）は子どものころ脳腫瘍を発症し、いまも再発のリスクを抱える。

和平の妻は十年前に幼い娘を残し急死した。妻は毎朝、海岸で桜貝を拾っていた。理由はわからない。でも和平は今朝も黙々と桜貝を探す。

辛気くさくなる設定を、脚本の岡田惠和は二ひねりして笑いに転化する。優柔不断とからかわれる和平だが、彼の優しさに魅かれる女性が続出する。彼女たちがみな未

	⑦テレビ東京	⑧フジテレビ
9	6.30 開局50周年特別企画テレ東！音楽祭（初）▽9.15〜2部国分太一〜感動メイＪ「アナ雪」今夜限り！後藤真希がモー娘ＯＧと生復活！ジャニーズ赤面㊙お宝過去映像＆ＴＯＫＩＯ関ジャニ奇跡のコラボＮＥＷＳ・Ｖ６生熱唱総選挙後初テレビ登場ＡＫＢヒットメドレー	00 字 とんねるずのみなさん食わず嫌い満島ひかりVSバナナ設楽統で爆笑女優どハマリ歌熱唱▽水落前夜祭で神落下集 54 字 ウマイ話　トリンドル
10		00 字 デ 続・最後から二番目の恋㊚「二人で200歳へ!! 人生まだまだファンキーだ」小泉今日子　中井貴一　坂口憲二　内田有紀　飯島直子

販売元：ポニーキャニオン

亡人。不思議なおかしさがただよう。妻を忘れられない和平にその気はないが、はっきり断れず、そこを千明や長女の典子（飯島直子）に責められ、笑われる。

テレビ局の第一線プロデューサーだった千明は、がんばり屋で姐御肌で、ストレスが溜まっていたはずだ。それが長倉家の隣に引っ越し、大家族の一員として遇され、心が安らぐ。そして男前な千明の元気が、ひっそりした大きな家に活力を与えていく。

典子の亭主（浅野和之）がバカで、よく家出する。和平と千明も交えての家族会議。何がアナタを駆りたてるの？「青年よ荒野を目ざせ、かな」。青年は荒野に行っても戻ってくる体力があるけど、老人は行き倒れちゃうよの反応に大笑い。

バカ夫婦の相談を受けた後で、和平と千明は酒を呑む。

「まだまだですよねえ」。人の心が判らない、と千明。「まだまだはイイことです」「んっ？」「まだ伸びしろがある感じで……でも、まだまだなのに、残された時間は少なくなっている」。素敵な会話がまだつづく。

「あなたは、私からすると四つ下の女の子」。和平は五十二歳で千明が四十八歳。四歳差なんて一緒。そういっていつも千明に逆襲されるが「世代は一緒。でも、幾つになっても私の四つ下の女の子」。派手なテレビ局と地味な市役所。仕事も性格も正反対な男女が、この歳で、ここにこうして隣り合って生きている奇跡。そんな人生の楽しさと不思議さをしみじみ、だけどポップに描いたドラマです。

2014年6月26日㈭

	④日本テレビ	⑤テレビ朝日	⑥TBS
9	00 字 デ ケンミンショー 衝撃!! 秋田謎の守り神 怪奇カシマサマの正体 ▽大分熱烈とり天愛▽ はるみついに栃木転勤 54 アソビラボ	7.00 出張！徹子の部屋７弾 夢トーク豪華３本勝負 ①ハリウッド緊急帰国 渡辺謙と㊙クッキング ②マツコと日本橋探訪 話題のデパ地下グルメ	8.00 人間観察モニタリング 今夜は豪華ゲスト集結 超超超必見３時間ＳＰ ▽フジモンが優樹菜に 離婚話を切り出したら ▽木部シリーズ第５弾
10	00 字 デ ダウンタウンＤＸ 総額15億叶姉妹㊙私物 熱唱どぶろっく㊙ネタ 黒田知永子襲う美魔女 大久保!? 陣内孝則ア然 叶美香脱がせた園子温	9.54 字 デ 報道ステーション ザック辞任の意向表明 ▽イラク分裂の危機… クルド占拠の油田潜入 ▽世界一高い雷の観測 ▽アフガン戦争の教訓	ローラとコンビ結成!! 京都潜入で大パニック ▽ＥＸＩＬＥが女子校 先生だったら気付く!? ▽呪怨コラボ怪奇現象 水川あさみ&振分親方

111 若者たち2014

古くさいとこきおろす奴らに一言いってやりたい

理屈じゃねーんだよ、ドラマの善し悪しってのは。『若者たち2014』を、ドラマ性がどーたらとか、貧困の描き方がこーたらとか、屁理屈つけてコキ下ろした気になってる連中みてたら、俺も久しぶりに熱くなったぜ。

ドラマ作る側も、それを小馬鹿にするスレッカラシの視聴者も、妻夫木聡、瑛太、満島ひかりなどの出演者を〝豪華キャスト〟とステレオタイプな言葉で括るのが、情けなくって、笑えるよ。あのね、豪華なキャストじゃないの。このドラマには、たまたま芝居の巧い役者がいっぱい出ている。それだけのことだ。そして役者が巧けりゃ、構成や演出の多少のアラなんて、気にもならねえ。

オリジナルの『若者たち』は一九六六年に放映された。貧困と青春をテーマにした白黒ドラマは、当時でも浮いてたぜ。なにしろ二年前は東京オリンピックだし、世の中が高度成長で浮かれまくっていた時期だ。日本は豊かになったのに、唾《つば》とばして「誰

	⑦テレビ東京	⑧フジテレビ
9	00 解 字 デ 水曜ミステリー９ 日丸教授の事件ノート「〝よそ者〟教授が挑む闇に葬られた完全犯罪！10年前の３つの過ち…飛騨春慶塗に隠された哀しき真実！」 小林稔侍　平愛梨　姜暢雄　青山倫子　中原丈雄　仁科亜季子	00 字 ホンマでっか!? ＴＶ 間違いだらけ親子関係 子が苦しむ呪いの言葉 仲良過ぎる親もＮＧ!? ▽農学研究一筋㊙情報 54 字 おふくろ、もう一杯
10	10.48 字 ヨルカフェ 54 字 ＴＸビジネスレポート	00 字 開局 55 周年特別番組 新 若者たち「理屈じゃねえんだよ、結婚は」 妻夫木聡　瑛太　満島ひかり　柄本佑　野村周平　蒼井優　橋本愛

販売元：ポニーキャニオン

のおかげで、メシが食えてんだ！」って怒鳴る長男の田中邦衛って、ズレてる。そう思う連中のほうが多数派だったんだ。

妻夫木くんが長男を演じる平成の大家族の物語を〝貧困の描き方が古くさい〟と嘲笑する連中がいる。オマエらに聞きたい。いまの時代に、貧困はあるのか、ないのかと。昔よりは豊かじゃん。そんな鈍感な奴らは相手にしない。

いまの貧しさは深刻だぜ。ビンボー人の子どもは、ビンボー人のままだ。貧困は認めつつ、制作者の手腕を問うお利口サンに、では他にどんな切り口があるか聞きたい。

俺はね、みんなが〝兄弟喧嘩っていうと、すぐプロレスかよ〟と笑う〈プロレス〉を評価したい。弟と妹の四人を育てた妻夫木くんが、サギで刑務所に服役していた瑛太と雨の中でも、プロレスの技の掛け合いするよな。

ミスター高橋の暴露本が出て以来、プロレスは勝ち負けが決まっていると、ガキでも知っている。でもな、プロレスはひとつ間違うと死に至る格闘技だ。

三沢光晴もプラム麻里子も死んだ。互いに〝せーの〟と呼吸を合わせなくちゃ、攻めも受けもできない。怒りをぶつけ合ってるように見せて、どの一線を越えたらヤバイかを熟知して成り立っているのがプロレスだ。

プロレス同様、見るものを熱くさせ、ときに笑わせる平成版『若者たち』に一票だ。家族に関わる蒼井優、橋本愛、長澤まさみも文句なし。

2014年7月9日㊌

	④日本テレビ	⑤テレビ朝日	⑥TBS
9 10	00字ザ！世界仰天ニュース 〝凶悪事件発生の予感 世界警察24時…ローマ マイアミ・タイＳＰ〟 ▽大迫力ＳＷＡＴ出動 麻薬組織へ突入の瞬間 爆発音にスタッフ凍る ▽戒厳令タイ警察密着 外出禁止令!! 街の真実 ▽イタリアマフィア？ 耳切り取る㊙凶悪事件 10.54字心に刻む風景	00字㊂警視庁捜査一課９係 「殺人クルーズ」 渡瀬恒彦　井ノ原快彦 羽田美智子　中越典子 吹越満　原沙知絵 54字デ報道ステーション 大型台風８号が九州へ 大雨・高波に警戒を… ▽米中関係を読み解く 南シナ海・経済で協議 ▽ブラジルVSドイツ! 最高峰の戦いの勝者は	00字水曜日のダウンタウン ▽ビートたけし乱入で 浜田×松本×たけし… 23年ぶりの本格共演！ 芸人まさかのガチ改名 ▽音楽プロ 200 人選ぶ 歌うま１位は宇多田？ ▽松本の体に関する説 スタジオ実験で検証！ ▽狩野が大喜利生活！ ▽ランク王国がヤバイ 10.54字N ＮＥＷＳ 23

112

花子とアン

▼朝ドラでNHKの罪をも問う。制作陣の度量が光った▲

半年間たっぷり楽しませてもらった『花子とアン』も、いよいよ最終回を迎える。芯は強いが、誰にも心やさしく接し、苦境にあっても明るさを失わない花子（吉高由里子）。たぐいまれな美しさと激情をあわせ持ち、因習に抗《あらが》い、愛に走る蓮子《れんこ》（仲間由紀恵）。二人の魅力は書き尽くされているので、別のアングルから迫っていこう。

視聴率の高さをマスコミや識者は強調したが、そんな数字では分析できない多くの要素があったから、見る側は強く惹かれたのではないか。

脚本が中園ミホに決まった時点で、従来の朝ドラマとは違ったものになるという確信があった。なにしろ『ドクターX』や『ハケンの品格』で、型破りのかっこよいヒロインを産みだした人だ。

ある評論家が「キャラクターは魅力的だが、歴史考証が粗雑で物語構成のバランスは悪く、決して完成度の高い作品ではない」と書いていた。これだから似非《えせ》インテリ

	⑥ TBS	⑧フジテレビ
8	00 字 知っとこ！ 日本全国極上ご飯の供!! ２万円明太子!! １万円粉ウニ▽フランス名水の源泉三ツ星グルメ集まる街	6.00 デ めざましどようび N 子供の安全どう守る？ 8.30 にじいろ ぐっさん&宝塚女優㊙鎌倉散歩▽タイ旅㊙人気スイーツトラ赤ちゃん仰天密着
9	9.25 字 暮らしのレシピ 30 字 王様のブランチ 自由が丘で人気の本▽	▽岐阜ブランド栗農家 9.55 世界ＨＯＴジャーナル
10	本仮屋ユイカが初めてのパリで気ままに散歩▽クリントイーストウッド84歳…魂の最新作	緊急取材！クルーニー豪華挙式の全容追跡▽酔っぱらいの祭典裏側 10.45 字 ロンブー淳㊙レシピ

販売元：アミューズソフトエンタテインメント

は駄目だなあと思った。

金の力で蓮子を妻にした伝助（吉田鋼太郎）が大ブレイクした。物語の構成を崩しかねない人気に、中園ミホは「私は成り上がり好きで、もともと（モデルの）伝右衛《でんえ》門《もん》が贔屓《ひいき》だったのかな」と語った。バランスが、なんぼのもんたい。登場人物への過剰なまでの思い入れがないと見る者は夢中にはなれない。

成り上がりの石炭王は字の読み書きができない。しかし粗野だが、豪放さと繊細さを持ち合わせている。世間一般の知識などない男の純情。ネットで情報だけはあり余るほど所有している連中ばかりだから、本なんか読めない男の個性がキラリ光るのだ。

歴史考証だって、最重要ポイントを押さえている。戦前、そして戦中に、人びとは戦争に熱狂していく。しっかり者だが健気な妹（黒木華《はる》）までが、婦人会の連中と花子の家に押しかけて、英語の本はないかと捜しまわる。

悪いのは一部の政治家と軍人で、民衆は被害者。とりわけ女と子どもは。そんな通説は嘘っぱちだ。女も、そしてメディアも、軍部をしのぐほど戦争を支えた。

ＮＨＫの前身、ＪＯＡＫの部長の、官庁や軍部の顔色ばかりみる小心と卑怯を描いた一点で、歴史認識の鋭さと制作者の度量もわかる。

主役も脇役も思いっきり自由に演じさせるが、人びとの哀しさと愚かさも理屈をいわずに伝えた。ドラマ自体が、豪放にして繊細に作られていたんだよ。

2014年9月27日㊏

	①NHK	④日本テレビ	⑤テレビ朝日
8	00 解字デ花子とアン終 15 字デ週刊ニュース深読み 快進撃！新入幕逸ノ城 ▽米空爆拡大で現地は ▽あなたの暮らしが…	00 字ウェーク　世界に誇る そうだ、新幹線半世紀 経済文化支えたウラ側 ▽残忍…小１女児遺棄	00 旅サラダ　温水洋一が 絶景富士と混浴温泉!! 美味＆釣り八丈島の旅 ▽氷河＆地球の裂け目
9	円安・物価高で景気は 9.30 字アニメ・団地ともお 苦しい時には何を出す	凶行背景と多すぎる謎 9.25 字ぶらり途中下車の旅 酢めしのドライカレー 美味ウォーターチョコ	温泉の国アイスランド 9.30 字食彩の王国　太古の ロマン秘レンコン物語 農家レシピ◇美味百景
10	00 N◇05字金曜ｅｙｅ再 異常気象から身を守れ 大雨・土砂災害・竜巻 住民が見た危機の瞬間	木になる？不思議な靴 水引で芸術的絵画制作 10.30 字ＰＭＴＶ　社会貢献 林業女子会で町おこし	00 字フリーきっぷで行く!! お得な沿線さんぽ旅再 豪徳寺～町田～丹沢… 中村梅雀＆美女２人が

113

きょうは会社休みます。

▼〝こじらせ女子〟のドラマ。そんな見立て、ズレてます▲

綾瀬はるかの演じるドラマをワンクール（＝三か月）見ることのできる幸福を、いましみじみ味わっている。

これまで男性と付き合った経験はゼロ。そんな商社勤務のOL、青石花笑《はなえ》（綾瀬はるか）が三十歳になった日、生まれて初めて異性に誕生日を祝ってもらい、外泊する。

生涯で初の恋人は、会社で同じ部署にバイト勤務している大学生の田之倉悠斗《ゆうと》（福士蒼汰）。二十一歳だ。本来なら無理があるというか、リアルさに欠ける設定だ。

ところが。三十歳で初めて経験する恋愛と、相手との年の差に戸惑いつつも、ひたむきに向き合い一喜一憂する綾瀬はるかが、なんとも健気で新鮮に映る。

このドラマを〝こじらせ女子〟と評する向きが多い。三十歳・処女。年下の彼氏。ここにのみ焦点を当てる。そんな見立て、ズレてますから。

青石花笑は、こじらせてなんかいない。花笑のビルに外資系のオフィスが入った。

	⑦テレビ東京	⑧フジテレビ
9	00字 シネマスペシャル「アウトレイジ　ビヨンド」（12年テレビ東京他）北野武監督・脚本 ビートたけし	00字 ホンマでっか!? TV 三宅健タメ口人生相談 時間守れない男の主張 評論家にまさかの逆襲 ▽幸せになる家の理由 54字 おふくろ、もう一杯
10	西田敏行　三浦友和 加瀬亮　中野英雄 松重豊　小日向文世 ▽待望の地上波初登場 北野武監督が再び放つ 極悪非道バイオレンス	00字新 ファーストクラス「狂気のサバイバル！悪女沢尻VS10人の悪女 ファッション業界格付地獄開幕」沢尻エリカ 木村佳乃　夏木マリ

販売元：バップ

やり手のＣＥＯ、朝尾侑《ゆう》（玉木宏）に、花笑の後輩、瞳（仲里依紗）は猛アタックをかけるが、朝尾は若さと恋愛フェロモンをあわせもつ瞳を、あっさり無視する。どころか、年の離れた恋人と無器用に付き合う花笑に興味を惹かれて誘ったり、「重い女にはなるなよ」と忠告までする始末だ。そんな玉木宏に仲里依紗が「あの人のどこがいいんですか」と訊く。「あの年になっても、まっすぐな恋愛をしているところかな」。彼女がピュアに恋愛している姿に惚れた。女にかけては強者のＣＥＯが、花笑の一途さにコロリやられた。

そう、綾瀬はるか演じる花笑は〝こじらせ女子〟ではない。もっといおうか。三十どころか四十代、五十代になっても、独身、既婚を問わず、自分を〝女子〟と呼ぶ存在の対極にいるのが花笑だ。根拠のない自信と、すれっからしの処世術だけは覚えた女子にない、イノセントな健気さと笑いを表現できる稀有な女優が綾瀬はるかだ。

年下の彼氏役を演じる福士蒼汰を、高視聴率の一因とみる向きもある。

福士くん、確かに顔も小さくて背も高い。しかしあの手のイケメン若手って多いでしょ。だけど綾瀬はるかの代わりは、いない。

三十歳になって彼氏のできない娘を案じる父親（浅野和之）が、ドラマに程よい陰影と説得力を生んでいる。劇中でスパイスを効かせまくる玉木宏の怪演も、今後の展開を左右しそうで楽しみだ。

2014年10月15日㈬

	④日本テレビ	⑤テレビ朝日	⑥ TBS
9	00 [字] ザ！世界仰天ニュース〝なぜ船長は逃げた？海に沈んだ豪華客船〟船長悪ふざけで転覆？事故に便乗のサギ夫婦 54 [字] 心に刻む風景	8.00 [新] 相棒～特別拡大編～初回２時間スペシャル「ファントムアサシン～幻の殺人者は二度死ぬ!?～協力か対立か…VS国家機密を握る女」	00 [字] テレビ未来遺産 世界が驚く日本の職人 この人しか作れない… 20人の誇るべき匠たち 驚異！６ﾐﾘ四方 272 字 超微細ハンコ女性職人 究極！渦巻く寿司職人 91歳のマネできない技 尾上松也驚く船タンス 宙舞う！極薄和紙職人 加藤浩次・寺島しのぶ 10.54 [字] [N] NEWS 23
10	00 [字] [デ] [新] きょうは会社休みます。「30才残念ＯＬに恋の嵐がキター！」綾瀬はるか 福士蒼汰 仲里依紗 田口淳之介 高畑淳子 玉木宏ほか	10.09 [字] [デ] 報道ステーション 危険ドラッグここまで ネットは野放しの実態 追いつかぬ取り締まり 遺族の怒りと法規制は ▽太陽光参入を凍結か	

114

ヨルタモリ

封印した芸風を30年ぶりに解禁した、本気のタモリ

遅れてるよオマエって呆れられるだろうけど、おもしろいねえ、『ヨルタモリ』。昨秋の番組開始直後から、好意的な評価をよく耳にしたんだけど、きちんと見てなかった。ためらいが、あったんだな。『笑っていいとも！』終了後の大ブームと、その語られ方が気色悪くってね。古い映画館や喫茶店の閉店日に押しかけ「アタシの青春が失われたって感じかしら。寂しいわ」と嬉しそうに語る連中とダブっちゃって。

宮沢りえとの新番組も、そんな鈍い視聴者におもねる安直なトーク番組だったら、どうしよう。『タモリ倶楽部』や『ブラタモリ』は、けっこう楽しく見ていた。でも、どうしても、達人の〝余技〟という印象が拭えない。

もっといえば、功成り名を遂げた芸人の〝余生〟を見せられている感じといったらいいか。あるいはセンスいい名人の道楽。

ところが『ヨルタモリ』では、本気で芸をみせてくれるんだよ、タモリが。それも

	⑦テレビ東京	⑧フジテレビ
10	9.54 生放送！東京ＬＩＶＥ 堂本剛がスカッと解決 あがり症主婦の克服法 ▽答えなきゃ極寒地獄 10.48 字ＨＯＰＥ　東ちづる 54 ネオスポ　地獄を見たＧ阿部坂本の再起密着 石川佳純変えた㊙人物	00 Ｍｒ.サンデー 殺害予告72時間超え… イスラム国で今何が？ ①各国の人質が語った監禁生活と救出舞台裏 ②４カ月前に人質解放示唆…現地映像を検証
11	11.30 字ＧＴ＋　ＮＳＸ発表 市販型の最新映像公開 佐藤琢磨が本音を激白 0.00 乃木坂って、どこ？	11.15 字ヨルタモリ　直太朗 即興で店のテーマ作曲 宮沢りえ珍楽器に夢中 謎のヨット乗りが登場 45 Ｎ◇55 すぽると！

肩の力を抜いてスマートに。

湯島あたりにあるバーのママが宮沢りえで、タモリは常連客という設定だ。岩手にあるジャズ喫茶のマスター、吉原さんとかね。私も行ったよ、一関市のベイシー。旗揚げ直後のみちのくプロレスを体育館で観戦した後に、せっかくだからとベイシーに。

怖そうな人だったな、マスターの菅原正二さん。でも「ジャズって音楽はないの。ジャズな人がいるだけ」と東北弁でバーのママや客相手に喋る吉原さんは、みごとに菅原さんの肝を演じている。

次の回では、吉原さんの友人という、徳島の高瀬川さんになったりね。お仕事はと訊かれて「ヨット関係」っていってから「俺は何々関係って言葉、嫌いなんだけど」とひとくさりトークする展開も、気持ちよく聞ける。

デビュー時のタモリには、〝密室芸〟やら〝本音をいう毒舌ギャグ〟〝知的ギャグ〟などのレッテルが貼られた。そうした芸風を封印して三十数年。このままでは〝笑いの神様〟として殿堂入りしてしまうところだが、『ヨルタモリ』では現役感バリバリだ。ジャズ喫茶のマスターやヨット関係者に成りきるタモリ芸の見事さといったらない。芸それ自体が時代に合わせて進化し、洗練されている。

マツコや能町みね子を相手に地図の話で盛りあがるあたりも、余裕と本音が相半ばして楽しい。三十二年ぶりにタモリを本気で見ている。

2015年1月25日(日)

	④日本テレビ	⑤テレビ朝日	⑥TBS
10	00[字]おしゃれ家族ＳＰ 森泉＆森星姉妹の衝撃洋服の爆買いに密着！爆笑！兄妹カラオケ▽石田純一＆理子㊙自宅長男理汰郎くんも２歳	9.00[字][デ]日曜洋画劇場 早くもテレビ初放送！「トリック劇場版 ラストステージ」（14年テレビ朝日他）堤幸彦監督	00[字]さまぁ～ずの！世界のすげぇにツイテッタ～ 深海で世紀の発見ＳＰ 幻のブサカワ深海魚を生け捕りに！新種か!? 54[字]未来の起源
11	00[字]有吉反省会　衝撃告白 女装が好き…美男俳優 26[字][デ]ガキの使い　㊙芸人集結！波乱の山１ＧＰ 56　Ｃ―Ｍａｎｉａ 0.00[字]ライブ	仲間由紀恵　阿部寛 11.15[字]初めて○○　47歳の新米院長が初めて病院開業してみた!! 患者は来るのか？高額マシン続々…全部でいくら？	00[字]情熱大陸　いきものの曲を味付け音楽Ｐの技 名曲の秘密作業大公開 30[字]旅ずきんちゃん　爆笑 おネェ温泉お色気入浴 伊香保温泉で大胆告白

115 学校のカイダン

学校を変えちゃえ。闘う高校生は美しいんだ

テレビ東京の深夜ドラマは見逃せない。しかし日本テレビ土曜九時放映のドラマ＝土9《ドック》のクォリティとスピード感も無視できない。

今季の土9は、ヒロインに新人の広瀬すずを起用した。名門高校の明蘭学園に特別採用枠で編入したツバメ（広瀬すず）は、学内ヒエラルキーの最底辺に位置している。莫大な寄付をする親の子弟八人＝プラチナ8が、生徒の頂点に君臨する。それを黙認し学校を恐怖支配する教頭の金時《きんとき》（生瀬勝久）。生徒はやる気をなくし、校長（浅野温子）と教頭は経営の主導権を巡って暗闘をくり広げる。

最低の学校に放りこまれたツバメは、誰もが嫌がる生徒会長を押しつけられた。近所の洋館に住む、車椅子を駆る謎の青年・雫《しずく》井《い》彗《けい》（神木隆之介）が彼女に近づく。生徒会長の力で、学校を変えちゃえ。

広瀬すずの瞳は愛らしい。神木隆之介の長台詞の巧さときたら、堺雅人なみだ。し

<table>
<tr><th></th><th>⑦テレビ東京</th><th>⑧フジテレビ</th></tr>
<tr><td>9</td><td>00字 出没！アド街ック天国
「商店街の新春限定品
巣鴨」カレーうどん＆
開運塩大福＆まぐろ丼
最新赤パンツ▽絶品鍋
レトロ喫茶◇ぴかマン</td><td rowspan="2">00字 土曜プレミアム
人志松本すべらない話
10周年記念でＳＭＡＰ
参戦！でもド緊張ＳＰ
松本…父の葬式で母が
香取慎吾…草彅の欠席
稲垣吾郎…半同居人Ｈ
宮川…わんこそば悲劇
小籔…相方に怒り爆発
バカリズム…VS警備員
千原…井戸田と号泣旅
笑いの神降臨の全21話</td></tr>
<tr><td>10</td><td>00字 美の巨人　なぜ５枚⁉
ナポレオンの肖像画に
隠された皇帝の野望
30字 クロスロード　密着！
全国駅弁大会の舞台裏
売り上げ６億仕掛け人</td></tr>
</table>

販売元：バップ

かし、すずちゃん、何を喋っても一本調子だから、スピーチライター役の神木くんの操り人形の印象が拭えない。大金持ちの子弟プラチナ8も、カラヤンみたいな服を着た悪役の教頭も類型を出ない。

こりゃ駄目だ。プラチナ枠には石橋杏奈も杉咲花もいるのに、宝の持ち腐れだ。ところが四話あたりで印象が変化した。かわいくて無垢なだけの少女が、スピーチライターの指導を受け、〈言葉〉の力に目覚め、言葉を駆使して学校を変えていく。トラメガを握り学校改革を生徒に訴えるツバメの姿がりりしい。謎の言葉使い師・雫井は何度もジャンヌ・ダルクの故事に触れる。大衆は聖女に熱狂したその翌日には、平気で聖女を裏切る。ツバメも善良だが狡猾《こうかつ》な一般生徒から奈落に幾度も落とされる。ドン底からまたはい上がる少女の姿に魅せられた。きっと私は、昨年秋の香港の反中国デモを想起したのかもしれない。機動隊に催涙ガスを撃たれた学生の多くは、高校生だった。闘う高校生の映像は胸の奥深くを直撃した。

プラチナの生徒たちは己れの虚しさに気づいた。学園を支配した教頭も、かつて学校改革の夢を持ちながらも生徒に裏切られた過去から反動教師になったと明かされる。

正義感を押しつけないから気分よく見ることができた。

私みたいに信念も気力もない爺いの言葉に説得力はないだろうが、高校生は教師や社会に異議申し立てしている姿が美しい。柄にもなく思った。

2015年1月10日㊏

	④日本テレビ	⑤テレビ朝日	⑥TBS
9	00字デ新学校のカイダン 「腐った学園をコトバで変える！弱虫女子の大逆襲が始まる！」 広瀬すず　神木隆之介 生瀬勝久　浅野温子	00字デ土曜ワイド劇場 西村京太郎トラベル63 「長野新幹線～飯山線湯けむり殺人ルート！失踪モデルが、死体で舞い戻った？野沢温泉みやげが告げる犯人」 森宮栄脚本　村川透監督　高橋英樹 高田純次　青山倫子 高部あい　半田健人 大路恵美　森本レオ	6.55字ジョブチューンＳＰ 超豪華！大相撲力士＆プロ野球オールスター３時間ぶっちゃけ祭り ▽番付無視の無礼講!! 白鵬は信用できない!?
10	10.09コルクを抜く瞬間 15字デ嵐にしやがれ　解禁東山紀之と暴露合戦？ 仮面㊙トーク舞踏会… 大野が見た東山の奇行 松潤少年隊の謎に迫る		00　ニュースキャスター 歯…虫…プラスチック異物混入が止まらない〝食の安全〟防衛策は ▽緊迫！パリ12人死亡 銃撃逃亡兄弟の人物像

116 アイムホーム

出世から外れた四十男を自然に演じるキムタク

木村拓哉『アイムホーム』が予想を上回る出来で、見応え充分だ。期待せずに第一話を見たら、謎また謎の展開に一気にハマってしまった。

大手証券会社のエリート社員が大事故に遭い、九死に一生を得る。三か月のリハビリで社会復帰するが、脳には記憶障害が残った。この五、六年間の記憶がすっぽり抜け落ちている。会社一のヤリ手だった家路久《いえじひさし》（木村拓哉）は役立たずのレッテルを貼られて、第一営業部から吹き溜まりの第十三部へ。

でも家路は（ぼくには愛すべき、自慢の家族がいる）と落ちこみもせず帰宅。手慣れた様子で料理を作っているところに妻の香（水野美紀）と、反抗期の娘すばる（山口まゆ）が帰り仰天する。愛する家族といっても、離婚した妻と娘だ。「あ、うっかりしてた。ごめん！」。深刻な記憶の障害をユーモラスに描き、いいすべりだしだ。娘のブラジャーにアイロンかけて、気味悪がられたり。

	⑦テレビ東京	⑧フジテレビ
9	7.58 木曜８時のコンサート 北島三郎　小林幸子 美川憲一　天童よしみ 千　前川　山川　新沼 藤あや子　牧村三枝子 9.48 字 モノイズム	00 字 とんねるずのみなさん 食わず嫌いは水谷豊VS 水原希子で新相棒決定 !? 他で聞けない私生活 ㊙話連発＆特技で爆笑 54 字 ウマイ話　トリンドル
10	54 字 カンブリア宮殿 こんな家に住みたい！ 海まで徒歩０分…露天 風呂付き都心の物件… 理想の住まい探します 新時代の不動産屋さん	00 字 医師たちの恋愛事情 「命がけの決断!!」 斎藤工　石田ゆり子 相武紗季　平山浩行 三宅弘城　板谷由夏 伊原剛志　生瀬勝久

販売元：ポニーキャニオン

慌てて現在の妻、恵《めぐみ》（上戸彩）と四歳の息子が待つ家に向かうが、豪華マンションで家路は寛げない。妻子の顔が〈仮面〉にしか見えないのだ。妻は家路の会社復帰を支えるが、表情はわからない。

失われた五年間。どうやら家路は非情なまでの仕事人間で、営業成績はトップ。家では息子に厳しく受験指導するかなり嫌な奴だったらしい。

事故の際、家路は十本の鍵を持っていた。離婚した妻子の家の鍵が一本目。そして第二話では、ふとした契機で大学時代の唯一の親友、山野辺（田中直樹）を思いだし、彼の仕事部屋に入り、またしても料理を作って待つ。

かたくなだった友人も、家路が妻の恵とどうやって会ったかを明かす。三本目の鍵では前妻との離婚の経緯がわかるのだろうか。一二話までは地味なサッカークラブのコーチが田中圭。これは中盤以降に絡んできそうだ。

キムタクの表情や、身ごなしが滅法いいんだよ。事故で出世レースから外れた四十歳の元エリートを、小ざっぱりした髪とファッションで、自然に演じている。

私はジャニーズ事務所とＳＭＡＰにも、さらにはキムタクにも興味ない。しかしかつて腹黒いほどのヤリ手だった男が、いまは出世コースから外れた同僚や、地味な中小企業への世話を無心にひっそり手がける様子がじつに似合っているんだ。

こんな無垢な四十歳がいるわけない。でもキムタク見てると実在を信じそうになる。

2015年4月16日(木)

	④日本テレビ	⑤テレビ朝日	⑥TBS
9	00[字][デ]春の豪華リレーＳＰ ケンミンショー▽衝撃 埼玉新うどん県の真実 仰天ナスつけ汁＆最強 肉汁うどん＆㊙極太麺 一挙公開▽はるみ福島	00[字][新]アイムホーム 「ただいま！壊れかけた家族…仮面の妻との夫婦生活!?」木村拓哉 上戸彩　及川光博 香川照之　西田敏行	8.57[字][新]ヤメゴク～ヤクザやめて頂きます～ 「堤幸彦最新シリーズ 喪服の女警官とマル暴 刑事人情任侠事件簿」 大島優子　北村一輝 勝地涼　本田翼
10	ダウンタウンＤＸ▽ゴースト真相語る新垣隆 生演奏でクマムシ熱唱 辛坊漂流記VS毒舌徳光 ＩＫＫＯ絶叫姉の告発 10.54街活ＡＢＣ	10.09[字][デ]報道ステーション なぜ高度下げ過ぎた？ アシアナ機事故の原因 究明続く▽９人が今も 不明…セウォル号沈没 １年	10.09[字]桜井有吉アブナイ夜会　桜井翔が２丁目を 探訪…オネエ会参加▽ 大島優子が美尻鑑賞会 木村文乃の私生活密着

117

アルジャーノンに花束を

野島伸司のあざとさは相変わらずだが、山Pはいい

見るべきか、それとも無視を決めこむべきか。『アルジャーノンに花束を』が〝脚本監修・野島伸司〟でドラマ化されると知って悩んだ。

初めて中篇版『アルジャーノン』を読んだときの衝撃はいまも鮮明だ。幼児なみの知能しかない男が、研究者から日記を書けといわれ〈けーかほーこく〉を記す。

その五行目だ。「ミス・キニヤンはみんなでおれをリコウにしてくれるんだという。おれはリコウになりたい。おれチャーリイ・ゴードンという名マエだ。年は三十七で二しゅう間まえがたんじょう日だった」（稲葉明雄訳）。昭和四十年の三月。私は十六歳だ。分量は百枚弱だから、一年に二十回は読み返した。

その『アルジャーノン』をよりによって野島伸司が手がける。嫌な予感がした。なのに初回の途中からたまたま目にしたら、画面に釘づけになった。主役の白鳥咲人《さくと》を演じる山下智久がいいんだ。咲人が無邪気な笑みを浮かべて「ぼく、お利口になりた

	⑦テレビ東京	⑧フジテレビ
9	8.54 字 たけしのニッポンのミカタ日本の名店ＳＰ〝老舗がハヤる秘密〟デパ地下騒然！たけし試食会＆ＶＩＰ商談室４万円メロン感激食い▽懐かし！木彫りの熊実は…スイス生まれ!?	00 解 字 金曜プレミアム 新・奇跡の動物園 2015「〝人も動物も苦手〟44歳新人がやってきたレッサーパンダの出産脱走フラミンゴを救え開園知る長老カバの死初めて知った命の尊さ
10	大盛況！夜の㊙社交場ピンク照明に酔うお客▽90年カレー㊙隠し味	成長の実話」山口智充 戸田恵梨香 小出恵介 城島茂 伊東四朗
	10.48 字 オレゴンを歩く２	10.52 二代目ＪＭ 権田直撃

販売元：TCエンタテインメント

い」というシーンを見ると、もう最後まで目が離せない。

よかったね、山P。『野ブタ。をプロデュース』の、無垢で脱力系な彰が戻ってきた。正直この十年、ホスト顔になった山Pを正視するのは辛かった。文句なしの適役。

咲人を取り巻く人間模様はいかにも野島伸司だ。超知能計画を率いる博士（石丸幹二）は、咲人が好きな研究員の遥香《はるか》（栗山千明）を利用し手術を実行した。さらに資金提供する大手製薬会社の社長令嬢、梨央《りお》（谷村美月）はピュアな咲人に好意を抱く。

科学に翻弄される無垢な青年の悲劇をいいとこ取りした、あざとい恋愛ドラマだ。じつは長篇版『アルジャーノン』が翻訳された七八年、私はそれに似た感情を抱いた。

シリアスな主題にのみ焦点を当て、科学と人間の相克を見事に描き切った前作と比べ、長篇版はやや冗漫に映った。幼少期に受けた母からの虐待が何度となく甦り、主人公の人格が分裂する記述に力点が置かれていることにも大きな違和を抱いた。『24人のビリー・ミリガン』などの多重人格もので不安は現実のものとなる。しかし日本人はそんなダニエル・キイスを愛した。そして〝心の時代〟が幕を開けた。

監修者の意図を越えて、山Pの表情が胸を撃つ。「お利口になったのに、遥香の気持ちがわかりません」。苦悩する咲人に寄り添う花屋の主人（萩原聖人）や父（いしだ壱成）も好演。

2015年4月10日(金)

	④日本テレビ	⑤テレビ朝日	⑥TBS
9	00㊁字デ金ロードSHOW 地上波初放送！「メン・イン・ブラック3」（2012年米）バリー・ソネンフェルド監督 ウィル・スミス トミー・リー・ジョーンズ 声江原正士ほか ▽最強SFコメディード派手でクール＆爆笑	7.00映画クレヨンしんちゃん公開記念3時間SP ▽44映「クレヨンしんちゃん ガチンコ！逆襲のロボとーちゃん」	00字中居正広のキンスマ ひとり農業…開業準備 夢の喫茶店…陶芸窯で便器まで焼く…サケのふ化＆放流…巨大山菜＆謎の野菜チコリ◇天
10	10.54字ゆっくり私時間	9.54字デ報道ステーション 株価15年ぶりの2万円に迫る〝官製相場〟の行方は？▽宮城・南三陸町と東京・中目黒…遠く離れた兄弟つなぐのは〝カレーライス〟	00字デ新アルジャーノンに花束を「無垢な夢、愛友情がもたらす奇跡」山下智久 栗山千明 窪田正孝 工藤阿須加 萩原聖人 石丸幹二

118

ドS刑事

▼馬ッ鹿じゃないの！　天才・多部未華子が泣いている▲

春ドラマのラインナップを見て一瞬、わが目を疑った。『ドS刑事』。主演は多部未華子だ。タイトルだけで、ドラマのレベルがわかる。

四年前、彼女は今回と同じ日テレ土曜九時で『デカワンコ』の主役を演じた。ドラマの作りはC級かD級だ。やたらと嗅覚の鋭い女刑事が、ゴスロリ姿で事件を嗅ぎまわる。どうやっても安っぽいドラマにしかならない設定を、多部ちゃんが救った。

現場周辺を、優秀な警察犬のようにクンクン嗅《か》いで、犯人を突きとめる。切れのいい演技で、ドラマ全体がテンポアップし、華やかになった。

C級ドラマで、一級の演技を見せる。多部未華子の実力を改めて思い知らされた。あの『デカワンコ』の快演が印象に残っていて、今回のチープな警察コメディに起用されることになった気がする。

多部ちゃんが主役なら、キャラの立った演技で、こんなドラマもけっこう話題にな

	⑦テレビ東京	⑧フジテレビ
9	00字 出没！アド街ック天国「春の湘南グルメ散策江の島」名物生しらす絶品キンメ＆桜アイス人気水族館▽新鮮朝市▽絶景食堂◇ぴかマン	00字 土曜プレミアム「世にも奇妙な物語・25周年～人気マンガ家豪華キャスト競演編」▽阿部寛×ルフィ競演ワンピース特別コラボ▽〝もやしもん〟作者珠玉の名作に稲垣吾郎▽楳図かずお・永井豪恐怖の傑作ドラマ化！長谷川京子・鈴木梨央▽前田敦子▽タモリ
10	00字 美の巨人　横山大観が最晩年に描いた富士…荒波と竜に秘めた願い 30字 クロスロード　熱い男俳優・ミュージシャン石橋凌と松田優作の絆	

販売元：バップ

るんじゃない、と。第一話を見て、がっくり。事件のトリックは陳腐以前のレベルだし、笑いも小学校の低学年対象としか思えない。川崎青空警察署の同僚は、勝村政信、中村靖日《やすひ》、伊武雅刀など、そこそこの布陣だが、個性は生かされない。

多部未華子扮する黒井マヤに唯一張り合えるのは、刑事一課長役の吉田羊だけだ。ここにきて遅咲き本格派として大ブレイクの吉田羊だが、さすが彼女もチープな設定でも見事にキャラを演じ切る。気の強さでは負けない、若手とベテランの女刑事が、ときおりバチバチ火花を散らして、向かい合う。番宣風にいうと〝ドＳ対決〟ってことか。劇中もっとも笑えて、画面もぴりっと引き締まる場面で、実力派女優二人が至近距離で、毒のある言葉を抑制しつつ投げつけ合う姿はさすがに絵になる。

映画なら『ルート２２５』や『夜のピクニック』、ドラマだと『鹿男あをによし』の多部未華子は、新鮮な表情と存在感ある演技で、見る者を圧倒した。いまどきのギャルとは異なる、少女の原型を、私たちは彼女に見た。媚びた笑いなど浮かべない清冽な表情に、私は魅了された。

少女の季節は過ぎた。彼女は、どう変貌していくのか。

Ｚ級ドラマでも一級の演技をする彼女に、馬ッ鹿じゃないの！　と罵倒したくなる企画のオファーもくるだろう。私としてはいまの年齢に合った、でも性の匂いは稀薄で透明なヒロインを演じる彼女を見たいのだけど。

2015年4月11日(土)

	④日本テレビ	⑤テレビ朝日	⑥TBS
9	00 字 デ 新しい土曜はじまる 新 ドＳ刑事「攻撃系女子とピュア巡査バディの痛快ポリス・コメディー！潜入捜査で女装しなさい」多部未華子 大倉忠義	7.54 字 新 池上彰のニュース そうだったのか４月が日本の運命を変えた⁉今につながる真実ＳＰ 日本中が怒り・悲しみ喜び・戸惑った出来事 ４月あの日で決まった ▽製造年月日が圧力で賞味期限に変わった⁉ ▽企業がバタバタ倒産 金融ビッグバンとは何 結局いいことだったの	6.55 字 炎の体育会ＴＶ ついに決着！錦織圭VS松岡修造㊙テニス部‼修造さん…もう僕を…弟子とは呼ばせない… 9.54 新 きょうの、あきない
10	▽10.00 字 デ 嵐にしやがれ90分ＳＰ 今夜から新企画始動！松潤がカッコイイ検証 大野が縄文土器を作る 二宮花粉を集めアート		00 ニュースキャスター 呼び名は「殿」「姫」セクハラ疑惑村長辞任 ▽元校長買春１万人超「解放感が強かった」▽春一番吹かない年は

119

ラーメン大好き小泉さん

▼ラーメンと女子高生の相性が、こんなに良かったなんて!!▲

土曜の深夜に、ちょっとした異変がおきている。女子高生がラーメンを食べる。ただそれだけのミニドラマが高視聴率を叩きだしたのだ。

クールな美少女の求道者的なラーメン愛。そのギャップを存分に堪能してください。どうやら、これが制作者の意図らしい。主演は元・ももクロの早見あかりだ。

『孤独のグルメ』に『深夜食堂』。この時間帯にソウルフード物をもう一本って、安直すぎないか。さらに困ったときのラーメン頼み。情報バラエティ番組が流す芸のないラーメン企画が重なる。しかもJKって、あざといよな。

そんな危惧を抱きつつ初回を見たら、思いがけず楽しめた。正味二十分あるかどうかの短さゆえか、さっくり味わえる。俺って、別にラーメン好きじゃないのにな。第二話も見たら、これも面白い。やばいね、癖になりそうだ。

ラーメン大好きな〝謎の転校生〟役の早見あかりを、クールな美少女と呼ぶ世論の

	⑦テレビ東京	⑧フジテレビ
11 深夜	00 ネオスポ　具志堅密着 殿堂入り大ボケ珍道中 30字 ＦＯＯＴ×ＢＲＡＩＮ 天才指揮者とサッカー 55 ハックツベリー　爆笑 住みます芸人㊙健康法 ＆世界のモデル裏事情 0.50 絶対知るべきすちゃん 1.15 ざっくりハイタッチ あばれる君アソコ問題 1.45 ゴッドタン　泥酔美女 中村静香VS最強モデル	11.10字 さんまの向上委員会 第10話女たちの黙示録 芸能界女の抗争の真実 40字新 ラーメン大好き小泉さん「ラーメン二郎 VS 小泉さん」早見あかり 0.05 N◇15 すぽると！ なでしこ現地最新情報 1.05 うまズキッ　３連覇か Ｇシップ宝塚記念討論 1.35 久保みねヒャダ 1.55 スジガネーゼ　綾小路

大勢には、正直なところ違和を覚えた。大盛りラーメンを完食した後に「あ～っ」と喜悦の声をあげながら浮かべる恍惚の表情はかなり微妙だ。

これは単に私が醤油味のあっさりラーメン好きだからだろうか。早見あかり、はっきりいって、濃厚な豚骨テイストの顔だちだ。

早見あかりを「小泉さん、私も連れてって」と追いまわす同級生の大澤悠（美山加恋《みやまかれん》）が、三の線でいい味だしてる。「お断りします」と小泉さんに拒絶されても、マニアックな名店についていく。初心者の悠ちゃんが、ラーメン道の奥深さに仰天したり感動する姿が、ドラマにテンポよいリズムを生みだす。

作りが達者なんだろうな。「ラーメン二郎」で出会った三人のオヤジも、薬味になっている。二郎のラーメンをこよなく愛するから、人呼んでジロリアン。

何も知らない悠ちゃんを諫《いさ》め、あるときは小泉さんの豪快な食べっぷりに拍手を贈る。喜多方さん（村松利史）が渋くてナイスだ。もう一人のクラスメイト、美沙（古畑星夏《ふるはたせいか》）は「小泉って苦手」と嫌っていたが、悠に誘われて、三人で激辛ラーメンを食べる仲に。いかにもいまどきの女子高生っぽい美沙が、小泉さんに負けじと汗でマスカラを落としながら激辛を食べる姿も絵になった。

謎のベールに包まれた小泉さんの私生活も、残り二話で明かされるのか。ラーメンと女子高生。予想を上回る相性の良さに大満足だ。

2015年6月27日㈯

11 深夜	④日本テレビ	⑤テレビ朝日	⑥ TBS
	00㋐マツコとマツコ　検証 マツコロイドが深夜の通販でダイヤを売る!?	11.06デザイン◇裏Sma!!	11.09㋐EARTH　Lab
	30㋐有吉反省会　元大人気子役…衝撃のチャラさ	15㋐スマステ!!　新企画！専門店だから大満足！感動こだわり専門店10 サバ料理が38種類の謎 絶品!! デザートもやし 透明㊙イカ◇上質地図	15㋐スポーツ&Ⓝ　陸上▽プロ野球&Jリーグ！
	55　Going　上田晋也 武藤J最終戦総力取材 恩師が語る原点&秘話	0.15東京応援Ⓝ　佳純&愛	45㋢CDTVスペシャル！音楽の日朝までライブ ▽5時までに46組登場 総勢97組156曲完走へ ▽セカオワ▽西野カナ パフューム▽きゃりーカナブーン▽大原桜子 金爆×氣志團W翔対決 ▽フェス系バンド多数
	0.55AKB旅㊎　柏木由紀 渡辺麻友に本音語る…	0.45見る人　勝ち組負け組	
	1.25手越のサッカーアース	1.15夏目と右腕　女性職人	
	2.25㋢SENSORS	1.45ガムシャラ　涙の理由	
		2.15ブラマヨ熱　吉田偏見	

120 ど根性ガエル

人はどう繋がって生きるか。岡田恵和は問い続ける

私はアニメ版『ど根性ガエル』を見ていない。だから何の予備知識も思い入れもなくドラマに臨んだ。初回で一気に劇中に引きずりこまれた。

昔は相棒のピョン吉と一緒に、明るく元気に暴れていた中学生が、三十歳になったいま、職にもつかず、家でゴロゴロ、街をフラフラして毎日を過している。

あ、俺と同じだよ。十代後半から生活のスタイルも価値観も変わらないまま、この歳になっていた。そう、私とひろしはプータロー仲間だ。

でもね、ひろしにはピョン吉がいる。バカ息子の面倒をみてくれる、優しい母ちゃん（薬師丸ひろ子）もいる。堅気の警察官になった舎弟分の五郎（勝地《かつぢ》涼《りょう》）は、いまもダメ先輩を慕ってるし。

葛飾区立石。下町の決して大きくはない町が舞台だ。狭い町で変わらぬ生活を十六年間営む人たち。優しい住人に囲まれ、悩みなく生きてきたひろしのユーウツの種は、

	⑦テレビ東京	⑧フジテレビ
9	00㊫出没！アド街ック天国 「300店！激安商店街 十条銀座」10円婦人服 人気カレー＆ギョーザ １日１万個売れる総菜 シブい酒場◇ぴかマン	00㊫土曜プレミアム 人志松本すべらない話 初登場４人で前代未聞 若林のオチ寸前に㊙!! 出川哲朗が本気の失態 松本…中居の父見舞う 春日…悲劇の授業参観 華丸…隣の怖い外国人 小籔…ムカつく先輩!! 宮川…女優の本性見た 板東英二…逮捕寸前!? 終盤に何か起こる26話
10	00㊫美の巨人　ムーミン… 醜く怒っている化け物 海と日本と意外な関係 30㊫クロスロード　密着！ 市川染五郎が歌舞伎の 常識覆す!? 自宅＆家族	

販売元：バップ

粗暴なガキ大将だったゴリライモ（新井浩文）が、大きなパン工場の社長になり、「皆さんのお役に立ちたい」と区議選に出馬したことだ。

昔は馬鹿にしていたゴリライモだが、地元での評判は高まるばかり。仲良しだった美人の京子ちゃん（前田敦子）は離婚して、地元に戻ってきた。潑剌《はつらつ》とした表情が消えている。中学時代、彼女に片思いだったゴリライモは「区議に当選したら、結婚して下さい」とプロポーズする。

選挙の後で、京子ちゃんが本音を叫んだ。「女とかじゃなくて、人として生きたいの。人として仲間に入れてよ！」。彼女の不機嫌そうな表情の理由がわかった。

脚本の岡田惠和は、人はどう繋《つな》がることが可能かを、近年多くのドラマで問いかけてきた。『最後から二番目の恋』では、鎌倉を舞台に中井貴一の大家族と、隣家に越してきた小泉今日子の関係に、よくある恋愛ドラマと異なる角度からアプローチした。『泣くな、はらちゃん』では、三浦半島の小さな港町のかまぼこ工場と、マンガの世界の住人の愛と交歓が描かれた。入れ替わりがテーマの『さよなら私』では、一人の男を愛した永作博美と石田ゆり子は、昔の同級生もまじえて女だけの共同体を作る。

小さな町で、人はどう繋がって生きるか。そして誰もに訪れる死をどう受け止めていくか。スカイツリーの見える町で、苦くて切ないドラマがポップに、しかし濃密に展開された掛け値なしの傑作だ。

2015年7月11日㊏

	④日本テレビ	⑤テレビ朝日	⑥TBS
9	00[字][デ][新]ど根性ガエル「伝説マンガが実写化！ダメ男と平面ガエルが大暴れ！」松山ケンイチ [声]満島ひかり 前田敦子 薬師丸ひろ子ほか	00[解][字][デ]土曜ワイド劇場 犯罪心理学教授・兼坂守の捜査ファイル「心を自在に操る学者VS謎の連続餓死殺人!! 犯罪者を養成する仮面家族の正体!? 美人刑事を襲う警官殺しの呪縛」小林稔侍 佐津川愛美 本田博太郎 田中美奈子 根岸季衣 矢田亜希子 板尾創路	00[字]世界ふしぎ発見！ ディズニーランド開園60周年企画！アナ雪&カーズ舞台裏特別取材 なんと園内に大学が！ 54[字]きょうの、あきない
10	10.09 エール！ 佐野ひなこ 15[字][デ]嵐にしやがれ 女優宮崎あおい意外な趣味 奇才!? 大野のラムネ瓶作り▽桜井初夏なのに雪？北陸絶景お忍び旅		00 ニュースキャスター 猛暑襲来！真夏並みに熱中症&台風に要警戒▽新国立競技場を検証 斬新過ぎ!? デザイナー▽氏んでいいですか…

121 民王

ポロポロ泣きながら訴える総理が、いいんだよ

ゴーマンな総理とバカ息子の心が入れ替わる。演じるのは遠藤憲一と菅田将暉《すだまさき》と知って、放映前から『民王《たみおう》』への興味は募った。なにしろ直前にも『ちゃんぽん食べたか』で親子を演じた二人だ。

内閣が次つぎに交替し、思いがけず好機が到来した武藤泰山《たいざん》（遠藤憲一）は、総理の座をゲットする。野心家で女好きの父と違って、息子の翔（菅田将暉）は「漢字を見てると、頭クラクラ」する、勉強嫌いの大学生で、草食系を通り越した〝女子力男子〟という設定だ。

入れ替わった後の、二人の演技が見せる。国会で野党に追及され、あんなところボク行きたくないと涙目になって逃げ回る遠藤憲一。さっきまで脱力系の男子だった菅田将暉が一転して、「俺の顔で、メソメソ泣くな！」とエンケンを一喝する。自信満々で威張りまくる菅田くんがなんとも様になっていて爆笑する。

11 深夜	⑦テレビ東京	⑧フジテレビ
	00 N ＷＢＳ　新国立だけじゃない!? 東京五輪の他施設も建築費高騰！▽リフォームが簡単に 58 ネオスポ　広島×巨人 0.12 字 乃木坂46のドラマ！初森ベマーズ！スポ根「最凶ヤンキー軍団に危機…謎の天才打者」 0.52 字 廃墟の休日　謎の島 1.23 牙狼翔　栗山航ほか 1.53 安部礼司　会社の怪談	11.22 フジおし！ 30 字 Ｃロナウド徹底解剖！豪邸・私生活を大公開　見よ！超絶技ゴール集　激レア来日密着秘話！ 58 字 あしたの N 台風12号接近中…週末どうなる 0.18 すぽると！　早実清宮　夢の甲子園へあと２勝 0.40 27時間テレビ直前！ 0.50 ＡＫＢが夢大陸を紹介 1.00 華丸大吉の２０２０

販売元：東宝

経産相が「中小企業は経営努力が足りない」と失言して更迭やむなしとなる。放心状態になった経産相を自室に呼んで優しく接した翔は、失言の背景を聞きだした。

記者たちに囲まれた翔は、ポツリポツリと事の真相を語る。経産相の親友だった中小企業の社長が自殺したのを悲しんだ故の失言だったと、涙をポロポロ流して訥々《とつとつ》と訴える遠藤憲一が、いいんだよ。切れ者の公設第一秘書（高橋一生）が「翔くん、バカ受けですよ」と、泰山や官房長官にクールに告げる。

こんな総理、見たことないと、ネット上で大人気。内閣支持率も一気に上昇する。

第二話も、笑いあり涙ありだ。レアメタル産出国の大統領をもてなし、輸入交渉を有利に運ぼうとするが、またしても翔くんはドジの連続で、大統領は激怒する。

酒をひっくり返した翔が慌ててハンカチで拭く。大統領は、アニメのキャラが描かれたハンカチに目をとめる。四十年前の内戦時代、難民キャンプに送られてきた、この奇妙な動物のＴシャツを着てると「大丈夫、大丈夫」と励まされた。

「モフモフンっていうんですよ」。翔はアニメの由来を語る。「僕、いや、私も何度も励まされました」と、またも涙目で相手の心を摑む。

一件落着。そこに公安から、ＣＩＡの最先端技術が盗まれたと報告が入る。脳波を遠隔操作する技術だ。入れ替わりは、泰山と翔の脳波が何者かにいじられた結果のようだ。ワニ顔総理の涙目は乾きそうもなく、見る側は楽しみ。

２０１５年７月24日㊎

11 深夜	④日本テレビ	⑤テレビ朝日	⑥TBS
	00 字 アナザースカイ　世界水泳の舞台メルボルン青木愛引退本当の理由	10.54 字 デ 報道ステーション	00 字 Ａスタジオ　泥酔女神ＪＵＪＵ酒と歌の日々将来の夢はＢＡＲ経営
	30 字 N ZERO　暴風雨か強い台風12号が沖縄へ〝最接近の島〟生中継▽五輪エンブレム発表	11.15 字 新 民王「池井戸潤作総理大臣がバカ息子と入れ替わり国会騒然!?どうなる日本の未来」遠藤憲一　菅田将暉草刈正雄　西田敏行	30 字 N NEWS 23 東京五輪まであと５年今夜エンブレムも発表▽丑の日にナマズとは
	0.30 バズリズム　セカオワ進撃主題歌初ライブ！	0.15 ライク　本仮屋ユイカ	0.15 ビジネスクリック
	1.30 アナＴ　授業２ＨＳＰ	0.20 字 タモリ倶楽部　南極過酷ツアー感動＆料金	0.20 字 有吉ジャポン　直撃外国人美女の自宅潜入
	1.40 ラストコップ特別版２話冒頭も特別公開！	0.50 速報！甲子園への道	0.50 タメ旅　自己紹介の旅
		1.10 ぷっすま　激辛◇夏祭	1.20 字 エンタメコロシアム

122 夜の巷を徘徊する

トヨタ社長を相手にしても揺るがぬ、マッコのすごさ

深夜の泡沫《ほうまつ》番組、マッコの『夜の巷《ちまた》を徘徊する』が、なんとゴールデン枠で、三時間SP放映である。内容は①東京ディズニーシー。②トヨタの工場見学。③以前、深夜のサービスエリアで会った、元は女性だったお兄さん宅訪問だ。

③は問題ないよ。だけどディズニーシーとトヨタって。誰もが行きたいディズニーと、世界に冠たるトヨタでしょ。本来ならマッコといちばん遠い世界のはずだけど。

異種格闘技戦ってことでしょうか。ディズニーシーは大したことなかったな。世界のミッキーも、マッコの迫力には及ばない。そう、マッコはいまやミッキーをしのぐ、日本中で愛されるアイドルだ。

トヨタの元町工場を徘徊するパートは緊張した。だって豊田章男社長いきなりの登場だ。マッコを助手席に乗せて運転し、社員食堂まで付き合う。タイアップ番組か？

マッコだから、社長も作業服を着て付き添うし、近未来カーのドライバーまで務め

	⑦テレビ東京	⑧フジテレビ
7–8	00 [字][デ]ポケモンＸＹ「友情のタッグバトル イーブイ初参戦!!」 30 [字][デ]ＮＡＲＵＴＯ疾風伝 自来也忍法帳 58 [字]昭和・平成のヒット曲 皆様からのリクエストで貴重映像見せます２ ▽歌姫の名曲…ひばり テレサ・藤圭子・島倉 ▽あずさ２号・居酒屋 娘よ・お富さん・古城	00 [字][デ]VS嵐　ＢＥＴ de 嵐 Ｃロナウドが嵐にブ然 ㊙相撲＆トランプ対決 意識調査でホンネ続出 ＴＯＫＩＯのダレ派？ 57 [字]アンビリバボー「実録 日本中が震えあがった 国内衝撃事件の㊙真実 執念の男と女ＳＰ!!」 ▽ドロドロ愛の果て… 裏切られた女の決断は 禁断の復讐闇サイト!!

る。マツコ大好きの私は、彼女がどう対応するか、かなり緊張した。でも、マツコは賢い。豊田社長のモーレツ接待を楽しみつつ、夜の大工場の未知の領域で働く人たちの素の表情を引きだす。

食堂で若い工員に話しかけて、北海道に妻子を置いて豊田市で働く非正規の社員という境遇を訊きだす。溶接部門では、山中永吉くんという青年と話す。「親が矢沢永吉の大ファンで」「じゃないと付けないわよ」。

溶接ロボットの動きが人間っぽくて「かわいい」と呟いたり。楳図かずお『わたしは真悟』の、知性を獲得した産業ロボットの悲劇を思いだして、私も胸がジンとなる。テレビ局と取材される企業の思惑とは少しずらした光景を見せる。マツコの才能だ。でもマツコさん、きみのキャラをみんなが狙っている。

もし電力会社が、深夜の発電所と従業員の姿をお見せしましょうといったら、マツコと番組スタッフ、事務所はどうするか。そんな心配までしてしまった。

以前は女性だった、両親や弟と暮す三十八歳の男性の家を訪れる企画は、いかにもマツコらしい味わいあふれる好編だった。

なんとか自然に振る舞おうとする家族。しかしときおり顔をだす居心地の悪さ。でも、そんな繊細な思いやりがすばらしいと励ますマツコからは偽善の臭いがない。もう色いろ考えて疲れもしたけれど、マツコすごいよ。

2015年10月1日(木)

	④日本テレビ	⑤テレビ朝日	⑥TBS
7 8	00字 得する人損する人ＳＰ 村尾&桝&木原ホラン 人気キャスター軍団を 人間ドック&危ない㊙ 食生活密着でチェック ３人に危険が早期発見 ▽話題家事えもん伝授 早く乾く部屋干し技& 洗濯機の見えないカビ をめん棒でチェック技 &絶品㊙野菜バーガー 8.54字 ママ大好き！	00字 夜の巷を徘徊する特集 マツコ・デラックスが 夜歩きする深夜番組が ゴールデンで３時間… ①東京ディズニーシー どんな所？初体験よ!! ミッキーと遂に初対面 ②世界一の自動車工場 豊田社長が見学案内… 美人ママ職員に感激!! ③あの人の自宅訪問… 突然マツコに大家族は	00字 プレバト芸能界㊙才能 査定スペシャル第41弾 ①芥川賞・羽田圭介の 斬新すぎる俳句を毒舌 先生が酷評!! 羽田涙目 ②新企画…秋の旬和食 梅沢富美男が赤っ恥！ １位のはずが最下位!? ③假屋崎省吾の生け花 板尾すごいプロ級作品 ④おかず査定土井善晴 キスマイ作を酷評◇N

123

掟上今日子の備忘録

▼難役をクールにこなすガッキーを覚えておこう▲

忘却探偵という設定に、まず心惹かれた。夜になって眠りにつけば、その日のことはすべて忘れてしまう。

たった一日しかもたない記憶。探偵にはおよそ不向きだろうに、彼女はその忘却をセールスポイントにした。明日には記憶はリセットされる。ならば今日のうちに依頼された事件は解決せねばならない。事件を即日解決する〝最速探偵〟掟上《おきてがみ》今日子（新垣結衣）の誕生だ。

探偵には助手が必要だ。それなら格好の青年がいる。何か事件がおきると、必ず〝おまえが犯人だろ〟と疑いをかけられる哀れな青年、隠館厄介《かくしだてやくすけ》（岡田将生）である。

何度も今日子さんに窮地を救ってもらううち、厄介は彼女への好意を募らせて、ワトソン役を志願する。彼女は無言。がっくり帰ろうとする彼に「おーい」の声が。「送ってくれないんですか？ 私たち相棒でしょ」。厄介は舞いあがるが、彼女を怒らせ

	⑦テレビ東京	⑧フジテレビ
9	00字 出没！アド街ック天国 「絶品まぐろ＆海の幸 京急三崎口」名物朝市 熟成カマ焼き＆人気丼 黄金のサバ▽絶景温泉 極上やさい◇ぴかマン	00字 土曜プレミアム なるほど！ザ・ワールド2015秋 7年ぶりに復活！司会は有吉弘行 アメリカ最先端ＳＰ！北斗・健介ファミリー興奮！最恐絶叫マシン ＩＫＫＯ爆笑の美容旅 全米ラーメンブームの秘密を探る▽恋人選び 豪華ゲスト！アッコ・堺正章・船越英一郎
10	00字 美の巨人 琳派ＳＰ① 光悦の国宝！異形の美 舟橋蒔絵硯箱の秘密!? 30字 クロスロード 密着！女子殺到!? 行列できる奇跡の㊙ラーメン店！	

販売元：バップ

て相棒は解消と宣告される。といっても、翌日には彼女の記憶はすべて失われている。約束をしてもしなくても所詮は関係ないのだ。

いつ会っても、彼女は「初めまして」といって、名刺を差しだす。「置手紙探偵事務所の掟上今日子です」。昨日ずっと一緒だったのに。それが厄介には切ない。

新垣結衣が忘却探偵、今日子さんを好演。総白髪に丸眼鏡。インパクトのある容姿だが、着るものは清楚系だ。

一日で記憶がリセットされる今日子さんが、なぜ探偵をつづけるのか。厄介くんならずとも気になる。心身ともにキツいと思うが、いつも今日子さんは飄々《ひょうひょう》としている。事件関係者が脅しても顔色を変えない。明日になれば忘れているから平気なのだ。

なぜ記憶を失うようになったのか。どうして探偵を職業として選んだのか。何か凄惨な過去があったのか。彼女には今日しかない。だから今日子さん。

シビアきわまりない状況でも笑みを絶やさない今日子さんを、ガッキーはあくまでクールに演じ、ときに品よく、静かに笑いをとる。

彼女がシャツの袖をまくると、白い腕には油性のペンで文字が書かれている。「私は掟上今日子。探偵。隠館厄介さんに依頼されている」。起きて、すぐに状況を呑みこむためのメモ。つまり明日を生きる自分への置手紙だ。記憶の消去は小さな死だ。日々繰り返される死と再生。難役を淡々とこなす新垣のこと、腕に書いて覚えておこうかな。

2015年10月10日(土)

	④日本テレビ	⑤テレビ朝日	⑥TBS
9	00[字][デ][新]掟上今日子の備忘録「僕が恋した白髪の美女探偵…寝たら記憶を無くすので難事件も1日で解決致します」新垣結衣　岡田将生	00[解][字][デ]土曜ワイド劇場「１００の資格を持つ女⑩店長から板前まで全員が女性の居酒屋チェーンで連続殺人事件!!嫉妬か？いじめか？復讐か？その裏にある驚愕の実態を暴け！」渡辺えり　中山忍　山崎樹範　中島ひろ子　金山一彦　升毅　笹野高史　草刈正雄	00[字]世界ふしぎ発見！華麗なる古代都市遺跡ポンペイ！最新発掘で見えた驚きのローマ&緑色の骨ミステリー 54[字]きょうの、あきない
10	10.09エール！　スザンヌ 15[字][デ]嵐にしやがれ秋ＳＰ新垣結衣の超苦手な事海鮮丼を克服できる？素早く動ける？▽嵐のニュースＺＥＲＯ未満		00　ニュースキャスター北朝鮮・軍事パレード40カ国報道招待の思惑▽２日連続ノーベル賞世界どう見た？韓国は▽たけしの歴史的分裂

124 世にも奇妙な物語25周年

開始から25年。〈奇妙な味〉を定着させた功績大

よくぞ、ここまで続いた。開始から二十五周年を記念して、『世にも奇妙な物語』は二週連続の特別企画だ。

第一週は視聴者からの人気投票で上位に選ばれた作品を新キャストで放映する〈傑作復活編〉。投票一位の「イマキヨさん」は九年前の松本潤に替わって野村周平に。

二十五年の歴史をもつシリーズの意義は、タイトルにもある〝奇妙な物語〟を、日本に定着させたことだろう。従来のＳＦ、ミステリー、ホラーの枠からは微妙にずれるドラマを継続的に放映することで、視聴者の目が肥えた。

江戸川乱歩が命名した〈奇妙な味〉は、星新一や筒井康隆らによって、活字世界に大きな位置を占め、後継者も輩出した。〝奇妙な物語〟シリーズがテレビドラマ化されたことで、〈奇妙な味〉をカジュアル化し、若年層に継承することに貢献した。

〈傑作復活編〉はさすが粒ぞろい。第一話「昨日公園」（有村架純）と第五話「思い

	⑦テレビ東京	⑧フジテレビ
9	00字 出没！アド街ック天国「歴史と伝統の宿場町 茨城・取手」そば弁当 老舗ようかん&あられ 名物の奈良漬&鶏手羽 甲子園伝説◇ぴかマン	00字 土曜プレミアム「世にも奇妙な物語・25周年～傑作復活編～過去492作から厳選の5作完全新撮で甦る」▽木梨憲武の涙▽和田アキ子が真昼の決闘!!▽人気No.1作品が野村周平で復活▽オトナの有村架純▽藤木直人の転落人生!?▽視聴注意続・ががばば　タモリ
10	00字 美の巨人15周年ＳＰ① 憧れのロワール古城群 愛と欲望渦巻く究極美 30字 クロスロード　話題！客殺到！㊙焼き肉店主 極上肉のキープとは!?	

出を売る男」（木梨憲武）は、端整な味わいで見せる。第二話の「イマキヨさん」からが弾けた平成の奇妙な味か。

男装の和田アキ子が、活気の失せた真夏の下町食堂で、ただ黙々と飯を平らげる「ハイ・ヌーン」に哄笑。九二年放映時の主演は玉置浩二と知り、これは見たかった。「親子丼ください」に始まり、カツ丼、スタミナ丼からカレーライスまで二十種を完食する話のドライブ感が圧倒的で、原作は江口寿史《ひさし》と知って、センスの良さに納得だ。四話の「ズンドコベロンチョ」（藤木直人）もアイデアと、二枚目と三枚目ともに似合う藤木の演技がマッチした傑作。第二週は監督が主演を指名する〈映画監督編〉で、阿部サダヲと山崎貴がコンビを組む「×《バツ》」などが印象に残る。

そしてやはりタモリあっての〝奇妙な物語〟だ。冒頭と途中などで、何言か喋るだけの進行役だが、タモリが本来もつ〝奇妙な味〟が番組にぴたりマッチしている。

アメリカでは『ヒッチコック劇場』『ミステリー・ゾーン』など傑作シリーズが、五〇年代から六〇年代にかけて放映された。両番組とも司会役がいて、前者はヒッチコック本人（声は熊倉一雄）が登場し、子どもも心にも渋いと思った。

後者はプロデューサー兼作家のロッド・サーリング。こちらはハンパな二枚目で、これなら断然タモリのほうが絵になる。五〇年代のアメリカから現代まで継承された〝奇妙な味〟の歴史に思いを馳せた。

2015年11月21日㈯

	④日本テレビ	⑤テレビ朝日	⑥TBS
9	00字デ掟上今日子の備忘録 「私を寝かせないで！忘却探偵が秘密の同棲 天国と地獄の５日間」 新垣結衣　岡田将生 54字エール！　おかず	00解字デ土曜ワイド劇場 「ショカツの女⑪殺人犯は元少年Ａ？24年間背負ってきた世間の目 防犯カメラが捕らえた容疑者は３人!! 強盗犯と不倫するリケジョ、子供を溺愛する元社長 驚愕の真実とは？」 片平なぎさ　南原清隆 雛形あきこ　金子昇 佐藤仁美　冨士真奈美	00字世界ふしぎ発見！ 注目のＮＹ！最高の秋 朝ドラヒロインも絶賛 ハドソン川の超絶景＆ 感動本場ハロウィーン 54字きょうの、あきない
10	00字デ嵐にしやがれ　天才 葉加瀬太郎は博士ＳＰ バイオリン即興演奏で 音楽クイズ▽二宮実験 巨大きのこホイル焼き 54 キラきら時間		00 ニュースキャスター 北の湖理事長が死去▽パリテロ襲撃の瞬間…日本も標的になるのか ▽阿藤快さん告別式▽下町ニッポンの技術力

125

赤めだか

談志の凄さを知らしめる、ビートたけしの圧巻の演技

年末年始は、意味なく放映時間の長い薄っぺらな特番が多く、うんざりさせられる。

そんななか、頭ふたつは抜きんでた作りで、二時間半近くの長尺をたっぷり楽しめたのが『赤めだか』だった。

原作は立川談志の弟子、談春《だんしゅん》が八年前に書いてベストセラーになった。談春（二宮和也）が両親の猛反対を押しきり、高校を中退して談志（ビートたけし）の弟子になる。

なごり雪の降る三月だったと談春は書いていた。「暦のうえでは、もう春か……」。呟いてから談志は、スーパーのチラシの裏に〝談春〟と書き、緊張する少年に手渡す。

「これ？」「坊やだよ」。

坊や。この一言で十七歳の少年はイチコロだ。「坊やがやることはひとつだけだよ」と師匠はつづける。「どうやったら俺が喜ぶか、それだけ考えろ」。

ビートたけしが圧倒的にいい。イメージどおり。さらにビート君だけしか知らない

	⑦テレビ東京	⑧フジテレビ
9 10	00字世界ナゼそこに日本人 「危険…貧困…辺境で 不幸な子供達を救う」 ▽親の虐待…人身売買 〝貧国〟カンボジアで 15年で孤児80人育てる 訳ありシングルマザー 夫の変心…無残な離婚 ▽内戦続くコロンビア 夫婦で無職の果て移住 最愛の我が子失いかけ 「間違った選択かも」	8.00字ＦＮＳお笑い祭 ▽今年活躍した芸人が 一堂に会する夢の祭典 ▽司会はダウンタウン トークとネタのフェス ▽芸人ニュース18連発 ハリセン春菜VS王貞治 華丸・大吉VS井上陽水 春日衝撃スキャンダル バカリを苦しめた物体 沢部＆若林の悲しい宴 陣内が松本赤面天然話

販売元：TCエンタテインメント

談志の表情も何滴か垂らし、名演の域を超えている。

天才だけど理不尽。わがままだが優しい。そんな談志との師弟愛が、ドラマを貫く太いテーマだ。さらに同時期、立川流で前座だった弟子たちの屈折や野心が生々しく、しかしユーモラスに描かれ、青春ドラマとしても一級品だ。

弟子役もみな好演だが、談春とは現在に至るまでライバルとなる、志らくを演じた濱田《はまだ》岳《がく》の存在感が際だつ。年齢は三歳上だが、入門は談春に遅れること一年半。談春が師匠を怒らせ、築地の魚河岸で一年、魚でなくシューマイを売らされてるうちに入門し、メキメキ頭角を現した。才能ある志らくへの嫉妬。

原作ではかなりヘヴィーに描かれているが、テレビ版では脚本の八津《やつ》弘幸《ひろゆき》はあっさり後味のよい友情ドラマとして処理し、これは正解だったと思う。志らくの複雑なキャラまで描くには、尺が足りない。脇もいいんだよ。酒と借金でシクジる談々兄《あに》さん（北村有起哉《ゆきや》）も味があるし、「ハル！」と呼び捨てにする魚河岸の気っぷのいいオカミさん（坂井真紀）も華がある。

あらためて談志の凄さを知らされる。落語とは人間の業の肯定だ。落語の本質をこう要約したセンスの鋭さ。忠臣蔵で四十七士の浪人が討ち入りしたが、残り二百五十人の逃げた藩士に焦点を当てるのが落語だと。談春と志らく。金魚に進化した二人の背後に膨大な赤めだかの群れがいた切なさを、笑いでまぶし見せる手際が鮮かだ。

2015年12月28日㊊

	④日本テレビ	⑤テレビ朝日	⑥TBS
9 10	00㊢好きになった人2015冬 今夜！藤田ニコル純情 告白大成功!! お相手は 超美男「キスする？」 赤面デートの一部始終 ▽ゲンキング本気愛の 元カノ再会で涙の謝罪 ▽ジャガーズ&加藤諒 初恋美女どっきり対面 ▽新山千春が相性No.1 男性と再婚前提交際⁉ 旬の顔が胸キュンＳＰ	7.00 Ｑさま!!2015 最終決戦 豪華２大頭脳対決ＳＰ ①超最強インテリ美女 30人激突!!独身VS妻!! 一番頭いい美女は誰？ 学力女王No.１決定戦!! ②第２戦は新クイズ!! 「流行王No.１決定戦」 100円グッズ・文房具 コンビニグルメ…2015 ヒット商品から全出題 ▽下町ロケット軍も!!	00㊢年末ドラマ特別企画 赤めだか 「立川談志と弟子達の 笑って泣ける感動秘話 中村勘九郎～さだまさ し～落語家、昇太、小 朝、円楽～豪華競演」 立川談春原作 二宮和也 ビートたけし　浜田岳 香川照之　宮川大輔 リリー・フランキー

126

密着！中村屋ファミリー大奮闘2016

▼名門に流れる結束力。これぞ価値あるドキュメントだ▲

中村勘三郎はその明るい芸風で、多くの人に愛された。物怖じしない性格で、愛嬌もたっぷり。天才子役の時代から人気者だった。

でも他の役者にない鋭いセンスがあった。もう十年前の話だ。勘三郎がテレビで小学生に「歌舞伎って何ですか？」と訊かれた。歌舞伎はね、オジさんだけでやるお芝居なの。男の人の役も、女の人の役も、ぜーんぶオジさんがやるの。気持ち悪いねえ。すごい。歌舞伎の本質をぴしゃり一言で形容した才能に圧倒された。その勘三郎が五十七歳の若さで亡くなったのが四年前の暮れだ。翌年には市川團十郎《だんじゅうろう》、そして昨年二月には親しい坂東三津五郎《みつごろう》までが急逝した。

中村屋はどうなる。歌舞伎界はどこへ行く。

そんな不安を一蹴するかのように、今年も『密着！中村屋ファミリー大奮闘2016』が放映された。偉大な父の遺志を継ぐ勘九郎、七之助《しちのすけ》兄弟を追うドキュメントだ。

	⑦テレビ東京	⑧フジテレビ
9	8.54 字 所さんそこんトコロ 巨大ホームセンターでコレ買って何を作る？娘号泣！オシャレ本棚 父のフローリング張り ゆるキャラ縫う市職員	00 字 金曜プレミアム 独占完全密着！中村屋ファミリー大奮闘2016 ▽勘三郎の孫４歳女形デビューに母・前田愛緊張…花道で大試練▽父が残した約束果たせ 勘九郎の涙と七之助の闘い…悲鳴と喝采の㊙ラスト場面▽94歳弟子小山三さん最期の約束
10	00 字 たけしのニッポンのミカタ 〝魚で大繁盛〟年商46億！㊙かす漬け謎…深夜２時に刺し身１キロ１万円幻の高級魚 54 字 100年音楽 川井郁子	10.52 字 夫婦ＪＡＰＡＮ

しかし私たちの視線はつい勘九郎の長男、七緒八《なおや》くんに釘づけだ。四月に浅草の平成中村座で、四歳の七緒八くんは女形デビュー。振りはひとつ、台詞はふたつだが、これが難しい。お父さんは何度も注意し、母の前田愛さんはハラハラドキドキ。でも七緒八くん、顔をお弟子さんに白塗りされてると、いつのまにかスースー寝息を立てて爆睡。大物です。勘九郎パパもオジジの七之助も、幼少時は白塗りされると爆睡。中村屋の血ですかね。

一方では、中村屋三代に仕えた九十四歳の中村小山三《こさんざ》さんが四月に亡くなった。人懐こくってダンディ。この人もまた誰からも愛された。小山三さんの昔の姿が映るたび、このドキュメントの価値がわかる。フジテレビ偉いぞ。

父の発案になる平成中村座を、なにがなんでも成功させようという勘九郎、七之助の二人が頼もしく映る。中村座が出来たときはおどろいた。二〇〇〇年は隅田公園での『法界坊』、その翌年は『義経千本桜』。江戸の芝居小屋が復活したようで、たっぷり楽しませてもらった。

マジメで涙もろい勘九郎くんは、すでに貫禄充分。線の細い美しさが魅力の七之助くんが、意外や熱くお弟子さんに芸を指導する姿にはびっくり。大阪城の中村座を、父の盟友である扇雀さんのアイデアで成功させたのも見事だ。歌舞伎という不思議な世界の結束の強さを改めて知る。また来年も『密着！中村屋』を見せてくださいね。

2016年2月5日㊎

	④日本テレビ	⑤テレビ朝日	⑥ TBS
9 10	00㊁㊫㊢金曜ロードショー 賞品総額 100 万円分プレゼント！「Mr.&Mrs.スミス」(2005 年米) ダグ・リーマン監督 ブラッド・ピット アンジェリーナ・ジョリー ㊍堀内賢雄 ▽ブラピ&アンジー…究極のラブアクション 10.54㊫ゆっくり私時間	00㊫こんなところに日本人 夜の帝王と呼ばれた男 月収2000万捨て…50で世界放浪！安住の地は標高1500㍍㊙ベトナム 54㊫㊢報道ステーション リオ五輪まで半年…ジカ熱&経済低迷で不安▽年をとるとなぜハゲるのか…仕組み解明？▽五郎丸いざ豪州へ▽2年目のソフトバンク	7.56ぴったんこカン・カンスペシャル 人気爆発ディーン・フジオカが五代…愛妻…流儀を語る▽森三中大島が愛息笑福君を連れて復帰！ 00㊫㊢わたしを離さないで「今夜第２章!! 開かれた扉…新たな恋は希望か絶望か」綾瀬はるか 三浦春馬 水川あさみ 54㊔㊫旅マイスター

127

おそ松さん

▼こんな笑えない作品が大ブーム？　お粗末すぎるぜ▲

なぜトランプは、あれほどまでにアメリカ国民を熱狂させるのか。すこしは気になるが、所詮は他人事である。

そんな私が昂《たか》まる一方の『おそ松さん』現象は、クールに見過せない。

昨秋のスタート直後にチラ見して「何これ？　つまらねえ」と無視を決めこんでいたが、年が明けてもブームは過熱する一方だ。関連商品は激売れ、評論家や学者も〝おそ松さん事変〟を分析し、好意的にブームを追認する。

そこで再度アプローチを試みた。趣味嗜好は人それぞれ異なる。私も自分がつまらないと思う番組は、基本この欄で言及しない。

しかしここまで笑えない作品が大ブームを巻きおこすとはね。一考の価値があるかと思えた。私が抱いた大きな違和感のひとつは、いま記した「笑えない」である。

アニメを繰り返し見て、論者たちの分析や、ネットにあふれる若い女性たちの感想

11 深夜	⑦テレビ東京	⑧フジテレビ
	00 N WBS 58 字 その話…諸説アリ〝渋谷の忠犬ハチ公〟駅に来ていた理由は…○○をもらうため!? 説▽秋田美人の㊙総選挙色白説◇ 0.45 ネオスポ 1.00 世界卓球応援芸人SP 1.30 鶯見肉◇ 35 おそ松さん 2.05 あおかな◇ 35 一夜づけ 2.50 メロ！◇アニメマシテ 3.50 音楽◇ 55 買物（4.25）	11.09 字 しあわせが一番 15 字 キスマイブサイク !? 45 字 あしたの N　ミサイル発射成功？北の狙いは 0.10 すぽると！　岡崎慎司レスター強さは本物？ 0.40 プレゼン・トーテム 0.50 マンフト　レアル驚異 1.20 副 字 テラスハウス新作 1.50 魔女に言われたい夜 2.15 プレミア◇ 40 TARO 3.00 新 傾城の皇妃◇ 55 天

販売元：エイベックス・ピクチャーズ

を読むうちにわかった。アニメ『おそ松さん』は、通常の意味での〈笑い〉を放棄している。評論家たちは〝過激なギャグの詰まった、ナンセンスでシュールな作品〟と一様に記すが、どれも紋切り型の形容で熱気は感じられない。

その点『おそ松さん』に、とことんハマッている女性ファンは正直で、〈笑い〉などハナから無視だ。

同じ顔をした六つ子に今回与えられたキャラの差違を楽しみ、個性を異にすることになった六人の〈関係性〉がどう変化し歪んでいくかに溺れている。

赤塚マンガで小学生だった六つ子が、二十歳代になった現在も無職で童貞。この設定も、昨今の社会状勢をトレースしただけで、あざとく、凡庸だ。加えて六つ子それぞれにキャラ設定したことも、制作サイドの小賢しい計算を感じてしまう。

赤塚不二夫『おそ松くん』の最大の特徴は、意味やテーマや完成度を排した、徹底してナンセンスな笑いだ。筒井康隆、小林信彦、山上たつひこ。六〇年代から七〇年代にかけて輩出するスラプスティックな笑いの先駆けが『おそ松くん』だった。

キャラ化された六つ子は、互いに腹のうちを探り合い、繰り返しツッコミを入れる。この時点で意味が生じ、どこかで見たコントのオチに似た結末が予測される。

既知で溢れたアニメを見ながら、こんな展開と関係性を楽しめる俺ってイケテる。マニアや学者にそう思わせる細工が受けたお粗末な一件という気がする。

2016年2月8日㊊

11 深夜	④日本テレビ	⑤テレビ朝日	⑥TBS
	00㊫🄽ZERO 59 夜ふかし　村上マツコ遂に話題ジャガーさん実態調査も…深まる謎因縁のマツコVS餅問題 0.54 アナT　火サプ 0.59 愛され女と独身有田自信ゼロ女性必見テク 1.29 さしきた　顔だけ芝居告白両思い＆怪物変身 1.59 🈔ＮＦＬ　パンサーズ×ブロンコス（4.00）	11.15 ㊫たけしＴＶタックルゴルフ…釣り…畑まで河川敷の無法者を追及 0.15 ㊫決め方ＴＶ　㊙密着美人社員!? バスツアー130種類!! ◇秘密ＧＲ 0.50 お願い！ランキング生芸人オススメ㊙ラー麺 1.20 スポーツ大将2016◇坂 1.29 ｍｕｓｉｃるＴＶ 1.59 お願い！ランキング生 2.24 テレメン◇㊙徹子◇買	11.53 ㊫Ｍｏｍｍ!!　ビッグバンがギャグを学ぶ…斎藤さんだぞ…ローラ中居オカリナのキス話 0.38 ビジネスクリック 0.41 恋んトス　巧の猛アピールで女の嫉妬が爆発 1.11 週刊EXILE　三代目の年末年始に密着ほか 1.46 火22時深田恭子ダメ恋 2.16 有吉ＡＫＢ　風呂事情 2.53 カイモノラボ（4.00）

128

重版出来！

▼思わず漫画雑誌の編集者だったころを思い出したよ▲

重版出来。私と最も縁遠い言葉だ。「じゅうはん・しゅったい」と読ませる。その私が楽しく見ることができたんだから。パワーあります、このドラマ。

柔道一筋、オリンピック候補だったのに、試合中に重傷を負って、五輪を断念。そんな経歴の持ち主、黒沢心《こころ》（黒木華《はる》）が一転、編集者を志して、持ち前のひたむきさと、「面接は柔道と同じだ」という境地に達し、大手出版社の興都館に入社して、青年マンガ誌に配属される。ともかく明るく元気で、ひたすら前向き。

アイデア閃《ひらめ》くと、社外から会社のロビーまで全力疾走しちゃう。

ちょっと、やり過ぎじゃないかな。あまりに良い子で。『花子とアン』で、女工哀史のような工場から姉を頼り逃げてきたときの、服も顔も薄汚れてボロボロの黒木華に心掴まれたくちなんで、ちょっと違和感があった。

だけど初回のメイン、大御所マンガ家の三蔵山龍《みくらやまりゅう》（小日向文世《こひなたふみよ》）がトラブルを抱え、

<table>
<tr><th></th><th>⑦テレビ東京</th><th>⑧フジテレビ</th></tr>
<tr><td>9</td><td>8.54 字 デ 開運なんでも鑑定団　好きでもないのに大量の骨董を買わされてしまう男…その中に大芸術家の傑作が!?
▽ｄボタンで金額当て</td><td rowspan="2">00 字 世界ウソでしょ旅行社
衝撃映像体験ツアーに
㊙芸能人体当たりロケ
▽天から注ぐ奇跡の光
テレビ初！一瞬の絶景
▽１万匹魚が織りなす
神秘の巨大渦を発見!?
▽蛭子能収がもん絶！
恐怖！メキシコ鳥人祭
▽フット後藤の弾丸旅
世界１周絶品朝ごはん
10.48 字 新 空色◇ 54 字 空旅</td></tr>
<tr><td>10</td><td>00 字 ガイアの夜明け
驚きの商品生む町工場
▽20分で絶品料理が！
新たな調理家電▽謎…
酒がおいしくなる道具
54 字 天才たちの日常</td></tr>
</table>

販売元：TCエンタテインメント

人気連載マンガを休載するところから、新米編集者の心を中心にドラマが動きだす。

心が配属された週刊バイブスは業界の万年二位。大手なんだけど、負け癖がついて、編集長（松重豊）以下、荒川良々、安田顕など、誰もが戦闘意欲を喪《うしな》っている。

三蔵山先生がスランプに陥った原因を、アスリートの直感で見抜いて「先生は復活しますよ！」と心は叫ぶが、関心を示したのは副編集長の五百旗頭敬《いおきべけい》（オダギリジョー）だけ。いつもクールだが、業界の因襲には染まってない。

三蔵山の連載再開を目ざして、熱い黒木華とクールなオダジョーが連携プレーし、松重豊もプッシュ。ここからのスピード感が心地よい。

温厚でエバらない大物マンガ家を演じた小日向文世が、いい味だしている。オダジョー以下、編集部の面々は達者な個性派が揃い過ぎて勿体ないほどだが、心の登場でマンガとの向き合い方が変わるはずの次回以後が楽しみだ。

黒木華はね、ただ巧いんじゃない。やっぱり存在感が大きいんだ。だから見終わって、じつに後味がいい。ネームを読む、などの業界用語の解説シーンも。私もかつて零細マンガ誌の編集者だった。ある日、獨協大生のズブの新人が原稿を持ち込み、下手だけど個性的で気に入って採用した。

毎月、彼の絵コンテとネームを見て、意見を交わしたころが懐かしい。覚えてますか、田口トモロヲ君。

2016年4月12日㊋

	④日本テレビ	⑤テレビ朝日	⑥TBS
9	7.00 さんま御殿３時間ＳＰ 最強女子アナ春の乱！話題のイケメン美女祭 福士蒼汰＆土屋太鳳＆松坂桃李ら豪華俳優に容赦ない㊙笑いの洗礼	7.00 林修の今でしょ！講座 春の豪華３大講習ＳＰ ①医師50人が選んだ!!「体にいい発酵食品」▽納豆VSみそVSチーズ がん予防＆免疫力UP	8.57 字 マツコ知らない世界 ①進化するグミの世界 コンビニ新商品＆絶品 全国お取り寄せグミ!! ②超軽量!! お一人様用 キャンプグッズの世界
10	00 字 ニノさん大賞２０１６ 嵐二宮ＭＣ…大野参戦 真逆の新企画がバトル ①知ったかぶり言葉Ｑ 二宮が即興演技で解答 ②泣いてたまるかＧＰ	9.54 字 デ 報道ステーション 女性の社会進出と「卵子凍結」という選択肢 ▽返還の合意から20年 なのに…▽ロシアW杯 最終予選の組み合わせ	00 字 新 重版出来！「夢を描いて感動を売れ！涙と勇気がわきだす新人編集者奮闘記！」黒木華 オダギリジョー 坂口健太郎 松重豊

129

富川悠太

▼古舘に鍛えられた『報ステ』新キャスターに期待だ▲

こんなことが現実におきるんだなあ。『報ステ』古舘伊知郎の後任キャスターは、富川悠太に決定。正式発表を知ったときの率直な感想だ。

大規模な自然災害から凄惨な殺害現場まで、『報ステ』スタートから十二年、休むことなく全国を飛び回って、現地からレポートを伝えていた富川くんが、スタジオMCになる日がこようとは。

現在三十九歳の富川くんだが、かなり若く見える。顔もハンサムだ。正直いって、若手アナ時代の彼が、長靴に雨ガッパで被災地からレポートしても（何を若僧が）と軽んじる気持ちがあった。

しかしスタジオの古舘伊知郎からの唐突な無茶ブリにも怯まず、きちんと手持ちの情報を伝える。ああ、現場をマメに歩いているな、と見る者に自然とわかる。さらに感心したのは、ときには「その件に関して、情報は入ってません」と正直に答えてい

	⑦テレビ東京	⑧フジテレビ
9 10	00字世界ナゼそこに日本人〝70歳超えてナゼ？〟突然アフリカ移住ＳＰ▽78歳で全力疾走！子供と体育…女一人…定年後にケニア貧村へ貯金30万円…学校作る▽70歳でタンザニアへ強盗に遭い一文無し…屋根裏生活…孤児救う 10.48字ＴＯＫＹＯガルリ 54字未来シティ研究所	00字新ラヴソング「あなたにこの声を届けたい!!たった一つの恋と歌が人生を変えていく！」福山雅治　藤原さくら　菅田将暉　夏帆　宇崎竜童　水野美紀 10.24くいしん坊　三陸の味 30字キスマイブサイク⁉ジャニーズVS㊙モテ技芸能人…初の交流戦!!激ムズ駐車・10分料理

たことだ。いい加減なレポーターは、適当な憶測や伝聞でその場を取り繕う。

どしゃ降りの雨を浴びてレポートしたから好感を得たんじゃない。足で取った情報を伝え、不明の事柄はわからないと伝えたから、富川レポは徐々に視聴者の信頼を得た。

古舘伊知郎が十年間〝嫌いなアナウンサー〟トップなのに、なぜ『報ステ』の視聴率は高いの？　そんな素朴な疑問をたまに目にした。

現場から富川アナが伝えるレポートの説得力。これは確実に好印象を与えた。それに古舘も鬼じゃない。どんな質問をぶつけても、納得できる答が返ってくるからＭＣ古舘も満足そうだし、二人の掛け合いはテンポが良かった。

古舘伊知郎についても。私も決して彼の良い視聴者ではなかったけど（お疲れ様）とねぎらいの言葉を送る。本番直前までオペラやライブを見たり、阪神大震災では「温泉地の湯煙のよう」と口を滑らせ、強面の政治家には「アハー。ウッンー」くらいしか対応できず、スタッフ総出の沖縄中継を楽しみにしていたリベラル・キャスター、筑紫哲也より百倍あなたは頑張った。

富川くん、これからはキミの『報ステ』です。古舘氏や久米宏の亡霊に悩むことはない。隣の小川彩佳《あやか》さんにも感想を訊く気配りで、スタジオも明るくなった。そして政治に関しては、キミ同様に地道な現場取材で定評ある後藤謙次さんがいる。さわやかな表情のキミが、官邸の理不尽な言動に毅然とノンを突きつける番組でありますように。

2016年4月10日(日)

	④日本テレビ	⑤テレビ朝日	⑥TBS
9 10	00 字 月曜から夜ふかしＳＰ 関ジャニ村上とマツコ ご当地問題大大大調査 ①株主優待の桐谷さん 遂に引っ越しを決行!! 片付けで難航…新居で 問題発生まるでドラマ ②千葉のジャガーさん ジャガー星から中継！ ③横浜問題VS武蔵小杉 …京都VS滋賀の水戦争 10.54 字 まだまだ…夜ふかし	7.00 Ｑさま!! 春の豪華ＳＰ 「学力王No.１決定戦」 橋下徹も！池上彰も！ 知識人・博士・先生が 選んだ〝スゴい指導者 ＢＥＳＴ30〟から出題 9.54 字 デ 報道ステーション 「ぐっと近づく」今日 から報ステ新装です!! ▽毎月11日はこれから も被災地を見つめます 富川悠太◇11.10 字 車窓	00 解 字 新 月曜名作劇場 税務調査官・窓際太郎 の事件簿30回記念作品 「呪われた極秘文書！ オリンピック開催の裏 に巨大競技場をめぐる 史上最悪の陰謀！悪徳 政治家よ！貴様達に国 を語る資格はない！」 小林稔侍　内山理名 北村総一朗　麻生祐未 10.54 トップニュース先出し

130

毒島ゆり子のせきらら日記

▼前田敦子、エロと仕事に一途な女をここまで演じるとは!!▲

前田敦子が深夜ドラマの主役に。告知をみただけで、これはおもしろい。おかしなドラマが生まれるぞという予感はあったが、ここまでとは。

念願の政治部に配属された大手紙記者の毒島《ぶすじま》ゆり子（前田敦子）だが、私生活では超恋愛依存体質だ。つねに複数の恋人が必要だから、二股は当然、ときに三股交際に。一人しかいない恋人にフラれたら立ち直れないから、絶対もう一人が必要なのヨ。

でも仕事では初スクープを狙い、気力の限り政治家を追う頑張り屋さんだ。そう、黒木華の『重版出来！』と同じ〝お仕事ドラマ〟だ。

ゆり子は政争の渦中にある与党の幹事長、通称くろでん、黒田田助《でんすけ》（片岡鶴太郎）の番記者になる。慣れない取材に戸惑うゆり子の面倒をみるのがライバル紙のエース記者、小津翔太（新井浩文）だが、優しくスマートで仕事も出来てって、要警戒だよね。

仕事終わりにコーヒーを誘われる。「毒島……ゆり子」「はい」「苗字と名前のバラ

	⑦テレビ東京	⑧フジテレビ
11 深夜	00 N WBS　避難所でのストレス減らせ…企業も建築家も動き出す▽復旧に役立つドローン 58 スポーツW　サッカー 0.12 字 リトル東京ライフ〝料理の写メ見せて〟一番ウマかった店は？143人のスマホのぞき▽行列のドカ盛り肉丼 1.00 アフロ　謎の美女芸人 1.30 紺野踊る　海外ＳＰ！	10.00 パイセンＴＶ90分ＳＰ 11.24 解 字 パラＤＯ　バスケ 30 字 ユアタイム～あなたの時間～　続く避難生活〝枝分かれ土砂崩れ〟南阿蘇軟弱地盤の脅威 0.25 指原カイワイズ　話題グラビア新星久松郁実 0.55 村上信五スポーツの神球史に残る名場面ＳＰ 1.25 いただきハイジャンプ水族館デート雑学とは

販売元：TCエンタテインメント

ンスが絶妙にいいよね。頭も切れる。ひとつ残念なのは記者として可愛すぎる」。
もう口の達者なことといったら。でも大丈夫。彼女のモットーは「二股ＯＫ」と「不倫厳禁」だ。幼いころ、父が愛人を家に連れこんだあげくに、妻子を捨てた。だから二股はしても不倫は駄目。

ところが、小津が「小腹がすいたなあ」といって店のクロワッサンを注文する。じつはゆり子、クロワッサンの食べ方で、男の性格、特にセックスの嗜好がわかる。優しくちぎりジャムをそっと塗る男は、ベッドでもていねいに抱いてくれる。

小津はクロワッサンをゆっくり一枚ずつ剥ぐ。ゆり子は驚愕の表情に。（ああ、エロすぎる……）。ゆり子も剥いで食べる派だが、同じ食べ方の男に会ったことがなかった。（これは運命だ）と身をまかせるゆり子。もちろん相性は抜群。二人が唇を吸いあうシーンのねっとり濃厚なエロさは見応えあります。

朝になれば仕事モード。くろでんが与党を割って分党へという記事を、ゆり子はついにスクープする。

性愛と政治。二つの要素は水と油のように分離したまま進行する。エロとお仕事をきっちり分けて展開させる構成は、見る側のスイッチの切り替えを促し、テンポが冴える。前田敦子、エロと仕事に一途な女を、ここまで巧みに演じるとは。奇妙で濃厚な性愛ドラマは、きっと伝説のカルト番組になる。

2016年4月20日㊌

11 深夜	④日本テレビ	⑤テレビ朝日	⑥TBS
	00字N ＺＥＲＯ　厳重警戒 熊本あすから大雨予報 捜索に影響は？強風も ▽避難所の「トイレ」 59字 ヨロシクご検討下さい 坂上忍バカリ山里若林 天海祐希が爆笑世直し 提案▽VS女性アナに喝 0.54 アナＴ　ゆとりですが 0.59 ２人トークNo.１決定戦 初めて２人きりで㊙話 1.34 ゆとりドラマ復習ＳＰ	9.54字デ 報道ステーション 11.15字 マツコ有吉怒り新党 君を守るよっていう男 どこまで守るつもり⁉ ▽新３大超貴重な金庫 ▽新企画怒られたさん 0.15字 聞きにくい事を聞く 客の少ない珍専門店… もうかる？◇秘密ＧＲ 0.50 お願い！ランキング生 お風呂自撮り◇全力坂 1.26 学生ＨＥＲＯＥＳ！	00字N ＮＥＷＳ 23　星浩 寝たきり・認知症高齢〝災害弱者〟の対応は ▽熱戦プロ野球５試合 0.10字新 毒島ゆり子のせきらら日記「わたし二股はやめられません！」 前田敦子　新井浩文 0.40 ビジネスクリック 0.43 上田ニッポンの過去問 70年代日本の爆破テロ 連続企業爆破事件の闇

131

黒い十人の女

▼ヤバイ状況でも危機感ゼロ。船越英一郎はハマリ役だ▲

船越英一郎って。と、その名を呟けば、まず百人中百人が〝二時間ドラマの帝王〟と応える。世間が抱くそうしたステレオタイプとは異なる船越英一郎が見たい。そんな思いが募る一方だった私には、『黒い十人の女』はまたとない福音である。

なにしろオリジナルの映画は、市川崑が監督し（脚本は妻の和田夏十《なっと》）、美しい妻がいるのに九人の愛人がいるペラいプレイボーイは船越英二、つまり船越パパだ。

くわえて今回の脚本はバカリズム。二年前の『素敵な選ＴＡＸＩ』でテンポの良さと達者なドラマ作りは確認ずみだ。いくら市川崑が名監督でも、五十年以上前の名画である。いまドラマ化するのなら、バカリズムは適任だ。

風松吉《かぜまつきち》（船越英一郎）は、本人いわく「そこそこ偉いテレビ局のドラマ・プロデューサー」だ。初回は、付き合ってまだ半年のテレビ局受付嬢である神田久未（成海《なるみ》璃《り》子《こ》）の目から、松吉と愛人たちの関係が語られていく。

11 深夜	⑦テレビ東京	⑧フジテレビ
	00 NＷＢＳ　カリスマが去った…セブン＆アイの今▽半年ごとに最新スマホ使えるサービス 58 スポーツＷ　Ｗ杯予選 0.12 字じっくり聞いタロウ　ＴＶ消えた芸能人は今おさる転落人生…離婚騒動!? ＆ドスケベ歌姫シルバは出会い系登録 1.00 ガールズ　ＳＰライブ 1.30 芸能人とさしめし	10.00 字もろもろのハナシ 11.24 バディーズ大切な仲間 30 字ユアタイム　都議会で〝豊洲問題〟徹底追及▽台風18号のつめあと新たな台風も発生か？ 0.25 澄田夜話　吉田羊 0.35 何を隠そうそれが…！驚き連発を約束します千原Jr劇団ひとり他 1.35 逃走中　山崎賢人走る新作は日曜よる７時！

販売元：KADOKAWA／角川書店

実年齢は成海璃子が二十四歳で船越五十六歳。うらやましい。ま、そうはありえない設定だけど。璃子ちゃん、ごく普通の女の子だから、やはり悩む。風さんは優しいから、会ってると楽しいけど、でも不倫だから不幸になるに決まっているし。

友人の彩乃（佐野ひなこ）たちにＬＩＮＥで相談するんだけど、このやりとりが軽快でテンポよい。駄目だよ不倫だけは。傷つくのは久未なんだよ。マジで友人を心配してるようでいて、じつは不倫で悩む同性の不幸を、思いっきり楽しんでいる。

さらに、そこへ舞台女優の如野《ゆきの》佳代（水野美紀）まで登場する。佳代から突然会おうと電話が入り、奥さんじゃないかと勘違いし、慰謝料を請求されたらどうしようと怯えながらカフェに赴く久未。

ごめんなさい、もう二度と会いませんから。謝る久未をみて「あ、アタシも同じ。八年つづいてる愛人」とサバサバ対応する佳代。そこにテレビ局で風の部下の美羽（佐藤仁美）も現れ、アタシも愛人だよとドスを利かせる。

風の愛人は全部で九人。それを聞かされ（九人って、野球チームかよ）と呆れる久未だ。友人たちもＬＩＮＥで大盛り上がり。

ヤバイ状況になっているのに、危機感ゼロ。仕事と恋愛をお気楽にこなす主人公を、じつは繊細に演じていく船越英一郎の姿が楽しめる。成海璃子も新境地を開拓。文句なしの傑作、笑えます。

2016年10月6日㈭

11 深夜

④日本テレビ	⑤テレビ朝日	⑥TBS
00字N ＺＥＲＯ　豊洲問題 〝新資料〟で追及へ▽ 闇ルートの店に村尾が 〝世界最大〟難民の街	11.10 Ｗ杯予選次戦は11日!!	00字N ＮＥＷＳ 23　星浩 盛り土新資料で波紋… 最終報告書に記載なし 追加資料要求に都は？
59字デ黒い十人の女 バカリ脚本ダメ女の嵐 船越英一郎 10 股不倫	15字アメトーーク　話題!! ゾンビ芸人…世界激変 ゾンビとの戦い方伝授 ゾンビの歴史＆珍場面 ゾンビVS渡部＆ひとり	0.10 ＴＨＥ体感　「だから お前はダメなんだ！」 鬼教官の怒号飛び交う 日本一超スパルタ学校 を体感！…地獄…号泣
0.54 秋ドラマ㊙スクープ！	0.15字夜の巷を徘徊する マツコ初めてのゴルフ 豪快な一打◇秘密ＧＲ	1.10 ビジネスクリック
0.59 今夜７時は超問○×！ お得なディズニー特集	0.50 お願い！ランキング生 最強ラーメン美味番付	1.13 ＴＢＳ秋の新番組祭！
1.29 内村てらす　芸人特選 次に来る㊙注目の３組	1.20 Ｗ杯予選次戦11日◇坂	1.28 ＨＫＴ48のおでかけ！

132

逃げるは恥だが役に立つ

▼ガッキーの魅力に、数字も追いついてきましたよ▲

秋ドラマが充実している。私の注目は、新垣結衣『逃げるは恥だが役に立つ』と、石原さとみ『地味にスゴイ!校閲ガール・河野悦子』だ。キャラが極端に異なる二人のドラマを見て、その個性と演技の違いを味わう。秋ドラ発表の時点で、これが今季の隠れテーマと確信した。

ところが。開始二週目で、ネットも石原vs.新垣の主役対決に着目した。二話目で新垣の略称『逃げ恥』が12・1%と視聴率を上げた時点で「ガッキー、かわいい!」のつぶやきがあふれた。

大学院卒の派遣社員、森山みくり（新垣結衣）は仕事はてきぱきこなすのに、派遣先でクビ。院卒の部下はちょっとなあと敬遠されたのだ。

無職のみくりに、定年を迎えた、気のいい父がバイトを紹介する。会社の部下だった寡黙で優秀な草食系男子、津崎平匡《ひらまさ》（星野源）の家事代行の仕事だ。津崎の部屋を

	⑦テレビ東京	⑧フジテレビ
9	8.54 字 デ 開運なんでも鑑定団　祖母の家から無断で持ち出した宝は…まさかの妖刀〝村正〟!? 衝撃㊙値▽本木雅弘の先祖のお宝に鳥肌鑑定	00 字 デ 新 レディ・ダ・ヴィンチの診断「手術しない天才外科医!! 原因不明の病を推理」吉田羊　相武紗季　吉岡里帆　高橋克典　伊藤蘭
10	00 字 ガイアの夜明け「激戦！低価格の嵐」北海道の〝極上ネタ〟100円寿司で▽老舗の百貨店に格安ブランド 54 字 天才たちの日常	10.09 空色のおくりもの 15 字 ５０キュン恋愛物語　アラフィフ恋愛体験をあの名作ドラマ女優でミニドラマ化！司会は木村佳乃＆渡辺直美！

販売元：TCエンタテインメント

週に一回訪れて、掃除、洗たく、買い物を、淡々と無駄なく、楽しそうにこなす。笑顔を浮かべ家事をこなす姿は、チャーミングそのものだ。しかし平穏に過ぎていく家事代行の日々は、突拍子もない性格の父により終わる。父は千葉の古民家でのリタイア生活を決めた。定職のないみくりも千葉行きだ。

報告を聞いて、津崎はどれだけみくりの家事が完璧で、かつ気配りに満ちたものだったか、静かに伝える。彼女が網戸を丹念に掃除した日がある。頼まれてない家事だが、さり気なくひとつオマケに片づけた。「カーテン開けたら、朝いつもより明るくて。網戸がきれいになってるって気づいたんです。ずっと続けてほしかった」と津崎。

いままで他人に選ばれたことのなかったアタシ。就職試験も全敗だった。うれしくなって「いっそ住み込みで働きたいくらいです」と口走る。でも独身のお嬢さんを、住み込みには……。「なら、いっそ結婚しては！」。家事代行としての契約結婚というのはどうでしょうか。父譲りの突拍子もない発言から結婚へ。

家事専業の主婦と雇用主。もちろんベッドは別。好奇に満ちた世間から実態を隠し、二人は結婚生活を始める。

一年前の『掟上《おきてがみ》今日子の備忘録』でも爽やかで、はかない忘却探偵を見事に演じた新垣だが、今季も快調。数字も追いついてきた。誰もが彼女が隣にいればと願っている。

では石原さとみは、どうなのか。じつはこちらも見所充分。いずれ報告いたします。

2016年10月11日㊋

	④日本テレビ	⑤テレビ朝日	⑥TBS
9 10	7.00 火曜サプライズ超特大 世界に住む有名人豪邸＆超豪華ぶらり大連発 秋の爆盛り４時間ＳＰ ▽本木雅弘と渋谷新宿アポなし旅…妻＆子供 内田裕也＆樹木希林やシブがき隊すべて語る ▽中井貴一と秋の鎌倉 親友・柳沢慎吾乱入で大暴走＆超意外㊙過去 ▽石原さとみと横浜へ	8.00〝キリトルＴＶ特番〟 ▽福原愛も大谷翔平も羽生結弦も!! 読唇術で感動スクープ続々!! 石川佳純…五輪メダル決めた!! 〝魂の一言〟 9.54 字 デ 報道ステーション サッカーW杯最終予選 現地から中継▽何度も何度も店を移転…でも「絶対やめない」米屋さんのお話◇11.10車窓	8.57 字 マツコ知らない世界 格安航空ＬＣＣの世界 安さだけじゃない劇的進化！座席＆機内食… 現役ＣＡにマツコ興奮 秋に買うべき文房具！ 00 字 新 逃げるは恥だが役に立つ「私を妻として雇って下さい！契約結婚から生まれる愛!?」 新垣結衣　星野源 古田新太　石田ゆり子

133

地味にスゴイ！・校閲ガール・河野悦子

▼石原さとみの魅力はタラコ唇だけじゃないぞ▲

石原さとみを見ていると、いつも（何か違う）という思いに捕われる。

この夏に大ヒットした映画『シン・ゴジラ』で、日系三世のルーツをもつ、米国の大統領特使を演じたときも、終始モヤモヤ感を覚えた。

彼女の演技力とか、劇中の英会話能力が拙いとか、そんなことじゃないんだよ。でも将来の大統領候補といわれる、合理的で自信に満ちたエリート女性って、似合わないよ。あれだけ大きな役を、そこそこ演じたのに、いいとこみんな市川実日子《みかこ》に持ってかれた感が強く残った。

秋ドラマ『地味にスゴイ！校閲ガール・河野悦子』も（違う、違う。彼女のキャラは、これじゃない）と不満を抱えながら、毎週見ている。

憧れのファッション誌で働くため入った出版社で、配属されたのは地味な校閲部。そんな設定で始まる最初の何話かも落ちつかなかった。校閲に回されたのは不満でも、

	⑦テレビ東京	⑧フジテレビ
9 10	8.58 解 字 真山仁ドラマＳＰ 〝巨悪は眠らせない ～特捜検事の逆襲〟 「京菓子屋の御曹司は 検察のエース！未曾有 の悪徳政治家に挑む!! 秘宝・ジャカルタの雪 と宇宙プロジェクトを 結ぶ謎…日本の未来は 一人の男に託された」 玉木宏 相武紗季　奥田瑛二	00 字 モシモノふたりＳＰ!! ザワつく女達の素顔!! ①萬田久子×大物歌手 超セレブＮＹ休日密着 ＶＩＰ待遇！私服公開 そして事実婚出産真相 ②土屋アンナ×坂上忍 新恋人はサラリーマン ③天海祐希小泉孝太郎 におすすめ!? 海外移住 マレーシア激安セレブ ④平子理沙の修整疑惑

販売元：バップ

仕事は手を抜かずに立ち向かう熱血ガールだ。お仕事ドラマのヒロインとしては、優に及第点をクリアしている。だけど押しの強い先輩編集者、貝塚（青木崇高《むねたか》）との罵倒合戦で「このタコが！」と連呼するのを聞くと、引いてしまうんだよ。

制作スタッフは、こんなやりとりを「笑い」と思っているんだな。コメディ仕立てのお仕事ドラマなら、オシャレな新人が喧嘩したり、非常識なミスをやらかして失笑されるが、頑張り屋さんぶり発揮で、一件落着、小説家先生の覚えも目出たくなると。

石原さとみ、充分に健闘してます。でもね、バリバリ仕事に精だしたり、ゲラゲラ大笑いしたり、いつもタラコ唇を半開きにしてるのが、彼女じゃないの。

二年前の『失恋ショコラティエ』は衝撃的だった。主人公の松潤を取り巻く三人の女の一人という脇役だが、魔性の人妻を演じた彼女が断然ドラマを引っ張り、松潤さえ輝かせた。

今回の恋愛相手は菅田将暉《すだまさき》だ。会った途端に、彼の顔を見て「どストライクだわ！」と夢中になるから、恋の悩みも深刻にはならない。

本当は途方に暮れた表情を浮かべたり、笑顔を封印したとき、ふっと彼女の素が引きたつんだけど。しかし制作サイドも、ようやく六話あたりで、ペースを掴んだのか、ドラマ全体に落ち着きが生まれ、視聴率も大きく戻した。

もう一回書くよ。唇とコメディエンヌ路線だけが、石原さとみじゃないからね。

2016年10月5日㊌

	④日本テレビ	⑤テレビ朝日	⑥TBS
9	7.00 笑ってコラえて！ほぼ３時間大爆笑、時々涙 日本のアッチコッチで愛を叫ぶ！ガンバって生きる人達大集合ＳＰ 所ジョージのダーツ旅	7.00 くりぃむのミラクル９「失敗しないので!!」米倉涼子が緊急参戦!! ドクターＸ・相棒最強ドラマ軍に異常事態!? 生瀬もあ然…大事件が	8.57 字～リンカーン2016秋 芸人大運動会ＳＰ!!～松本が走り浜田が叫ぶ ①大竹VS宮迫障害競走 ②三村ダッシュ新競技 ③本部に蛍原呼び出し ④天野…妻からの手紙 ⑤イス取り大波乱ウド ⑥女芸人ガチ大相撲！ ⑦オカン差し入れ合戦 ⑧芸人52人全員リレー 転倒！逆転！大感動！
10	00 字デ新 地味にスゴイ！「なんで私が校閲に？オシャレ校閲ガールが大暴れ！」石原さとみ 菅田将暉 本田翼 青木崇高 岸谷五朗	9.54 字デ 報道ステーション 論戦続く…小池都知事 今日は議会一般質問で ▽参院では蓮舫代表が ▽ノーベル化学賞は？ ▽運命のイラク戦前夜	

134

カルテット

高橋一生の出世作だが、真の主役は冬の軽井沢だ

冬の軽井沢。雪景色のなかで、男女四人の思いが錯綜するドラマが完結した。

最終回の松たか子は美しかった。巻幹生《まきみきお》（宮藤官九郎）と離婚して、巻真紀《まきまき》から早《さ》乙女《おとめ》真紀の旧姓に戻ったが、それは本名でなく、他人から買った戸籍名だった。

住民票や免許証の不正取得で逮捕、起訴されたマキは保釈されたが軽井沢に戻らない。東京でひっそり暮す彼女の髪には白いものも混じるが、諦念の宿る顔に似合いエロチックにさえ映る。義父殺しまで週刊誌は騒ぎたてる。

弦楽四重奏団《カルテット》は休業状態。残された家森《いえもり》（高橋一生）、すずめ（満島ひかり）、別府（松田龍平）がマキを探し、目星をつけた団地で演奏を始める。弦のかすかな音が届いて四人は再会する。マキをすずめちゃんがハグ。そこに家森も加わっての三人ハグにジーンとなった。

脚本家と制作陣の意気込みは初回から伝わった。ネットの熱狂も凄まじかった。

	⑦テレビ東京	⑧フジテレビ
9	8.54 字 デ 開運なんでも鑑定団　織田信長から先祖が拝領!? 名刀〝正宗〟美しき刃紋に鳥肌鑑定▽直径6ｾﾝﾁ!! 極小仏様まさかの高値!? ㊙正体	00 字 有吉弘行のダレトク!? 卍ヤバイ一斉捜査ＳＰ▽一斉肌検問で紫吹淳渡辺直美の肌年齢が!!▽タバスコ２本を30秒で飲む！両肩で１分間41枚ＣＤを割る世界の超人▽キモうま界２大スター田中＆春日競演世界最大級のサソリ＆シャコはうまいのか!? 10.48 字 おくりもの◇54 空旅
10	00 字 ガイアの夜明け テーマパーク春の陣！〝日本初上陸〟の体験…仕掛け人は元ＵＳＪ▽大人も興奮の新技術 54 字 天才たちの日常	

販売元：TCエンタテインメント

私がいまひとつノリきれなかったのは「この伏線は、どう回収されるか？」の書き込みだ。それがそんなに重大かね。例の唐揚げレモン問題も退屈だった。ドラマが動いたのは、マキの失踪した夫が登場する第六話だ。夫婦の思いが、どうネジれていったか。交互に交わす会話が劇に弾みをつける。

さらに小悪魔ギャル、吉岡里帆《りほ》の腹黒さが、ドラマを加速させた。一件落着。誰もがほっこりしたとき、マキの名前が架空だとわかる。サスペンスもフル回転である。逮捕と勾留、裁判を経ての、最終回での再会だ。

マキを軽井沢に連れ戻してカルテットは再結成された。食卓で唐揚げにパセリを添えた高橋一生が、ここでまたウンチクを。パセリにどんな言葉をかけるべきか。小さく「センキュー、パセリ」とマキ。「そう、サンキューパセリですよ」。思わず楽しくなって笑った。私が坂元裕二の世界になじんだのか。脚本、俳優、制作陣が一体化し、ドラマが熱く、しかもスムースに稼働してきた故なのか。

大ホールでの演奏会。第一曲目にマキはシューベルトの「死と乙女」を選ぶ。義父殺しの疑惑にあえて対抗した選曲か。なぜ、この曲を。すずめの問いに答えるマキの表情が素晴らしい。軽井沢を舞台に『風立ちぬ』を書いた堀辰雄はシューベルト「冬の旅」を愛聴したという逸話を思いだした。四人の男女の愛と、奏でる弦の音、そして雪に包まれた冬の軽井沢が、ドラマの主人公だ。

2017年3月21日(火)

	④日本テレビ	⑤テレビ朝日	⑥TBS
9	7.00 火曜サプライズ特大版 人気者だらけイエエイおったまげ3時間SP ▽亀梨和也&土屋太鳳 函館イカ釣り&㊙ウニ 9.54 元気のアプリ	7.00 林修の今でしょ！講座 あなたの脳が若返る！脳の健康診断テスト&2017最新認知症対策!! ▽発症を防ぐ㊙体操は 9.54 字デ報道ステーション 〝共謀罪〟法案を閣議決定…金田大臣は法務委員会で▽検察が韓国朴前大統領を事情聴取 ▽WBC準決勝〝アメリカ戦〟攻略の秘策	8.57 字マツコ知らない世界 1度は訪れてみたい！荘厳華麗…劇場の世界 3300から厳選！美景&絶品劇場グルメ…誰でも楽しめる4大劇場！
10	00 字幸せ！ボンビーガール ぺこりゅうVSお金なし彼氏なし…犬の訓練士卵7人が奇跡の変身!! ▽壁が崩れ落ちる客間 美咲が自力で左官工事		00 字カルテット㊚「最終回に最後のまさか…さよならドーナツホール」松たか子 満島ひかり 高橋一生 松田龍平 54 解字勇気のシルシ

135

やすらぎの郷

▼情感あり笑いあり、熟練の技が冴える会話劇▲

四月スタートのドラマで、断トツぶっちぎりの注目を集めている『やすらぎの郷』だが、依然として絶好調だ。

八千草薫さんの可憐さ、加賀まりこの色褪せぬキュートな元祖・小悪魔っぷり、往年の大女優らしく世間知らずの浅丘ルリ子。そんなテンション高めの女優さんたちをクールに受けとめる石坂浩二が、ともすれば暴走しがちなドラマを引き締める。

五月第二週はかつての任侠映画スター、高井秀次《ひでじ》（藤竜也）が新たな入居者になったことで、施設内はちょっとした狂騒状態に陥った。寡黙な秀さんがただよわせるフェロモンに発情する元女優たちは、美容院に殺到する。

思いがけず、秀さんの訪問を受けた脚本家の菊村栄《さかえ》（石坂浩二）は、無口な秀さんを前にペラペラ喋るしかなくて、自己嫌悪が募って疲労困憊《こんぱい》となる。翌朝六時、彼だけ安否確認がとれない。

販売元：TCエンタテインメント

	⑦テレビ東京	⑧フジテレビ
0	11.40 昼めし旅　大分㊙カニ 0.40 [二][字]ＮＣＩＳ～ネイビ一犯罪捜査班５　自殺で他殺!? 崖っぷち大尉	11.55 バイキング　大注目！寺島しのぶ息子の真秀君歌舞伎デビュー裏側
1	1.35 [二][字]映画「フライトプラン」（05年米）ジョディ・フォスター　ピーター・サースガード	▽女優中江有里を脅迫男逮捕…エスカレートする芸能人ストーカー
2	▽空飛ぶ謎！母は絶叫高度１万㍍で消えた娘	1.45 [字]直撃ライブグッディ速報！国会で首相追及森友国有地売却の真実
3	3.40 [字]厳選いい宿[画]　箱根 55 よじごじＤａｙｓ	昭恵夫人付の経費は？▽米韓が正恩暗殺計画ＣＩＡ関与の計画とは

男性スタッフが「先生！」とコテージのドアを叩くが応答はない。マヤ（加賀まりこ）は「やだ、心臓止まっちゃったの？」。窓を叩き割り職員が入ると、菊村は昨夜の疲れで熟睡していただけ。マロ（ミッキー・カーチス）は「何だ、生きてんのか。つまんねえ」。もう大笑いだ。

完璧なセキュリティというわりに、職員は間抜けだ。間違った鍵を持ってきたため、ガムテープを窓に貼って小石で割り、空き巣の要領で入ったのだ。そうだ、この施設は犯罪歴ある人間を更生のために採用していたんだな。

かつてテレビと映画の黄金時代に貢献した人間だけが居住できる「やすらぎの郷」の住民も多くが八十歳以上。死とはつねに隣り合わせだ。といってウツとは縁遠く、大スターだった人間に備わるタフさゆえか、すぐ近くまで迫った死を楽しむ気配もある。

施設内にあるバーやコテージで、菊村が入居者と二人で会話を交わすシーンが多い。平板に流れる回もあるが、石坂がリードする会話劇は、ときに情感たっぷりに、ときに哄笑を誘いながら進んで、さすが台詞まわしが光る。

いまの老人は昔と違う。枯れることない、生臭い欲望の持ち主だ。「どうせふしだらな女ですよぉ」と、あっさり肯定する加賀まりこや浅丘ルリ子たち女性は強い。それと比べてどこか格好つけちゃうインテリ脚本家の石坂浩二。この対照の妙も味がある。

死と笑い、そして諦観が同居するドラマは、いま若い視聴者まで惹きつけている。

2017年5月8日(月)

	④日本テレビ	⑤テレビ朝日	⑥ TBS
0 1 2 3	11.55 ヒルナンデス　北関東３県横断はとバスの旅　美肌うどん＆関東No.１ラーメン▽全国34店舗人気日帰り温泉㊙調査 1.55 字 ミヤネ屋　あす投票　韓国大統領選…北融和の候補者応援なぜ？ゴーストタウン潜入取材＆北朝鮮との国境がオアシス!? 秘蔵映像入手 3.50 字 N ｅｖｅｒｙ.	00 字 徹子　岡田准一＆小栗 30 解 字 倉本聰やすらぎの郷 50 字 スクランブル　仏国民の選択は!?ルペン氏VSマクロン氏＆25歳差妻の素顔◇ 1.45 字 デ 上沼 00 字 東京Ｓ◇04 字 科捜研の女スペシャル 再「京都～小豆島、逃げる女VS迫る狙撃者」沢口靖子　内藤剛志　清水美沙 3.55 解 字 相棒セレクション	10.25 ひるおび！　字 N 天 ▽注目あす韓国大統領選どうなる？日韓関係…北朝鮮包囲網に影響も 1.55 ゴゴスマ　Ｘデーか？あす韓国大統領選挙＆金正恩氏党委員長就任１周年で更なる挑発は▽失言大臣・森友問題集中審議で首相VS野党 3.50 字 Ｎスタ　仏大統領選の結果は？

136

田崎史郎

▼権力のゴマスリ男は、今日も詭弁を垂れ流す▲

田崎《たざき》史郎《しろう》はどうなるのか。支持率が急降下し、しかもその理由が、総理の人格を信頼できないという致命的なものだから、政権の今後は、まあ大体の予測はつく。

しかし政局がさらに混迷の度合を深めて、政権維持も困難と誰の目にも映ったとき、田崎史郎は『ひるおび！』のスタジオで、なおも総理とその取り巻きを擁護し続けるのだろうか。それが知りたい。

ともかく時の権力者におもねり、媚びへつらう。田崎史郎の印象といえば、これに尽きる。おまけに論旨は不明確だし、滑舌は悪い。華もないのにエバッてる。

見ていて嫌ァな気分になるから、彼の顔がアップになると、テレビを消す。そんな習慣が変わったのは、加計《かけ》学園疑惑が過熱してからだ。

ある日。前川喜平氏の国会参考人招致が話題になった。官房長官が前川氏の人格攻撃をし、招致する必要はないと言い放っていたころだ。

	⑦テレビ東京	⑧フジテレビ
10	9.28なないろ！　薬丸裕英 お手軽に夏バテ対策！ うなぎが要注意食材？	9.50[字]ノンストップ！ 芸能ＳＰ１弾財前直見 51歳からの終活テレビ 初告白▽１周忌永六輔
11	11.13[N]Mプラス◇ひるソン 40[字]昼めし旅　愛知日本一 お金持ち村㊙イモ煮VS 佐賀ワケあり大家族鍋	11.30[N]スピーク　豪雨被害 55　バイキング　ハゲー！ 豊田議員３つ目の暴言
0	0.40[二][字]ＮＣＩＳネイビー 犯罪捜査班６　陰謀!? 議員と美人少佐の秘密	音声公開！元秘書への 傷害容疑で聴取へ…▽ 坂口杏里六本木で活動
1	1.35[二][字][映]「トリプルX」 （2002年アメリカ）	再開！▽将棋・藤井 1.45[字]直撃ライブグッディ

前川招致の必要性について訊かれた田﨑は「あり得ないですよ」と一言。「スキャンダルを攻撃されたりして、国会が混乱するだけ」

おどろいた。権力に徹底しておもねるマスコミ人と知ってはいたが、まさか官房長官の発言を、そのままオウム返しで視聴者に投げつけるとは。

山本地方創生相が、獣医学部を新設する際に「需給について、数量をハッキリさせるのは無理」と発言した件についてコメントを求められた荻原次晴が「普通の会社なら、ちゃんとマーケティングして検討しますけど」と至極、真っ当な感想を述べた。すると田﨑史郎は「ただこれは国が作るわけではなくて。獣医学部を作りたいという人がいて、その認可権をどうするという問題ですから」と詭弁《きべん》を弄する。

さすがに呆れたか、伊藤惇夫《あつお》が「私学助成金が多額に出されるわけですから」国民の問題ですよと指摘すると、黙りこむ田﨑であった。

権力の露払いに特化したジャーナリスト。その存在に憤りを覚え『ひるおび!』を見るようになった。恐らくTBSには多くの田﨑批判が寄せられているだろう。なのに彼をなぜ降板させないか。

ひょっとすると。田﨑が安倍内閣をなりふり構わず弁護するたび、逆に内閣への不信感は募る。田﨑を出せば、視聴者は覚醒して内閣支持率は下落する。そんな深謀遠慮が働いて、きょうも田﨑史郎はゴマスリ役を演じることを許されている気がしてきた。

2017年7月10日㊊

	④日本テレビ	⑤テレビ朝日	⑥ TBS
10 11 0 1	10.25 PON! 猛暑日続く梅雨明けはいつ?▽嵐稀勢の里・高安・修造高橋一生の週末まとめ 11.30 字ストレイトN◇料理 55 ヒルナンデス 日本橋老舗巡り㊙はとバス旅江戸歴史&クルーズも包丁&まな板の選び方簡単お手入れ術▽究極コッペパンVSキッシュ 1.55 字ミヤネ屋 爆弾中継	10.25 字スクランブル 前川前次官「参考人招致」①加計問題で新疑惑は②官邸の〝圧力〟有無総理不在で国会追及▽中継…豪雨被災地▽N 00 字徹子 池江璃花子17歳 30 解字倉本聰やすらぎの郷 50 字スクランブル 前川氏国会で新証言は▽松居一代で波紋…熟年離婚の現状◇ 1.45 字デ上沼	10.25 ひるおび! 字N天▽速報…〝閉会中審査〟〝加計問題〟で野党が「官邸の圧力」追及へ前川氏を参考人招致…国会での初証言に注目▽自民・都議選惨敗を受けて「内閣改造」へイメージ一新なるか…▽ヒアリ東京にも上陸強い繁殖力に対抗策は 1.55 ゴゴスマ 加計&森友

137

黒革の手帖

▼「お勉強させて、いただきます」武井咲の笑顔に凄みあり▲

まさか、武井咲《えみ》が〝銀座の女〟を演じて、これほど似合うとは。いま多くの視聴者とテレビ関係者がおどろいている。

武井が主役を演じる『黒革の手帖』が、夏ドラマ最大の問題作——そう断言してよいだろう。ドラマ通の予想を裏切る痛快なヒットだ。

でもね、私には成功の予感があった。なんて書くと、後出しジャンケンめくけど。松本清張が原作を書いた『黒革の手帖』は何度もドラマ化されたという。とはいえ、私が見たのは米倉涼子バージョン（二〇〇四年）だけだ。

このとき米倉が演じた〝夜のヒロイン〟の存在感が圧倒的で、現在の『ドクターX』にまでつながる彼女の快進撃の起点となった。米倉の印象があまりに強烈だったため、芸能ジャーナリズムは勘違いする。武井と米倉じゃ、格が違いすぎる。あんな小娘に、米倉のようなインパクトある演技ができるわけもない、と。

販売元：アミューズ

	⑦テレビ東京	⑧フジテレビ
9	00字 和風総本家　大追跡！巨大な日本を作る職人 18㍍！歌舞伎…背景画 ミリ単位！歩道橋の名工 潜入…恐竜展㊙舞台裏	00字 とんねるずのみなさん チャチャッとパスタで 水川古田寛爆笑調理▽ 木梨竹山大島汚れた店 全面高圧洗浄で大変身
	54字 モノイズム	54字 ふらり松尾芭蕉
10	00字 カンブリア宮殿 急成長！都会㊙直売所 小松菜38円大根78円… 常識破り人気店の秘密 借金90億円から大逆転	00字デ セシルのもくろみ「誰も知らないトップモデルの裏の顔」真木よう子　吉瀬美智子 リリー・フランキー
	54字 みらい　ボクシング	54字 ＭＦＢ　乃木坂４６

これが、まず記憶違いであり、見立て違いだ。米倉涼子は演技派とはほど遠い、大味な女優だ。色と欲の渦巻く夜の銀座で、男たちを踏み台に頂点へ昇りつめていく。そんな悪女を演じるには、小劇場風の演技力はなじまない。小技とは無縁の、構えの大きいパワフルな米倉だから、銀座の女を演じることができた。

武井咲も美人だが、やはり演技派ではない。武井はいま二十三歳。もう可憐で明るく清楚な役に甘んじている年齢ではない。私の勘だが、プロデューサーは武井に米倉にも通じるざっくり大味な、しかしハマれば万人受けする匂いを嗅ぎとった気がする。

理不尽な理由で、銀行を解雇された派遣行員が、顧客の借名口座から一億八千万円を横領する。それを元手に派遣ホステスをしていた銀座で一流クラブ「カルネ」を開店する。ハケンの時代。米倉が演じた銀行員は正社員だった。

貧困化が進行する時代、汚れた金が集まる銀座で、頂上を目ざす武井咲の姿は凛々しささえも感じさせる。

なぜ、そこまでカネに執着するか。親の借金で苦しめられた幼少時の映像が、ときおり甦る。客の暴言にも「お勉強させて、いただきます」と笑みを浮かべるヒロイン。米倉と違い華奢《きゃしゃ》な身体と黒い瞳からは、ときおり凄味のあるルサンチマン（怨念）さえただよい、見る者を惹きつける。同じ派遣行員から銀座の女になった仲里依紗の怪演も見事。彼女たちと逆に男優陣は影が薄く、これも時代か。

2017年7月20日(木)

	④日本テレビ	⑤テレビ朝日	⑥TBS
9	00字デケンミンショー 沖縄熱愛！知られざる超ド級㊙バーガー事情 ▽大阪人VSお笑い芸人 ▽博多イケメンを探せ 54字街活ＡＢＣ	00字新黒革の手帖「１億８千万横領!? 銀座の女帝誕生へ」松本清張原作 武井咲　江口洋介 高嶋政伸　真矢ミキ 奥田瑛二　伊東四朗	7.56人間観察モニタリング 日本初!? 衝撃映像が… アフリカ野生ゴリラに芸人原西がド突かれる ▽主婦力プレバト◇N 9.57字桜井有吉ＴＨＥ夜会 米倉涼子を徹底解剖！
10	00字デダウンタウンＤＸ おばた兄さん浮気騒動 先輩真麻が彼女と電話 新婚陣内もらい事故!? ひふみんVS謎のキャラ 平愛梨挙式キス大失敗	10.09字デ報道ステーション 再燃した陸上自衛隊のＰＫＯ日報〝隠ぺい〟問題…防衛省幹部は▽〝熱い海〟でサンゴが▽全英オープンゴルフ	遺伝子鑑定…太らない理由＆長嶋一茂が究極肉料理で米倉と対決!! ▽要潤の悩み…顔長い 10.54字スポーツが好きだ！

138

時代をつくった男　阿久悠物語

もてはやされる阿久悠と昭和歌謡の関係を考えてみた

この夏、テレビをつけると阿久悠の特番に遭遇することが多かった。今年は阿久悠の没後十年にあたる。日本テレビも『24時間テレビ』のドラマスペシャルで、『時代をつくった男　阿久悠物語』を放映した。主演が亀梨和也と知り不安を覚えた。亀梨はこれまでその年齢や容姿に即した青春ドラマを演じてきた。それが今回は大物作詞家の若き日から壮年期、そして初老までを演じる。

これは博奕《ばくち》だ。さらに阿久悠と亀梨ではイメージが大違い。テレビに映る阿久は「パパの顔が怖い」と幼い息子が脅える迫力の人だった。あくまで爽やかでナイーブな亀梨君とは正反対の印象だ。

そんな難役を、亀梨は熱を込めて演じた。最初のうちこそ肩に力が入りすぎ、見る側の私も緊張したが、結婚して子供も出来、仕事も成功をおさめる壮年期になるにつれ、役柄になじんできた。妻の雄子さんを演じた松下奈緒の安定感ある演技の貢献度

	⑦テレビ東京	⑧フジテレビ
9	6.30 字 ゴッドタン10周年！〝奇跡のゴールデン〟総勢90人お笑い祭!! ①「芸人マジ歌ＳＰ」②「嫌われ芸人№１」③女芸人マジ恋ドラマ	00 土曜プレミアム 完全新作「ワンピース エピソードオブ東の海 ルフィと４人の仲間の大冒険!!」麦わら一味船出で誓う大いなる絆 伝説の名場面を一挙に激闘!!ゾロVS鷹の目！サンジ土下座…ナミの約束…ウソップの本音 全世代に贈る感動物語 あの名曲も新録初披露
10	00 字 美の巨人　日光東照宮 陽明門…蘇った極彩色 徳川からのメッセージ 30 字 ミライダネ　老若男女 コレさえあれば簡単に病気もケガも防げる!?	

大だ。それと親友の上村一夫《かみむらかずお》（田中圭）にだけ見せる魅力的な笑顔が印象に残る。

視聴率的にもドラマは成功した。ここからはアプローチの角度を変える。いまメディアが関心を寄せる阿久悠とは何者だったのか。ドラマの後半に至り、阿久は歌謡曲の第一線を退いていく。ヘッドフォンで曲を聴く時代になり「歌が変わってきた」と彼は悟る。みんなが一緒にピンク・レディーの曲を歌い、踊る光景は消えた。こうして〝昭和の歌謡曲〟の黄金時代が終息した。ドラマ制作者の意図は、ここにあるようだ。阿久の特集を組んだ雑誌やムックにもこの種の発言は多い。

私の解釈は異なる。阿久悠の以前には、じつは牧歌的な昭和歌謡の時代があった。大物歌手だけが君臨するのでなく、小ヒット歌手を愛する聴き手も数多くいた時代だ。阿久と『スター誕生！』はのどかな昭和歌謡の風景を一変させた。企画とプロモーションで、メガヒットを産みだす時代が到来した。家内制工業的な昭和歌謡は阿久という怪物《モンスター》に駆逐された。

そう感じる私が『阿久悠物語』を熱心に見た。なぜか。私のツボを刺激する曲に近年幾度か出会った。「昭和最後の秋のこと」「水中花《すいちゅうか》」。調べると、どれも作詞者は阿久悠だ。決して大ヒットはしないが、少数の聴き手の心を濡らすマイナーポエット的な資質あふれる曲も書いていた男。怪物＝阿久悠は古い昭和のテイストあふれる詞の作者でもあった。

2017年8月26日㈯

	④日本テレビ	⑤テレビ朝日	⑥ TBS
9	6.30 字 デ 24時間テレビ40愛は地球を救う「告白」勇気を出して伝えよう 桜井翔＆亀梨＆小山	6.56 列島警察捜査網2017夏 ＴＨＥ追跡　熱血捜査 ダンディー刑事＆進撃の巨人刑事が迫る!! ㊙連続窃盗犯の潜伏先!!	00 字 世界ふしぎ発見！世界を魅了する地中海 魅惑のビーチリゾート 大迫力！巨大マグロ漁 古代遺跡に謎の巨人
	9.00 頃 解 ドラマ阿久悠物語「名曲5000生んだ天才作詞家知られざる苦悩…支えた妻の愛」亀梨和也　松下奈緒	9.54 字 サタステ　徹底分析 北朝鮮ミサイル失敗か ３発発射の狙いは？▽清宮・中村ら怪物集結 ▽雷雨警戒▽豪州戦へ サッカー本田独占密着	54 解 字 和心百景
10	▽阿久悠未発表の詞につんくが曲を…超豪華 大物歌手が夢の共演！	10.55 食ノ音色◇59 デザイン	00 字 ニュースキャスター 感染拡大〝Ｏ１５７〟夏の食中毒意外な盲点 危険！トイレスマホ▽卵にサバみそぶちまけ「近所トラブル」の闇

139

眩《くらら》〜北斎の娘〜

▼映像美にうなる。これぞ二〇一七年のベスト1だ！▲

すごいものを見た。年末までにこれを凌ぐ作品が出現するとは思えない。『眩《くらら》〜北斎の娘〜』が、今年放映されたドラマの最高傑作になるのは間違いない。

江戸時代の画家、葛飾北斎（長塚京三）は、いまも国際的な評価が高い。北斎の三女お栄《えい》（宮﨑あおい）も、生まれてすぐに絵筆を握った天成の画家だ。大量の注文をこなす父の仕事を有能な助手として支えつつ、自分だけにしか描けない絵と色彩の追求に、その生涯をかけた。

天才絵師とその娘。このテーマに焦点を当てると、たとえ親娘であっても、同業者ゆえのライバル意識と確執が生じ、物語は息苦しくなる。ところが、このドラマときたら風通しが滅法よい。お栄は「おやじ殿のように巧く描きたい」と常ひごろ思い精進しているから、父の才能を嫉妬したり自分を卑下する料簡《りょうけん》など、かけらもない。

絵のことだけを考えているそんなお栄だから、いつもいい表情をしている。半鐘《はんしょう》が

	⑥TBS	⑧フジテレビ
7	00字○○の妻たち　初密着 泉ピン子の㊙夫婦生活 熱海の豪邸…夫は誰？ 私生活も鬼嫁？良妻？ ▽いじめ報道…自殺を 考えたピン子に夫は？	00字デネプリーグＳＰ 山下智久が率いる月９ コード・ブルーチーム 再び参戦！椎名桔平＆ 浅利陽介＆馬場ふみか 成田凌！メスをペンに 持ちかえ難問Ｑ挑戦!! 新垣結衣＆戸田恵梨香 ＆比嘉愛未が出題する 特別Ｑにネプが挑戦！ 新世代イケメン成田凌 の赤恥解答に山Ｐ同情
8	00解字橋田寿賀子ドラマ 渡る世間は鬼ばかり 「私は絶対許さない！ あんな嫁離婚させます 今年も波乱万丈！秋の ３時間スペシャル」	

◉眩～北斎の娘～

鳴って「火事だ」と近所の住人がうれしそうに騒ぐ。お栄も真っ先に飛びだす。対岸の火事に見惚れる、お栄。江戸っ子を興奮させるあの炎の色を、どう描けば効果的か。そこにしか気が回らない。

絵一筋で、化粧も着物も構やしない。そんな天才絵師の娘を、宮﨑あおいは飄々《ひょうひょう》と演じ、見る者を魅了する。昔っから巧い女優だったが、ちょっとした表情で、画面の空気を一変させる演技力が凄い。

お栄の筆は〝闇と光〟を精緻に描いていく。大川、そして吉原。江戸市中の影の部分にも光を見出す彼女。そうしたこのドラマ一番の見所とテーマを、美術スタッフは完璧に映像化した。宮﨑あおいの演技も第一級品だが、作中で彼女が捜し求めた江戸の光と影を、制作スタッフは絵にしてしまった。

映像の美しさ。これがヒロインの魅力に劣らない、このドラマの底力だ。乱雑な北斎の仕事場も、散らかし方に一工夫あって、絵の具を溶く皿も、どれも趣味がいい。一見すると着る物もラフだけど、デザイン良し、着こなしクールで、眼福、眼福。

お栄が思いを寄せた同業の善次郎（松田龍平）の、一見執着のない言動も、その底にお栄の画力への屈折があるのかと思わせて味がある。わずかな瑕瑾《かきん》さえない出来に「大河ドラマに」の声も上がる。しかし七十三分でまとめたから、宮﨑あおいも江戸の街の魅力も存分に堪能できた気がする。

2017年9月18日㊊

	① NHK	④日本テレビ	⑤テレビ朝日
7	00 🈔 字 ニュース7 台風18号で各地に被害 日本海側北上・警戒を	00 字 世界まる見え！謎解きミステリークイズSP なぜ？水をまくと川が大爆発！毒を持つ鳥⁉ 猿の惑星出現⁉ ▽危険ビーチで人襲う美しき謎の生物▽畑荒らす象の大群…アノ音で撃退▽タイタニックに新説 沈没の原因はまさかの○○⁉ ▽爆笑動物映像 爆走クマ＆踊るパンダ	0.00 MステウルトラＦＥＳ 今年はいつもと違う！超全力１０時間生放送「元気が出るウルトラソングベスト１００」Mステ30年‼総力結集 強力ラインアップ実現 超名曲を全57組生実演 ２１時台みんなで叫べ ウルトラソウッハイ‼ B’z 神曲を２年ぶり 星野源は「恋」披露‼
	30 解 字 眩（くらら）～北斎の娘～「天才絵師の陰にはもうひとりの天才お栄がいた」 宮﨑あおい 松田龍平 三宅弘城 西村まさ彦 野田秀樹 麿赤児 余貴美子 長塚京三		
8	8.45 字 ニュース８４５		

140

科捜研の女

▼これぞ隠れた傑作群!! 沢口靖子の天然演技を見逃すな▲

マリコくん、おもしろいよねえ。沢口靖子が演じる法医学研究員、榊《さかき》マリコの一挙手一投足のすべてが目に心地よく、気がつけばもうエンディングだ。

一九九九年にスタートした『科捜研の女』は、今期でついに17シーズンに達した。本邦最長の連続テレビドラマ・シリーズではないか。

京都府警の科捜研を舞台にして、最先端の科学捜査によって難事件を解決するドラマだが、沢口靖子なしでは、ここまでの長寿シリーズにはならなかっただろう。

全体の印象は地味だ。しかし殺人事件がおき、現場にマリコくんが到着し、血痕、生体反応、死後硬直などを確認し、なお残る謎を〝科学〟で解決しようとしたとき、ドラマもテンポよい劇伴をバックに動きだす。

沢口靖子がNHKの朝ドラマ『澪《みお》つくし』のヒロインを演じたのが八五年だ。たしかに美人なんだろうが、この人には一体なにが似合うのか。

	⑦テレビ東京	⑧フジテレビ
8	7.53 主治医見つかる診療所 最新〝体の糖化〟防ぎ しなやかに10歳若返る 血糖値の常識が変わる 食べる順番＆メニュー 24時間計測で驚き結果	7.57 アンビリバボー「実録 ９日間決死の大作戦!! 子ネコの命を救え!!」 直径15ｾﾝﾁ排水管の中!? 老夫婦が試行錯誤の末 ひらめいた驚きの方法
9	▽糖化年齢を改善する ブロッコリー＆おろし 芸能人ダメ食生活検証 糖化が進む悪習慣は!? 9.48 字 Ｂｅｅワールド 54 字 アイデアの方程式	00 字 とんねるずのみなさん 億限定値段クイズ始動 セレブ豪邸～豪華客船 超高額続々デヴィ夫人 紅蘭アパ山本美月仰天 54 字 ふらり松尾芭蕉

●科捜研の女

ところが、思わぬところに椅子が用意されていた。科学が命のリケジョだから、セリフの棒読み感は気にならないどころか、むしろ設定にはぴったり馴染む。

科捜研のメンバーではない洛北医大の法医学教授の風丘《かざおか》早月《さつき》（若村麻由美）との会話も笑える。被害者のＭＲＩ検査をしてくださいと、能面顔で依頼するマリコ。「ＭＲＩ検査ぁ？　ちょっとちょっと待ってよ……ご遺体をＭＲＩに入れる許可とるのに、どんだけ大変かわかってるよね？」。間髪入れず「もちろんです！」と大声で答えた彼女の次の言葉は「きょう中にお願いします」だ。すべては科学捜査のために。一流作曲家の浮気妻が変死した事件では、謎のポイントを探るため、クラシックをＢＧＭに、怪しく体を揺らしてタクトを振るマリコ。

カップルの男性が刺殺された事件がおきた。恋人の女が脅えて男を抱きしめているところを犯人がブスリ。この状況に納得できないマリコは、同僚の宇佐見（風間トオル）を相手に仲間の前で、抱擁シーンを再現する。科捜研メンバーは、口をアングリ。私は表情ひとつ変えずに、困惑する宇佐見を強く抱きしめる沢口靖子に大笑いだ。そういえば、大昔にタンスにゴンのＣＭで、大受けしてたな。

オンタイムで見るもよし、昼間の再放送で十年前の沢口を見るもよし。『相棒』からかつての勢いが消えたいま、テレ朝を支える欠かせぬコンテンツが『科捜研の女』だ。

2017年11月16日㊍

	④日本テレビ	⑤テレビ朝日	⑥TBS
8	7.00㊢衝撃アノ人今を追跡 箱根駅伝ＳＰ徳井&桝 タスキ忘れ驚きの転身 闘病ランナー感動秘話 6000mで一週間宙づり 宮川大輔VS伝説の山男	00㊫科捜研の女 「マリコVS美人科学者 抱きつくと死ぬ男達と 内出血の謎」沢口靖子 内藤剛志　若村麻由美 風間トオル◇世界街道	7.00アジアプロ野球チャンピオンシップ～東京D 日本×韓国 伊東勤　槙原寛己 ▽目指すは一つ！東京五輪の金メダル獲得！新生侍ジャパンが始動 ▽稲葉新監督…真価が問われる初陣は因縁の韓国戦！▽上林と心中！指揮官が明言…稲葉二世に大注目
9	00㊫㊢ケンミンショー 黒い衝撃！沖縄超熱愛 謎のイカスミ汁！爆笑 お歯黒で大絶賛▽転勤 京都おしゃれな王将!? 54㊫クリエイターズ	00㊫ドクターX「おしどり夫婦の緊急Wオペ!? 私麻酔もできるので」 米倉涼子　内田有紀 遠藤憲一　岸部一徳 54㊫㊢報道ステーション	

あとがき

　テレビが流す九四%の番組はクズだ。スタージョンの法則に倣《なら》っていえば、こうなる。アメリカのSF作家、シオドア・スタージョンは、SF大会でスピーチを求められ、多くのファンと作家を前にして「SFの九四%はクズである」と言い放った。静まりかえった会場に向けて、彼はつづける。「どんなジャンルでも、その九四%はクズだ」。客席からは、安堵のため息と笑いがおきた。これが〝スタージョンの法則〟である。

　映画や活字と同様に、テレビもその大半は箸《はし》にも棒にもかからないものばかりだ。しかしそんなゴミの中から、黄金やダイアモンドのかけらを見つけたときの喜びといったらない。考えてみれば、六%が傑作や問題作なんて、すばらしいことではないか。そんな思いを〝黄金のテレビデイズ〟の書名にこめた。

　週刊文春で「テレビ健康診断」の連載が始まったのは二〇〇四年の七月。その二か月近く前だったろうか、編集部のFさんから原稿の打診があった。私は狐《きつね》につままれたような感にとらわれた。週刊文春ではナンシー関の「テレビ消灯時間」が一九九三年から連載されていた。ナンシーの急逝によって、〇二年六月で連載コラムは中断、それから二年がたっていた。

　ナンシー関への敬意をこめて、文春はテレビ評を永久欠番にしたのではないか。私はたまにそんなことを考えた。Fさんにも、そのことを伝えた。「ナンシーさんが亡くなられた直後は、次をどうしようと考える余裕はありませんでした。そのうちテレビ欄をリニューアルして再開しようという気持ちも湧いてきたんですが、日々の仕事に追われるうち、二年がたって……」

ふと気がつくと、ウチの雑誌だけテレビ評がない。そのとき私が直前に書いた原稿を頭に浮かべてくれたらしい。○四年の四月から、テレビ朝日では久米宏の『ニュースステーション』に替わって、古舘伊知郎の『報道ステーション』が始まった。『報ステ』がスタートした最初の週を観て、長めのルポを月刊の文藝春秋に発表した。「あれが印象に残って、依頼をしようと」

そんな経緯があってスタートした連載コラムだ。開始にあたり、自分に課したことがひとつあった。ナンシー関の物真似、二番煎じだけはやめよう。九三年から始まった週刊朝日の「小耳にはさもう」と、文春の「テレビ消灯時間」によって、ナンシーはあらゆる種類の連載コラム、エッセイの頂点に躍りでた。誰もがテレビを観て抱く違和感。そんなもやもやした想いを、ナンシーは短文で適確に言語化した。「あー、俺もそう思ってたんだよ」。多くの読者が溜飲を下げる。

あのころ、日本の雑誌文化はナンシー関を中心に動いていた。そう断言していい。これまでになかった視点と文体。ナンシーの存命中から、亜流は次から次へと出てきた。ほんの思いつきで出演者をけなし、すれっからしの薄っぺらい文章で一丁上がりという安直な気配が伝わってくる。あんなみっともない真似だけは禁じ手にしよう。

そう自分にいいきかせ、十三年の連載をつづけた。批評に価しない番組なら取り上げない。目だけでなく、手も汚れるからね。視聴者をナメた、どうにも許せない番組だけは、容赦なく笑いのめすが、偽善の立場を排し、他の書き手とは異なるアプローチで表現する。そうやって「ホラ、視聴率が低くてもこんなにおもしろい番組があるんですよ」「なんだか人気になってるけど、こんなもので〝泣きました〟とか〝笑えた〟って、安っぽいんじゃないですか?」――そんなことを書いていたら連載は三百本を超え、なかから百四十本をセレクトして一冊にまとめた。短文からテレビのおもしろみと、時代の匂いもうっすら嗅ぎとっていただければ、うれしい。

亀和田武（かめわだ・たけし）
1949年、栃木県生まれ。漫画雑誌の編集者を経て、コラムニストに。90年代にはTBS『スーパーワイド』などワイドショーの司会をつとめ、テレビの表も裏も知り尽くす。著書に『どうして僕はきょうも競馬場に』（本の雑誌社）『夢でまた逢えたら』（光文社）『60年代ポップ少年』（小学館）などがある。

本書は2004年から『週刊文春』で著者が連載中の「テレビ健康診断」の319本にわたるコラムから140本を選んだものです。

黄金のテレビデイズ 2004－2017

二〇一八年二月五日　第一刷発行

著　者　亀和田武
装　幀　ＳＴＵＤＩＯ　ＢＥＡＴ（竹歳明弘、齋藤ひさの）
装　画　シラトリユリ
本文ＤＴＰ　オフィス・ムーヴ（原田高志）
発行者　首藤知哉
発行所　株式会社いそっぷ社
〒一四六－〇〇八五
東京都大田区久が原五－五－九
電話　〇三（三七五四）八一一九
印刷・製本　シナノ印刷株式会社

ISBN978-4-900963-76-4　C0095
定価はカバーに表示してあります。